21世纪高等学校电子信息工程规划教材

数字逻辑电路分析与设计教程（第2版）

熊小君 主编

熊小君 马然 王旭智 薛雷 编著

清华大学出版社

北京

内容简介

本书以数字逻辑为基础，全面介绍了数字电路的基本理论、分析方法、综合方法和实际应用。本书共分 8 章，第 1 章介绍数制之间的转换及常用的编码；第 2 章介绍逻辑代数及逻辑化简的基本方法；第 3 章介绍几个常用的组合逻辑模块的应用；第 4 章和第 5 章介绍时序电路的分析、设计方法和中规模逻辑模块的应用；第 6 章介绍数/模和模/数转换电路；第 7 章介绍可编程逻辑器件的原理及应用；第 8 章以大量例题为背景介绍硬件描述语言 VHDL。每章后面附有相应的习题。

本书可作为高等学校通信、电气、电子信息、计算机、自动化等专业的大学本科教材，也可供其他从事电子技术工作的工程技术人员参考。

图书在版编目(CIP)数据

数字逻辑电路分析与设计教程/熊小君主编. —2 版. —北京：清华大学出版社，2017(2024.1重印)
(21 世纪高等学校电子信息工程规划教材)
ISBN 978-7-302-45728-2

Ⅰ. ①数… Ⅱ. ①熊… Ⅲ. ①数字电路－逻辑电路－电路分析－高等学校－教材 ②数字电路－逻辑电路－电路设计－高等学校－教材 Ⅳ. ①TN79

中国版本图书馆 CIP 数据核字(2016)第 288789 号

责任编辑：闫红梅
封面设计：常雪影
责任校对：时翠兰
责任印制：丛怀宇

出版发行：清华大学出版社
网　　址：https：//www. tup. com. cn，https：//www. wqxuetang. com
地　　址：北京清华大学学研大厦 A 座　　**邮　　编**：100084
社 总 机：010-83470000　　**邮　　购**：010-62786544
投稿与读者服务：010-62776969，c-service@tup. tsinghua. edu. cn
质量反馈：010-62772015，zhiliang@tup. tsinghua. edu. cn
课件下载：https：//www. tup. com. cn，010-83470236

印 装 者：三河市龙大印装有限公司
经　　销：全国新华书店
开　　本：185mm×260mm　　**印　　张**：14　　**字　　数**：340 千字
版　　次：2012 年 9 月第 1 版　2017 年 2 月第 2 版　　**印　　次**：2024 年 1 月第8次印刷
印　　数：5501～6000
定　　价：39.00 元

产品编号：071166-02

出版说明

随着我国高等教育规模的扩大和产业结构调整的进一步完善，社会对高层次应用型人才的需求将更加迫切。各地高校紧密结合地方经济建设发展需要，科学运用市场调节机制，合理调整和配置教育资源，在改革和改造传统学科专业的基础上，加强工程型和应用型学科专业建设，积极设置主要面向地方支柱产业、高新技术产业、服务业的工程型和应用型学科专业，积极为地方经济建设输送各类应用型人才。各高校加大了使用信息科学等现代科学技术提升、改造传统学科专业的力度，从而实现传统学科专业向工程型和应用型学科专业的发展与转变。在发挥传统学科专业师资力量强、办学经验丰富、教学资源充裕等优势的同时，不断更新其教学内容、改革课程体系，使工程型和应用型学科专业教育与经济建设相适应。

为了配合高校工程型和应用型学科专业的建设和发展，急需出版一批内容新、体系新、方法新、手段新的高水平电子信息类专业课程教材。目前，工程型和应用型学科专业电子信息类专业课程教材的建设工作仍滞后于教学改革的实践，如现有的电子信息类专业教材中有不少内容陈旧(依然用传统专业电子信息教材代替工程型和应用型学科专业教材)，重理论、轻实践，不能满足新的教学计划、课程设置的需要；一些课程的教材可供选择的品种太少；一些基础课的教材虽然品种较多，但低水平重复严重；有些教材内容庞杂，书越编越厚；专业课教材、教学辅助教材及教学参考书短缺，等等，都不利于学生能力的提高和素质的培养。为此，在教育部相关教学指导委员会专家的指导和建议下，清华大学出版社组织出版本系列教材，以满足工程型和应用型电子信息类专业课程教学的需要。本系列教材在规划过程中体现了如下一些基本原则和特点：

(1) 系列教材主要是电子信息学科基础课程教材，面向工程技术应用的培养。本系列教材在内容上坚持基本理论适度，反映基本理论和原理的综合应用，强调工程实践和应用环节。电子信息学科历经了一个多世纪的发展，已经形成了一个完整、科学的理论体系，这些理论是这一领域技术发展的强大源泉，基于理论的技术创新、开发与应用显得更为重要。

(2) 系列教材体现了电子信息学科使用新的分析方法和手段解决工程实际问题。利用计算机强大功能和仿真设计软件，使电子信息领域中大量复杂的理论计算、变换分析等变得快速简单。教材充分体现了利用计算机解决理论分析与解算实际工程电路的途径与方法。

(3) 系列教材体现了新技术、新器件的开发应用实践。电子信息产业中仪器、设备、产品都已使用高集成化的模块，且不仅仅由硬件来实现，而是大量使用软件和硬件相结合的方法，使产品性价比很高。如何使学生掌握这些先进的技术、创造性地开发应用新技术是本系列教材的一个重要特点。

(4) 以学生知识、能力、素质协调发展为宗旨，系列教材编写内容充分注意了学生创新能力和实践能力的培养，加强了实验实践环节，各门课程均配有独立的实验课程和课程设计。

(5) 21世纪是信息时代,学生获取知识可以是多种媒体形式和多种渠道的,而不再局限于课堂上,因而传授知识不再以教师为中心,以教材为唯一依托,而应该多为学生提供各类学习资料(如网络教材,CAI课件,学习指导书等)。应创造一种新的学习环境(如讨论,自学,设计制作竞赛等),让学生成为学习主体。该系列教材以计算机、网络和实验室为载体,配有多种辅助学习资料,可提高学生学习兴趣。

繁荣教材出版事业,提高教材质量的关键是教师。建立一支高水平的以老带新的教材编写队伍才能保证教材的编写质量和建设力度,希望有志于教材建设的教师能够加入到我们的编写队伍中来。

21世纪高等学校电子信息工程规划教材编委会
联系人:魏江江 weijj@tup.tsinghua.edu.cn

前　　言

本书在第1版的基础上对内容进行了修订和更新。适合的读者对象为高等院校本科电子信息、通信工程、电气工程及自动化、机电工程及计算机科学与技术等专业。“数字逻辑电路分析与设计”是这些专业的一门必修的、重要的技术基础课，让学生建立对数字系统的基本概念、熟悉常用的基本器件、掌握基本的分析方法，从而掌握实际数字系统的分析和设计能力。

随着计算机技术、电子技术的迅速发展以及集成电路生产工艺的不断提高，电子产品的更新换代日新月异。为了适应现代电子技术迅速发展的需要，能够较好地面向数字化和专用集成电路的新时代，本书在保证基本概念、基本原理和基本分析方法的前提下，重逻辑，轻电气，压缩了集成电路电气特性的讨论和内部工作原理的分析，突出了综合能力的培养及集成电路逻辑特性和工作特点的介绍。另外，电子设计自动化(EDA)技术是20世纪90年代以后发展起来的，它打破了传统的由固定集成芯片组成数字系统的模式，给数字系统设计带来了革命性的变化。尤其是在集成电路与可编程技术高速发展、数字系统日新月异的今天，电子信息类专业的学生掌握这门新技术十分必要。所以本书除了保留了数字逻辑电路的基本概念和传统设计方法外，还介绍了可编程逻辑技术及硬件描述语言(VHDL)的基本要素，并通过大量实例讲述了采用VHDL语言描述基本的数字电路的方法和过程，为学生掌握EDA技术打下良好的基础。也使读者能更深入地理解数字电路在后续课程中的应用，为面向业界的工程应用人才培养奠定基础。

本书是作者从实用角度出发，结合数字逻辑电路的知识体系，根据多年的教学经验，参考众多国内外优秀教材编写而成的。全书共分8章。第1章介绍数字电路基础(数制、码制、基本逻辑关系等)，第2章主要介绍逻辑函数的化简及组合逻辑电路的设计方法，第3章主要介绍常用组合逻辑模块的工作原理及其设计逻辑电路的方法，第4章主要介绍同步时序电路的分析方法，以及集成计数器和集成移位计数器在数字系统中的应用，第5章主要介绍使用触发器设计同步时序电路的方法，第6章主要介绍ADC/DAC的基本原理及应用，第7章主要介绍可编程逻辑器件及其应用，第8章介绍VHDL的语言基础，并以大量举例来介绍使用VHDL设计数字系统。

本书第1章和第2章由马然编写；第3章由王旭智编写；第4章由熊小君编写；第5章和第8章由朱雯君编写；第6章和第7章由薛雷编写，由熊小君担任主编，负责全书的整理和定稿。由于水平有限，书中难免有一些不足，殷切希望广大读者批评指正。

编者

2016年9月

目　录

第1章　数字电路基础 ………… 1

1.1　数字信号与数字电路 ………… 1

1.1.1　数字信号 ………… 1

1.1.2　数字电路 ………… 3

1.2　数值 ………… 3

1.2.1　各种进制的表示 ………… 3

1.2.2　各种进制之间的转换 ………… 4

1.3　二值编码 ………… 6

1.3.1　带符号数的表示 ………… 6

1.3.2　常用的二-十进制码 ………… 8

1.3.3　n 位十进制数的 BCD 码表示及 8421 BCD 码的加/减法 ………… 9

1.4　逻辑关系 ………… 10

1.4.1　基本逻辑关系 ………… 11

1.4.2　复合逻辑关系 ………… 13

1.5　逻辑关系与数字电路 ………… 14

习题1 ………… 17

第2章　逻辑函数与组合电路基础 ………… 18

2.1　逻辑代数 ………… 18

2.1.1　逻辑代数的基本公式 ………… 18

2.1.2　逻辑代数的基本规则 ………… 19

2.1.3　逻辑函数的公式法化简 ………… 20

2.2　逻辑函数的标准形式 ………… 21

2.2.1　最小项与最小项表达式 ………… 21

2.2.2　最大项与最大项表达式 ………… 23

2.2.3　最小项与最大项的关系 ………… 24

2.3　卡诺图及其化简 ………… 24

2.3.1　卡诺图 ………… 24

2.3.2　逻辑函数与卡诺图 ………… 25

2.3.3　用卡诺图化简逻辑函数 ………… 27

2.3.4　对具有无关项的逻辑函数的化简 …… 29
2.4　组合电路的设计基础 …… 30
2.4.1　编码器的设计 …… 31
2.4.2　译码器的设计 …… 33
2.4.3　数据选择器的设计 …… 34
2.4.4　数值比较器的设计 …… 34
2.4.5　2位加法器的设计 …… 35
习题2 …… 36

第3章　组合逻辑电路设计 …… 38

3.1　集成逻辑电路的电气特性 …… 38
3.1.1　集成电路的主要电气指标 …… 39
3.1.2　逻辑电路的输出结构 …… 42
3.1.3　芯片使用中注意的问题 …… 44
3.1.4　正、负逻辑极性 …… 45
3.1.5　常用门电路 …… 46
3.2　常用组合逻辑模块 …… 47
3.2.1　4位并行加法器 …… 47
3.2.2　数值比较器 …… 50
3.2.3　译码器 …… 52
3.2.4　数据选择器 …… 57
3.2.5　总线收发器 …… 61
3.3　应用实例 …… 62
3.4　险象与竞争 …… 70
3.4.1　险象的分类 …… 70
3.4.2　不考虑延迟时的电路输出 …… 71
3.4.3　逻辑险象及其消除 …… 71
3.4.4　功能险象 …… 74
3.4.5　动态险象 …… 75
习题3 …… 77

第4章　时序电路基础 …… 85

4.1　集成触发器 …… 85
4.1.1　基本RS触发器 …… 85
4.1.2　钟控RS触发器 …… 88
4.1.3　D触发器 …… 90
4.1.4　JK触发器 …… 91
4.2　触发器的应用 …… 92
4.2.1　D触发器的应用 …… 92

4.2.2 JK触发器的应用 …… 95
4.2.3 异步计数器 …… 95
4.3 同步时序逻辑电路 …… 97
4.3.1 时序逻辑电路的基本概念 …… 97
4.3.2 米里型电路的分析举例 …… 98
4.3.3 莫尔型电路分析举例 …… 101
4.3.4 自启动 …… 102
4.4 集成计数器及其应用 …… 104
4.4.1 集成计数器 …… 105
4.4.2 任意模计数器 …… 107
4.4.3 计数器的扩展 …… 109
4.4.4 集成计数器应用举例 …… 110
4.5 集成移位寄存器及其应用 …… 113
4.5.1 集成移位寄存器 …… 113
4.5.2 移位型计数器 …… 114
4.5.3 移位寄存器在数据转换中的应用 …… 115
习题4 …… 117

第5章 同步时序电路和数字系统设计 …… 129

5.1 同步时序电路的基本设计方法 …… 129
5.1.1 原始状态图和状态表的建立 …… 129
5.1.2 用触发器实现状态分配 …… 133
5.1.3 导出触发器的激励方程和输出方程 …… 134
5.2 用"触发器组合状态法"设计同步时序逻辑电路 …… 135
5.2.1 写出编码状态表 …… 135
5.2.2 化简触发器激励函数的卡诺图 …… 136
5.2.3 画出逻辑图 …… 136
5.3 用"触发器直接状态法"设计同步时序逻辑电路 …… 137
5.3.1 触发器状态的直接分配 …… 138
5.3.2 做出逻辑次态表 …… 138
5.3.3 导出各触发器的激励方程和电路的输出方程 …… 139
5.3.4 画出逻辑图 …… 139
5.4 同步时序电路中的时钟偏移 …… 140
5.4.1 时钟偏移现象 …… 140
5.4.2 时钟偏移的后果 …… 140
5.4.3 防止时钟偏移的方法 …… 141
习题5 …… 141

第6章 集成ADC和DAC的基本原理与结构 …… 144

6.1 集成数模转换器 …… 144

6.1.1 二进制权电阻网络DAC …… 145

6.1.2 二进制T形电阻网络DAC …… 147

6.2 DAC的主要技术参数 …… 149

6.2.1 最小输出电压和满量程输出电压 …… 149

6.2.2 分辨率 …… 149

6.2.3 转换误差和产生原因 …… 150

6.2.4 DAC的建立时间 …… 150

6.3 集成模数转换器 …… 151

6.3.1 ADC的处理过程 …… 151

6.3.2 并行型ADC …… 154

6.3.3 逐次比较逼近型ADC …… 156

6.3.4 双积分型ADC …… 158

6.4 ADC的主要技术参数 …… 160

习题6 …… 161

第7章 可编程逻辑器件及其应用基础 …… 166

7.1 PLD的基本原理 …… 166

7.1.1 PLD的基本组成 …… 168

7.1.2 PLD的编程和阵列结构 …… 168

7.1.3 PLD的逻辑符号 …… 170

7.2 只读存储器 …… 172

7.2.1 ROM的组成原理 …… 172

7.2.2 ROM在组合逻辑设计中的应用 …… 173

7.3 可编程逻辑阵列 …… 175

7.3.1 组合逻辑PLA电路 …… 175

7.3.2 时序逻辑PLA电路 …… 176

习题7 …… 177

第8章 硬件描述语言基础 …… 178

8.1 硬件描述语言概述 …… 178

8.2 VHDL语言描述数字系统的基本方法 …… 179

8.2.1 VHDL库和包 …… 180

8.2.2 实体描述语句 …… 181

8.2.3 结构体描述 …… 182

8.3 VHDL中的赋值、判断和循环语句 …… 186

8.3.1 信号和变量的赋值语句 …… 186

8.3.2　IF-ELSE 语句 …… 186
8.3.3　CASE 语句 …… 187
8.3.4　LOOP 语句 …… 187
8.3.5　NEXT、EXIT 语句 …… 188
8.4　进程语句 …… 188
8.5　VHDL 设计组合逻辑电路举例 …… 190
8.6　VHDL 设计时序逻辑电路举例 …… 200
8.6.1　时钟信号的描述 …… 200
8.6.2　触发器的同步和非同步复位的描述 …… 200
习题 8 …… 207
主要参考文献 …… 211

第1章 数字电路基础

1995年，美国麻省理工大学媒体实验室教授、著名未来学家尼葛洛庞帝在其著作《数字化生存》中指出，信息时代是一个数字化的世界。它有4根支柱：一是自然界的一切信息都可以通过数字“1”和“0”表示；二是计算机只是用数字“1”和“0”来处理所有数据；三是计算机处理信息方法是通过对“1”和“0”的数字处理来实现的；四是通过跨空间运送“1”和“0”来把信息传送到全世界。

数字化已成为当今电子技术的发展潮流，数字电子技术及其产品已经渗透到人类的生活和工作中，对人类的生产方式、生活方式、思维方式以及学习方式等都产生了巨大的影响。

数字电路是数字电子技术的核心。本章主要介绍数字电路的基本概念、数字逻辑关系及逻辑运算、数字电路中常用的数制和编码等。

1.1 数字信号与数字电路

1.1.1 数字信号

自然界的一切信息都可以直接或间接(通过一定的转换)地用数字“1”和“0”进行表征。例如，可以用“1”表示男性，用“0”表示女性。当需要表示更多状态或信息时，可以用“1”和“0”的组合形式来表示。例如，用2位“1”和“0”形成的“00”“01”“10”和“11”共4种组合形式分别表示东、西、南、北4个不同的方位。再如，还可以从由3个“1”和“0”构成的8种组合形式(000、001、010、011、100、101、110、111)中任意选择7种形式分别表示红、橙、黄、绿、青、蓝、紫7种基本色彩。

同理，各种各样的信息都可以用多个“1”和“0”的组合形式表示，其中，一个组合形式中所包含的“1”和“0”的个数称为位数。例如，计算机键盘上的字符按键采用了目前国际上最通用的ASCII码(American Standard Code for Information Interchange)表示。每一个ASCII码由7位的“1”和“0”组成；7位的“1”和“0”的组合形式共有$2^7=128$种组合形式，即可以唯一地标识128个字符，这些字符包括十进制数、英文大小写字母、运算符、控制符及特殊符号等。表1-1是部分字符对应的ASCII码。

图1-1是键盘按键信号转换为ASCII码的过程。当按下左侧键盘上的按钮C时，键盘编码器则同时并行输出C对应的7位ASCII码1000011，再经过并/串转换器，向计算机串行地输出这一代码。如果依次按下的键盘按钮为APPLE，则最后串行输出的ASCII码为1000001 1010000 1010000 1001100 1000101。

表 1-1　部分字符的 ASCII 码

字符	ASCII 码	字符	ASCII 码	字符	ASCII 码	字符	ASCII 码
空格	0100000	3	0110011	E	1000101	P	1010000
.	0101110	4	0110100	F	1000110	Q	1010001
(	0101000	5	0110101	G	1000111	R	1010010
+	0101011	6	0110110	H	1001000	S	1010011
$	0100100	7	0110111	I	1001001	T	1010100
*	0101010	8	0111000	J	1001010	U	1010101
)	0101001	9	0111001	K	1001011	V	1010110
,	0101100	A	1000001	L	1001100	W	1010111
0	0110000	B	1000010	M	1001101	X	1011000
1	0110001	C	1000011	N	1001110	Y	1011001
2	0110010	D	1000100	O	1001111	Z	1011010

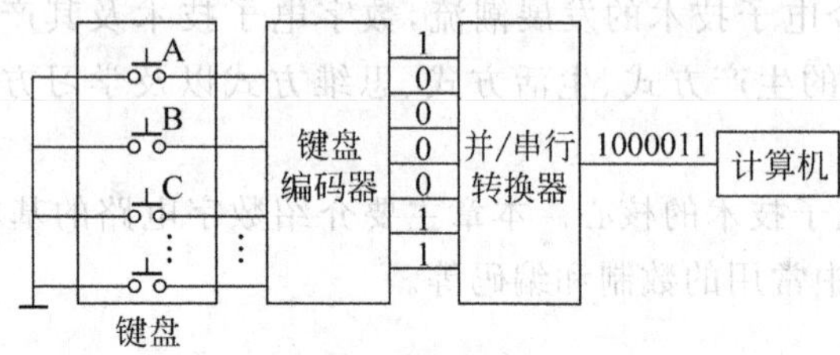

图 1-1　键盘信号转换为 ASCII 码

数字信号只有“1”和“0”两个取值，故又称为二值信号。“1”和“0”两个数字量反映在电信号上，可以表现为在一定时间间隔 T 内电平的高低或是否变化。在图 1-2 中，随时间变化依次出现的数字信号为 11001110100，图 1-2(a)是以高电平表示“1”，低电平表示“0”，这种表示方式称为不归零格式，在数字电路中多采用这一表示方式；图 1-2(b)是以电平变化表示“1”，无变化表示“0”，这种表示方式也称为归零格式，在数字通信中常用的曼彻斯特编码就属于这种格式。

观察图 1-2 中的数字信号，可以看出数字信号具有如下两个显著特点。

(1) 数字信号只有两种电平：高电平和低电平。既可以用高电平表示“1”、低电平表示“0”，称为正逻辑；也可用低电平表示“1”、高电平表示“0”，称为负逻辑。

(2) 信号的变化总是瞬间发生的：信号从低电平突变为高电平的过程称为上升沿，高电平突变到低电平的过程则称为下降沿。理想的数字信号的突变部分是瞬时的，不占用时间，但实际中，电平的变化需要经历一定的时间。如图 1-3 所示，V_m 是数字信号的幅度；t_r 是信号的上升时间，即上升沿，是指信号由 $0.1V_m$ 上升到 $0.9V_m$ 所经历的时间；t_f 是信号的下降时间，即下降沿，是指信号由 $0.9V_m$ 下降到 $0.1V_m$ 所经历的时间。

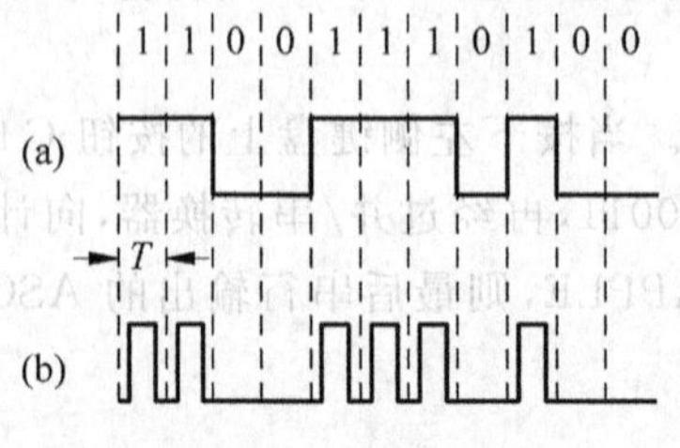

图 1-2　数字信号的两种表示方式

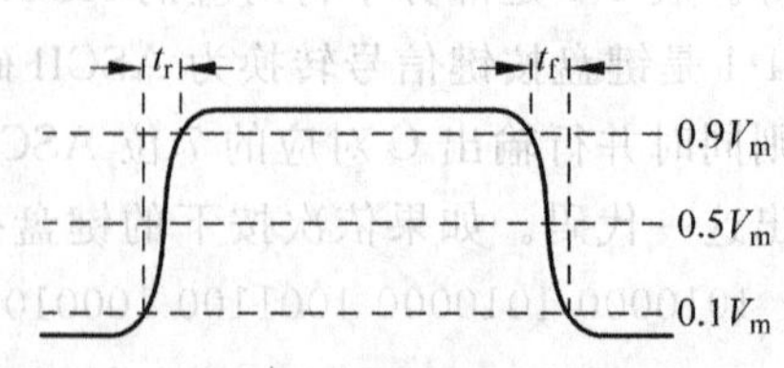

图 1-3　实际的数字信号

1.1.2 数字电路

数字电路是传输、加工和处理数字信号的电子电路。它具有以下几个特点。

(1) 数字电路抗干扰性强,可靠性高。

只要数字电路能区分"0"和"1"两种状态(即低电平和高电平),就能可靠地工作,而不需要考虑高、低电平的具体数值。表1-2是基于CMOS工艺的数字电子器件的电压范围与逻辑电平之间的关系。

表1-2 电压范围与逻辑电平的关系

电压范围/V	逻辑电平	电压范围/V	逻辑电平
3.5~5	高电平	0~1.5	低电平

(2) 数字电路易于实现。

数字电路利用稳态时的电子器件二极管、三极管工作在开关状态(即导通和截止)来实现数字信号的"0"和"1"。

(3) 数字电路易集成,对器件的特性要求不高。

数字电路是由几种最基本的单元电路组成;在这些基本单元中对元件的精度要求不高。

(4) 数字电路具有存储功能,可以长期保存数字信息。

数字电路主要研究的问题是输出、输入信号状态("0"和"1")之间的逻辑关系,即电路的逻辑功能。数字电路中的"1"和"0"具有逻辑意义,例如逻辑"1"和逻辑"0"可以分别表示电路的接通和断开、事件的是和否、逻辑推理的真和假等。因此,数字信号"1"和"0"又被称为逻辑信号,数字电路又被称为逻辑电路。

目前,数字电路在电子计算机、电机、通信设备、自动控制、雷达、家用电器、日常电子小产品、汽车电子等许多领域得到了广泛的应用。在数字化的时代中,数字电路产品也无所不在,如MP3、DVD、数字电视、数码相机、数码摄像机、手机等。

1.2 数值

在现实生活中,人们习惯用十进制进行计数和运算;而在数字电路系统中,通常采用二进制、八进制和十六进制。

1.2.1 各种进制的表示

对于任何一个具有n位整数、m位小数的R进制数N,可以用式(1-1)表示为

$$\begin{aligned}(N)_R &= (r_{n-1}r_{n-2}\cdots r_1 r_0.r_{-1}r_{-2}\cdots r_{-m})_R \\ &= r_{n-1}\times R^{n-1}+r_{n-2}\times R^{n-2}+\cdots r_1\times R^1+r_0\times R^0+r_{-1}\times R^{-1} \\ &\quad +r_{-2}\times R^{-2}+\cdots r_{-m}\times R^{-m} \\ &= \sum_{i=-m}^{n-1} r_i\times R^i \end{aligned} \tag{1-1}$$

其中,$(N)_R$ 表示数 N 是 R 进制数;R 是大于 1 的任意正整数,称为该数制的基;R^i 为 R 进制数第 i 位的权。

十进制的基是 10,含有 0、1、2、3、4、5、6、7、8、9 共 10 个数制符号和小数点,并且以"逢十进一"表示数的大小。例如,$(3456.789)_{10}$ 是一个 4 位整数、3 位小数的十进制数,按权展开为

$$(3456.012)_{10} = 3\times10^3 + 4\times10^2 + 5\times10^1 + 6\times10^0 + 0\times10^{-1} + 1\times10^{-2} + 2\times10^{-3}$$

其中千位数 3 处于第 3 位,表示的数值为 3×10^3;十分位数 0 处于第－1 位,表示的数值是 0×10^{-1};其他各位的含义如图 1-4 所示。

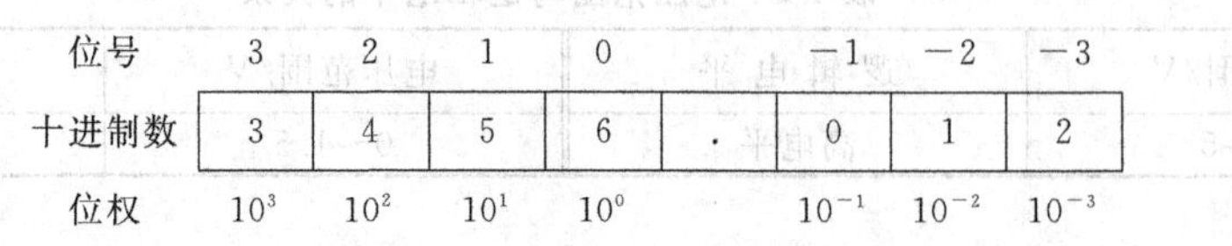

图 1-4　十进制数的权值

同理,二进制的基是 2,含有 0、1 两个数制符号和小数点,并且"逢二进一"计数;八进制的基是 8,含有 0、1、2、3、4、5、6、7 共 8 个数制符号和小数点,并且"逢八进一"计数;十六进制的基是 16,含有 0、1、2、3、4、5、6、7、8、9、A、B、C、D、E、F 共 16 个数制符号和小数点,并且"逢十六进一"计数。表 1-3 是各种数制的对照表。

表 1-3　各种数制的对照表

十进制	二进制	八进制	十六进制	十进制	二进制	八进制	十六进制
0	0	0	0	10	1010	12	A
1	1	1	1	11	1011	13	B
2	10	2	2	12	1100	14	C
3	11	3	3	13	1101	15	D
4	100	4	4	14	1110	16	E
5	101	5	5	15	1111	17	F
6	110	6	6	16	10000	20	10
7	111	7	7	17	10001	21	11
8	1000	10	8	18	10010	22	12
9	1001	11	9	19	10011	23	13

1.2.2　各种进制之间的转换

在现实生活中,最常使用的进制是十进制数,但在数字电路设计中,常常需要使用二、八、十六进制数,有必要进行进制之间的等值转换。

1. 其他进制数转换成十进制数

当将其他进制数转换成十进制数时,只要根据公式(1-1)"按权展开相加",即可得到等值的十进制数。

例 1-1 将二进制数$(11010.111)_2$转换成十进制数。

解：根据公式(1-1)，得

$$
\begin{aligned}
(11010.111)_2 &= 1\times 2^4+1\times 2^3+0\times 2^2+1\times 2^1+0\times 2^0+1\times 2^{-1}+1\times 2^{-2}+1\times 2^{-3} \\
&= 16+8+0+2+0+0.5+0.25+0.125 \\
&= (26.875)_{10}
\end{aligned}
$$

例 1-2 将八进制数$(74.32)_8$转换成十进制数。

解：
$$
\begin{aligned}
(74.32)_8 &= 7\times 8^1+4\times 8^0+3\times 8^{-1}+2\times 8^{-2} \\
&= 56+4+0.375+0.03125 \\
&= (60.40625)_{10}
\end{aligned}
$$

例 1-3 将十六进制数$(13AB6)_{16}$转换成十进制数。

解：
$$
\begin{aligned}
(13AB.6)_{16} &= 1\times 16^3+3\times 16^2+10\times 16^1+11\times 16^0+6\times 16^{-1} \\
&= 4096+768+160+11+0.375 \\
&= (5063.375)_{10}
\end{aligned}
$$

2. 十进制数转换成其他进制数

当将十进制数转换成其他进制数时，十进制数的整数部分采用基数除法、小数部分采用基数乘法。

如果十进制数既有整数部分又有小数部分，只要把它们分别进行转换，然后将结果合并即可。其中，整数部分取余数、由高位到低位；小数部分取积的整数部分，由高位到低位。

例 1-4 将十进制数$(58.625)_{10}$转换成二进制数。

解：
$$
\begin{aligned}
(58.625)_{10} &= (58)_{10}+(0.625)_{10} \\
&= (111010)_2+(0.101)_2=(111010.101)_2
\end{aligned}
$$

除法	余数	
2 ⌊58		
2 ⌊29	0	低位 ↑
2 ⌊14	1	
2 ⌊7	0	
2 ⌊3	1	
2 ⌊1	1	
0	1	高位

乘法	积的整数部分	
0.625		
× 2		高位
[1].250	1	
× 2		
[0].500	0	
× 2		
[1].000	1	↓ 低位

当十进制小数不能精确转换为非十进制小数时，往往需要有一定的精度要求。

例 1-5 将十进制数$(54.39)_{10}$转换成十六进制数(保留小数点后4位)。

解：
$$
\begin{aligned}
(54.39)_{10} &= (54)_{10}+(0.39)_{10} \\
&= (36)_{16}+(0.63D7)_{16}=(36.63D7)_{16}
\end{aligned}
$$

除法	余数	
16 ⌊54		
16 ⌊3	6	低位 ↑
0	3	高位

乘法	积的整数部分	
0.39		
× 16		高位
[6].24	6	
× 16		
[3].84	3	
× 16		
[13].44	D	
× 16		
[7].04	7	↓ 低位

3. 非十进制数之间的转换

非十进制数之间的转换可以利用十进制作为桥梁,即先将非十进制数转换成十进制,然后再将十进制数转换为所需的非十进制数。

对于二、八、十六进制数而言,它们都是 2^n 进制数,可以直接、方便地利用二进制数进行数制间的转换:因为由表1-3可以看到,3位二进制数相当于1位八进制数,4位二进制数相当于1位十六进制数。

例 1-6 将十六进制数 $(BE.29)_{16}$ 转换成八进制数。

解:

$$(\ B\quad E\ .\ 2\quad 9\ )_{16}$$
$$=(1011\quad 1110\ .\ 0010\quad 1001)_2$$
$$=(\underline{0}10\ 111\ 110\ .\ 001\ 010\ 01\underline{0})_2$$
从小数点起,向前或向后每3位组合,不足数位向前或向后补0
$$=(\ 2\quad 7\quad 6\ .\ 1\quad 2\quad 2\ )_8$$

1.3 二值编码

如前所述,可以利用0、1的不同组合形式表示数和文字信息,这种表示形式就称为二值编码。从编码的角度看,二进制数制实质上就是用0、1表示数值大小的一种编码方法,常称为自然二进制码。

1.3.1 带符号数的表示

1. 原码、反码和补码表示法

任何一个带符号的十进制数都是由符号和数值两部分组成,例如+23、−87等。对于符号部分,用"0"表示正号"+",用"1"表示负号"−";对于数值部分,转换成自然二进制数。这种表示方法称为"原码"。

带符号数还有反码和补码两种表示方法。在反码中,正数的反码就是其原码;负数的反码是原码中的符号位不变、数值部分按位取反得到。在补码中,正数的补码也是其原码;负数的补码是原码中的符号位不变、数值部分按位取反再加"1"得到。

例 1-7 已知 $X=(+75)_{10}$,$Y=(-75)_{10}$,分别求 X 和 Y 的原码、反码和补码(设字长为8位)。

解:由 $(75)_{10}=(1001011)_2$,得

因为 X 是正数,所以 $[X]_{原}=[X]_{反}=[X]_{补}=01001011$。

因为 Y 是负数,所以 $[Y]_{原}=11001011$,$[Y]_{反}=10110100$,$[Y]_{补}=10110101$。

2. *n* 位带符号数的表示数值范围

n 位带符号数的原码、反码和补码可以表示的数值范围是

原码 $-(2^{n-1}-1)\sim+(2^{n-1}-1)$

反码 $-(2^{n-1}-1)\sim+(2^{n-1}-1)$

补码 $-2^{n-1}\sim+(2^{n-1}-1)$

表 1-4 给出了带符号数的原码、反码和补码的 4 位表示形式。

表 1-4　带符号数的原码、反码和补码

带符号数	原　码	反　码	补　码
+8	—	—	
+7	0111	0111	0111
+6	0110	0110	0110
+5	0101	0101	0101
+4	0100	0100	0100
+3	0011	0011	0011
+2	0010	0010	0010
+1	0001	0001	0001
+0	0000	0000	0000
−0	1000	1111	—
−1	1001	1110	1111
−2	1010	1101	1110
−3	1011	1100	1101
−4	1100	1011	1100
−5	1101	1010	1011
−6	1110	1001	1010
−7	1111	1000	1001
−8	—	—	1000

3. 用反码和补码进行加/减运算

两个十进制数的加/减运算可以被看成是两个带符号数的加法运算。

在用反码进行加/减运算时，先将两个数表示成反码形式，进行相加；如果最高位有进位产生，则将该进位与和数的最低位再相加(称为“循环进位”)。

在用补码进行加/减运算时，先将两个数表示成补码形式，进行相加；如果最高位有进位产生，则将该进位自动丢弃。

例 1-8　已知 $x=26, y=21$，试利用反码/补码计算 $x-y$(设字长为 8 位)。

解：由 $x-y=(+x)+(-y)=(+26)+(-21)$，得

用反码进行减法运算：$[+26]_{反}=00011010, [-21]_{反}=11101010$

```
   0 0 0 1 1 0 1 0
 + 1 1 1 0 1 0 1 0
 -----------------
[1]0 0 0 0 0 1 0 0
 |_______________→1
 +
 -----------------
   0 0 0 0 0 1 0 1
```

所以，$x-y=+5$。

用补码进行减法运算：$[+26]_{补}=00011010$，$[-21]_{补}=11101011$

$$\begin{array}{r} 0\,0\,0\,1\,1\,0\,1\,0 \\ +\,1\,1\,1\,0\,1\,0\,1\,1 \\ \hline \boxed{1}\,0\,0\,0\,0\,0\,1\,0\,1 \end{array}$$

丢弃

所以，$x-y=+5$。

4. 补码的溢出问题

在用补码进行加/减法运算时，由于带符号数允许的取值范围限制，其产生的运算结果可能会超过此范围，产生出错误的结果，称之为“溢出”。通常，当两个异号相加不会产生溢出，当两个同号数相加可能会产生溢出。

例 1-9　已知 $x=-98$，$y=75$，试利用补码计算 $x+y$ 和 $x-y$(设字长为 8 位)。

解：由于字长设定为 8 位，其补码范围为 $-128\sim+127$。

$x+y=-98+75=(-98)+(+75)$，得

$[-98]_{补}=10011110$，$[+75]_{补}=01001011$

$$\begin{array}{r} 1\,0\,0\,1\,1\,1\,1\,0 \\ +\,0\,1\,0\,0\,1\,0\,1\,1 \\ \hline 1\,1\,1\,0\,1\,0\,0\,1 \end{array}$$

所以，$x+y=-23$。

$x-y=-98-75=(-98)+(-75)$，得

$[-98]_{补}=10011110$，$[-75]_{补}=10110101$

$$\begin{array}{r} 1\,0\,0\,1\,1\,1\,1\,0 \\ +\,1\,0\,1\,1\,0\,1\,0\,1 \\ \hline 0\,1\,0\,1\,0\,0\,1\,1 \end{array}$$

所以，$x+y=+83$，而正确的结果应为 -173。

产生上述错误结果的原因是 -173 已经超出 8 位补码的表示范围。此时，若采用 9 位补码可加以修正。

1.3.2 常用的二-十进制码

二-十进制码，又称 BCD 码，是指用 4 位二进制码表示一位十进制。通常，BCD 码分为如下 3 种形式。

- 有权码：各码位有固定的权值，如 8421 码、2421 码。
- 偏权码：在有权码的基础上加一个偏值，如余 3 码。
- 无权码：各码位没有固定的权值。

表 1-5 列出了常用的 BCD 码，不同的编码因为具有不同特性而在不同场合下被采用。BCD 码主要具有以下几个特性。

表 1-5 常用的 BCD 码

十进制数	8421	2421	631-1	余3码	格雷码
0	0000	0000	0011	0011	0010
1	0001	0001	0010	0100	0110
2	0010	0010	0101	0101	0111
3	0011	0011	0111	0110	0101
4	0100	0100	0110	0111	0100
5	0101	1011	1001	1000	1100
6	0110	1100	1000	1001	1101
7	0111	1101	1010	1010	1111
8	1000	1110	1101	1011	1110
9	1001	1111	1100	1100	1010

1. 有权特性

所谓有权特性是指各码位具有固定的权值，如表 1-5 中的 8421、2421、631-1 码。例如，631-1 码的 4 位的权值分别是 6、2、1、−1，所以$(1101)_{631\text{-}1}=1\times6+1\times2+0\times1+1\times(-1)=8$，也就是说，$(1101)_{631\text{-}1}$对应于十进制数中的“8”。

2. 循环特性

所谓循环特性是指相邻代码之间只有 1 位不同、其余各位相同，如格雷码。例如，在表 1-5 中的 4 位格雷代码中，任意相邻的两个格雷代码具有循环性；特别地，首尾两个格雷码也是相邻的，具有循环特性。

3. 反射特性

所谓反射性是指以最高位“0”和“1”的交界处为对称轴、处于轴对称位置的各对代码除最高位不同外，其余各位均相同。例如，在表 1-5 的格雷码中，前 5 个代码和后 5 个代码以中间为对称轴，除最高位不一样外，其余各位都对称相同，因此格雷码具有反射特性。

4. 自补特性

所谓自补特性是指若将某十进制数符 D 的代码各码位取反，所得到新代码表示的十进制数符必是 D 的 9 的补码。例如，在表 1-5 的 2421 码中，十进制数“4”的代码为“0100”，其反码“1011”对应的十进制数为“5”，“5”正好是“4”的 9 的补码。

1.3.3 *n* 位十进制数的 BCD 码表示及 8421 BCD 码的加/减法

1. *n* 位十进制数的 BCD 码表示是由 *n* 组 BCD 码构成的

例 1-10 分别用 8421 BCD 码和余 3 码表示十进制数$(258.396)_{10}$。

解：$(258.396)_{10}=(0010\ 0101\ 1000\ .\ 0011\ 1001\ 0110)_{8421\ \text{BCD码}}$

$=(0101\ 1000\ 1011\ .\ 0110\ 1100\ 1001)_{\text{余3码}}$

2. 8421 BCD 码加法

当计算机处理用 8421 BCD 码表示的 n 位十进制数的加运算时，需要对计算结果进行适当的修正，这是因为计算机在计算时实际上依然采用的是自然二进制的加法法则"逢 16 进 1"，而 8421 BCD 码加法遵循的是十进制加法法则"逢 10 进 1"。这两种加法法则相差为 6，因此需要进行"加 6 修正"，即当和数大于 1001 或产生进位时，必须对和数的本位加 6。

例 1-11　试用 8421 BCD 码求 7＋6 和 8＋9。

解：$(7)_{10}=(0111)_{8421\ \text{BCD码}}$，$(6)_{10}=(0110)_{8421\ \text{BCD码}}$

```
   0 1 1 1                                  1 0 0 0
 + 0 1 1 0   结果大于 1001，是非            + 1 0 0 1   结果产生进位，
 ---------                                 ---------
   1 1 0 1   法的 8421 BCD 码，             1 0 0 0 1     需加 6 修正
 + 0 1 1 0     需加 6 修正                  + 0 1 1 0
 ---------                                 ---------
 1 0 0 1 1                                  1 0 1 1 1
```

$(10011)_{8421\text{码}}=(13)_{10}$，所以 7＋6＝13；$(10111)_{8421\text{码}}=(17)_{10}$，所以 8＋9＝17。

例 1-12　试用 8421 BCD 码求 947＋954。

解：$(947)_{10}=(1001\ 0100\ 0111)_{8421\ \text{BCD码}}$，$(954)_{10}=(1001\ 0101\ 0100)_{8421\ \text{BCD码}}$

```
     1001 0100 0111
  +  1001 0101 0100   个位大于 1001，百位
  -----------------
   1 0010 1001 1011   产生，需要加 6 修正
  +  0110      0110   十位大于 1001，需要
  -----------------
   1 1000 1010 0001     加 6 修正
  +       0110
  -----------------
   1 1001 0000 0001
```

$(1\ 1001\ 0000\ 0001)_{8421\ \text{BCD码}}=(1901)_{10}$，所以 947＋954＝1901。

3. 8421 BCD 码减法

与 8421 BCD 码加法类似，当进行 8421 BCD 码减法时，当产生借位时进行"减 6 修复"。

例 1-13　试用 8421 BCD 码求 102－78。

解：$(102)_{10}=(0001\ 0000\ 0010)_{8421\ \text{BCD码}}$，$(78)_{10}=(0111\ 1000)_{8421\ \text{BCD码}}$

```
   0001 0000 0010
 -      0111 1000   个位、十位产生借
 ----------------
   0000 1000 1010   位，需要减 6 修正
 -      0110 0110
 ----------------
        0010 0100
```

$(0010\ 0100)_{8421\ \text{BCD码}}=(24)_{10}$，所以 102－78＝24。

1.4　逻辑关系

数字电路不仅可以实现算术运算，还可以进行逻辑运算。所谓逻辑关系是指在逻辑问题中输入变量和输出变量之间的因果关系。表征逻辑关系的方式有多种：真值表、逻辑表

达式、逻辑图、工作波形图和卡诺图等。

1.4.1　基本逻辑关系

在逻辑代数中，最基本的逻辑关系有 3 种："与""或""非"。

在如图 1-5(a)所示的电路中，开关 S_1、S_2 和灯 L 是串联的；只有当开关 S_1 和 S_2 全都闭合时，灯 L 才会亮。图 1-5(b)描述了该电路中的开关 S_1、S_2 和灯 L 之间的逻辑关系。很显然，可以得到这一结论：只有当决定某一事件的条件全部都具备时，该事件才会发生。我们把这种因果关系称为逻辑"与"。

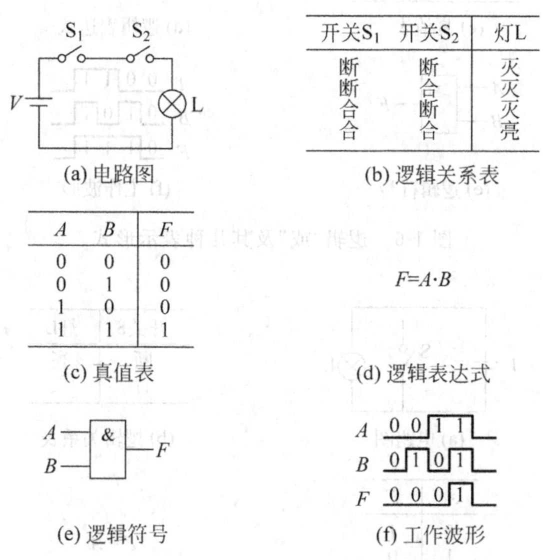

图 1-5　逻辑"与"及其几种表示形式

在如图 1-6(a)所示的电路中，开关 S_1 和 S_2 并联后再与灯 L 串联；只要开关 S_1 或 S_2 有一个闭合，或者两个都闭合，灯 L 就会亮。图 1-6(b)描述了该电路中的开关 S_1、S_2 和灯 L 之间的因果关系。同样地，可以得到这一结论：只要在决定某一事件的各种条件中，有一个或几个条件具备时，该事件就会发生。我们把这种因果关系称为逻辑"或"。

在如图 1-7(a)所示的电路中，只有一个开关 S 和灯 L 并联；开关 S 一旦闭合，灯 L 就灭，反之，开关 S 断开则灯 L 亮。图 1-7(b)描述了该电路中的开关 S 和灯 L 之间的因果关系。同样地，可以得到这一结论：当决定某一事件的条件具备时，该事件不会发生；反之，条件不具备时，事件才发生。我们把这种因果关系称为逻辑"非"。

上述的 3 种基本逻辑关系可以用逻辑代数来描述。

在逻辑代数中，通常用字母 A、B、…来表示逻辑变量，这些逻辑变量只有"1"和"0"两种取值，分别表示该逻辑变量的两种截然不同的逻辑状态。例如，用逻辑变量 A 和 B 分别表示开关 S_1 和 S_2 的状态，当 A 或 B 取"1"值时表示开关闭合，取"0"值时表示开关断开；同样，灯 L 的状态可用逻辑变量 F 表示，当 F 等于"1"时表示灯亮，F 等于"0"时则表示灯灭。其中，变量 A 和 B 也称输入变量或自变量；变量 F 称为输出变量或因变量。

用逻辑变量和取值可以替代图 1-5(b)、图 1-6(b)、图 1-7(b)，列出"与""或""非"3 种基

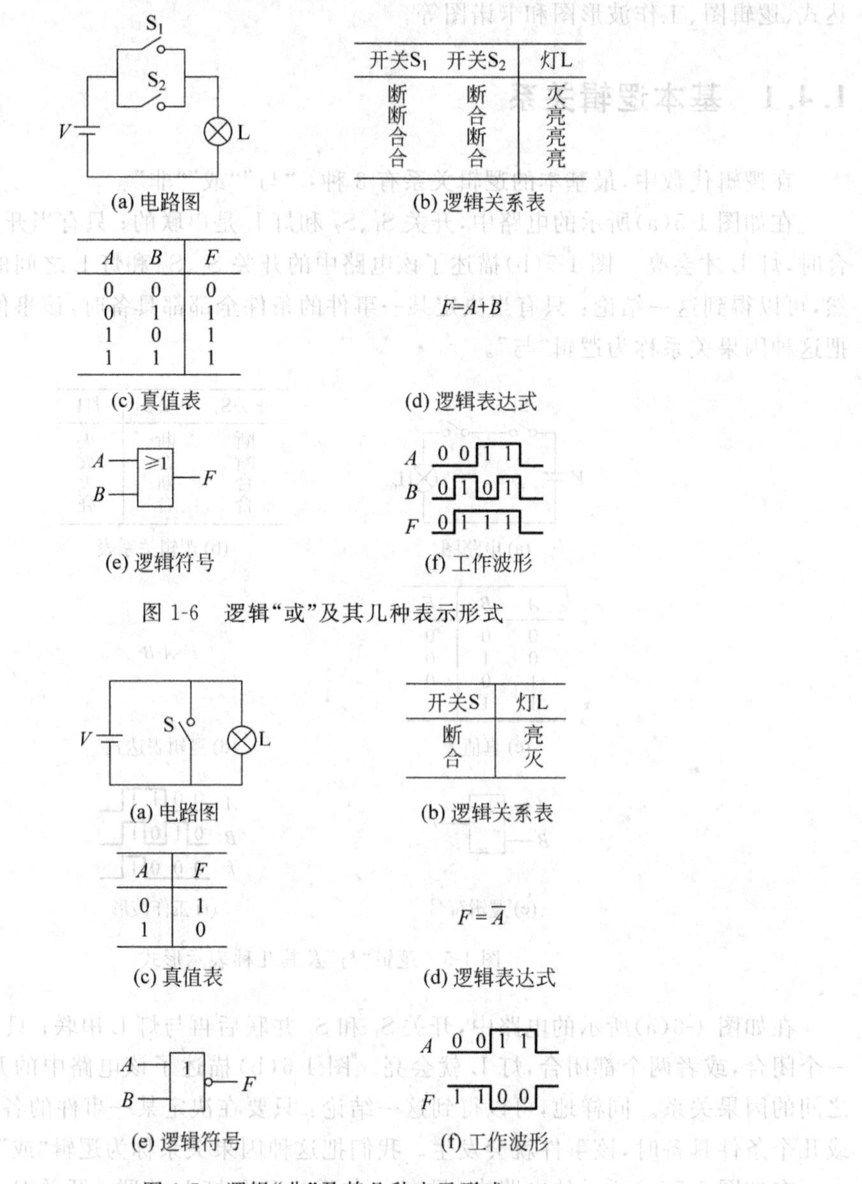

(a) 电路图　(b) 逻辑关系表　(c) 真值表　(d) 逻辑表达式　(e) 逻辑符号　(f) 工作波形

图 1-6　逻辑“或”及其几种表示形式

(a) 电路图　(b) 逻辑关系表　(c) 真值表　(d) 逻辑表达式　(e) 逻辑符号　(f) 工作波形

图 1-7　逻辑“非”及其几种表示形式

本逻辑关系的图表,称为真值表,如图 1-5(c)、图 1-6(c)、图 1-7(c)所示。真值表是一种常见的逻辑函数表示形式。

逻辑表达式、逻辑符号和工作波形图是另外3种描述逻辑关系的表示形式。图 1-5(d)、图 1-6(d)、图 1-7(d)是3种基本逻辑关系的逻辑表达式。逻辑表达式是指用逻辑代数式表征输出变量与输入变量之间的逻辑关系,定义为输出变量为“1”的输入变量的关系。对于输入变量 A、B 或输出变量 F,当它为“1”时,称为原变量,记做 A、B、F;当它为“0”时,称为反变量,记作 $\overline{A}$、$\overline{B}$、$\overline{F}$。图 1-5(e)、图 1-6(e)、图 1-7(e)是3种基本逻辑关系的逻辑符号。图 1-5(f)、图 1-6(f)、图 1-7(f)是3种基本逻辑关系的工作波形图。

1.4.2　复合逻辑关系

由“与”、“或”“非”3 种基本逻辑关系可以组成更加复杂的逻辑关系，称为复合逻辑关系。常见的复合逻辑关系有：“与非”“或非”“异或”和“与或非”等。

“与非”是指输入变量先进行“与”运算、再进行“非”运算。“或非”是指输入变量先进行“或”运算、再进行“非”运算。“异或”则是指当两个输入变量值相同时，输出变量值为“0”；否则为“1”。图 1-8～图 1-10 分别是“与非”“或非”“异或”的逻辑表示形式。

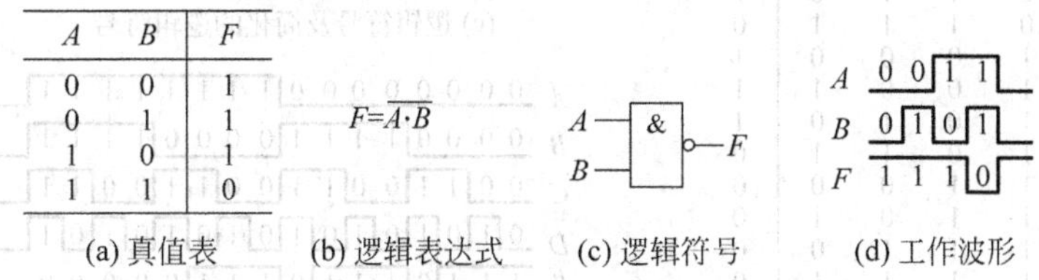

A	B	F
0	0	1
0	1	1
1	0	1
1	1	0

(a) 真值表　(b) 逻辑表达式　(c) 逻辑符号　(d) 工作波形

图 1-8　逻辑“与非”的几种表示形式

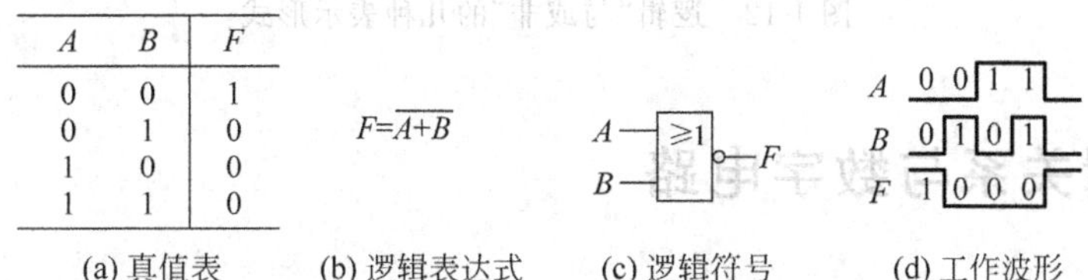

A	B	F
0	0	1
0	1	0
1	0	0
1	1	0

(a) 真值表　(b) 逻辑表达式　(c) 逻辑符号　(d) 工作波形

图 1-9　逻辑“或非”的几种表示形式

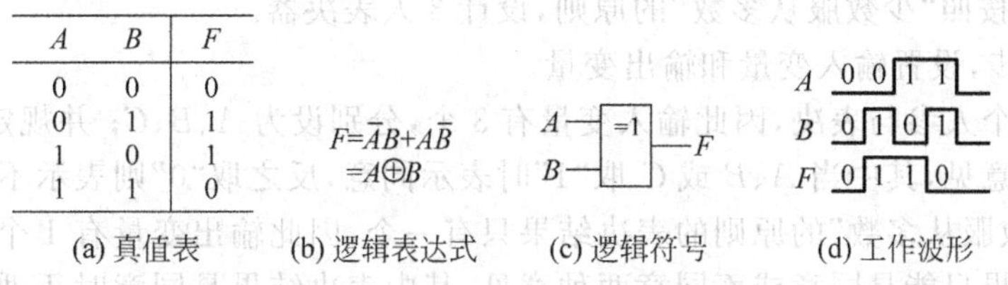

A	B	F
0	0	0
0	1	1
1	0	1
1	1	0

(a) 真值表　(b) 逻辑表达式　(c) 逻辑符号　(d) 工作波形

图 1-10　逻辑“异或”的几种表示形式

例 1-14　已知逻辑表达式 $F=AB+\overline{A}\overline{B}$，试写出 F 的真值表，并分析其实现的功能。

解：F 的真值表如图 1-11(a)所示。当输入变量 A 和 B 相同时，输出变量 F 为“1”；否则为“0”。这个逻辑关系正好与“异或”相反，称为“同或”。图 1-11(b)～图 1-11(d)是“同或”的其他几种表示形式。

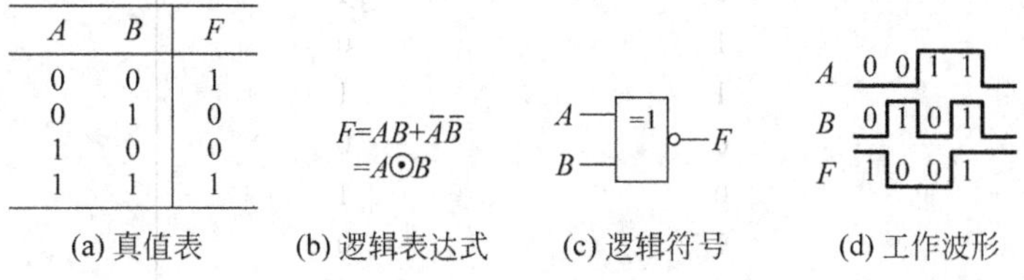

A	B	F
0	0	1
0	1	0
1	0	0
1	1	1

(a) 真值表　(b) 逻辑表达式　(c) 逻辑符号　(d) 工作波形

图 1-11　逻辑“同或”的几种表示形式

“与或非”则是由“与”“或”“非”3种逻辑运算组合而成的。图1-12是“与或非”的几种表示形式。

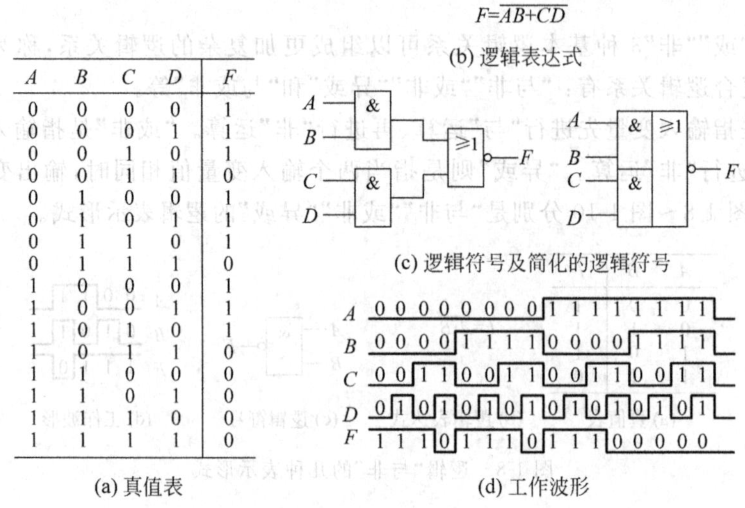

图1-12 逻辑“与或非”的几种表示形式

1.5 逻辑关系与数字电路

逻辑关系是数字电路分析与设计的基础。本节通过几个例题初步介绍了数字电路的分析与设计的基本实现方法。

例1-15 按照“少数服从多数”的原则,设计3人表决器。

解:第一步,设置输入变量和输出变量。

由于有3个人参与表决,因此输入变量有3个,分别设为A、B、C;并规定只能表示同意或不同意两种意见,其中当A、B或C取“1”时表示同意,反之取“0”则表示不同意。

按照“少数服从多数”的原则的表决结果只有一个,因此输出变量有1个,设为F;并同样规定表决结果只能是同意或不同意两种意见,其中表决结果是同意时F取“1”,反之表决结果是不同意时F取“0”。

第二步,列出真值表(见表1-6)。

表1-6 例1-15的真值表

A	B	C	F
0	0	0	0
0	0	1	0
0	1	0	0
0	1	1	1
1	0	0	0
1	0	1	1
1	1	0	1
1	1	1	1

第三步，写出逻辑表达式。

从真值表可以看到，当输入变量 ABC 取"011"(即 $A=0$ 且 $B=1$ 且 $C=1$)时输出变量 F 为"1"，A、B、C 之间是"与"逻辑关系，记作 $\overline{A}BC$。类似的，使得 F 为"1"的输入变量的组合形式还有 $A\overline{B}C$、$AB\overline{C}$、ABC。换句话说，当 ABC 取"011"或"101"或"110"或"111"时使得输出变量 F 为"1"，这意味着输入变量 ABC 的 4 种取值状态之间是"或"逻辑关系。因此，逻辑表达式就是选择真值表中所有输出为"1"的输入变量的组合形式。

$$F=\overline{A}BC+A\overline{B}C+AB\overline{C}+ABC$$

第四步，画出逻辑图(见图 1-13)。

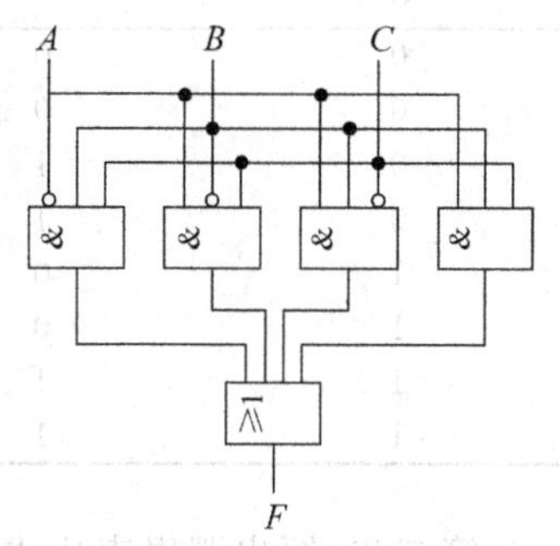

图 1-13　例 1-15 的逻辑图

逻辑图是指将相应的逻辑符号进行连接，进而表示输入与输出的逻辑关系。

思考：输入变量 ABC 与输出变量 F 的工作波形图应该如何画？

例 1-16　分别设计 1 位二进制数半加器和 1 位二进制数全加器。

解：半加器和全加器是常用的算术运算电路。其中，半加器是指只考虑两个加数本身、而不考虑低位进位的加法运算；全加器则是指既考虑两个加数、也考虑低位进位的加法运算。

(1) 半加器的设计。

第一步，设置输入变量和输出变量。

设半加器的加数、被加数分别为输入变量 A 和 B，半加器的和、进位分别是输出变量 S 和 C_o。因为是二进制数的加法，所以 A、B、S 和 C_o 的取值为"0"或"1"。

第二步，列出真值表(见表 1-7)。

表 1-7　半加器的真值表

A	B	S	C_o
0	0	0	0
0	1	1	0
1	0	1	0
1	1	0	1

第三步，写出逻辑表达式。

根据真值表，分别选择 S 和 C_o 为"1"的输入变量的组合形式。

$$S=\overline{A}B+A\overline{B}=A\oplus B$$
$$C_o=AB$$

第四步，画出逻辑图(见图 1-14)。

图 1-14　半加器的逻辑图及半加器的逻辑符号

(2) 全加器的设计。

第一步，设置输入变量和输出变量。

设全加器的加数、被加数和低位进位分别为输入变量 A、B 和 C_i，全加器的和、进位分别是输出变量 S 和 C_o。

第二步,列出真值表(见表1-8)。

表1-8　全加器的真值表

A	B	C_i	S	C_o
0	0	0	0	0
0	0	1	1	0
0	1	0	1	0
0	1	1	0	1
1	0	0	1	0
1	0	1	0	1
1	1	0	0	1
1	1	1	1	1

第三步,写出逻辑表达式。

$$S=\overline{A}\overline{B}C_i+\overline{A}B\overline{C_i}+A\overline{B}\overline{C_i}+ABC_i=\overline{A}(\overline{B}C_i+B\overline{C_i})+A(\overline{B}\overline{C_i}+BC_i)$$

$$=\overline{A}(B\oplus C_i)+A(\overline{B\oplus C_i})=A\oplus B\oplus C_i$$

$$C_o=\overline{A}BC_i+A\overline{B}C_i+AB\overline{C_i}+ABC_i=(\overline{A}B+A\overline{B})C_i+AB(\overline{C_i}+C_i)$$

$$=(A\oplus B)C_i+AB$$

第四步,画出逻辑图。

利用半加器可以构成全加器,如图1-15所示。

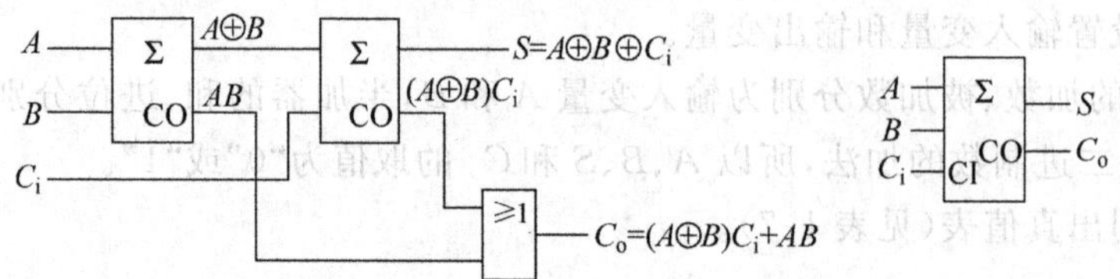

图1-15　全加器的逻辑图及逻辑符号

思考:试用多个全加器组成4位二进制数加法器?

例1-17　已知逻辑图如图1-16所示,分析该电路的逻辑功能。

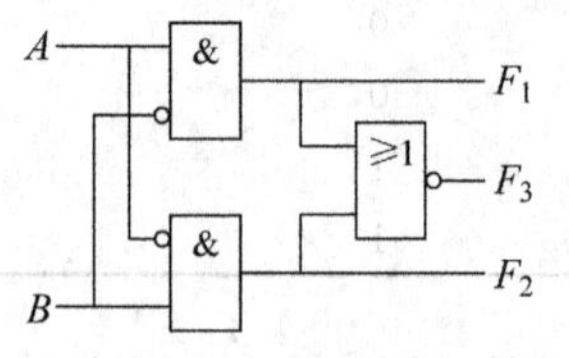

图1-16　例1-17的逻辑电路图

解:第一步,根据已知的逻辑电路图,写出所有输出逻辑表达式。

$$F_1=A\overline{B}\quad F_2=\overline{A}B$$

$$F_3=\overline{F_1+F_2}=\overline{A\overline{B}+\overline{A}B}=\overline{A\oplus B}$$

第二步,根据逻辑表达式列出真值表,如表1-9所示。

表1-9　例1-17的真值表

A	B	F_1	F_2	F_3
0	0	0	0	1
0	1	0	1	0
1	0	1	0	0
1	1	0	0	1

第三步，根据真值表，说明该电路的逻辑功能。

当 $A=B$ 时，$F_3=1$；当 $A>B$ 时，$F_1=1$；当 $A<B$ 时，$F_2=1$。由此可知，该电路是一位二进制数比较器。

习题 1

1.1　把下列各数转换成相应进制数(小数点后保留 3 位)。

(1) 将下列十进制数分别转换成二进制数、八进制数、十六进制数。

① 204　② 0.437　③ 51.375

(2) 将下列二进制数转换成十进制数、八进制数、十六进制数。

① 111001　② 0.10101　③ 1110.0111

(3) 将下列十六进制数转换成二进制数、八进制数、十进制数。

① 1ABC　② D1.A01　③ 125.78

1.2　完成下列二进制数的加减法运算。

① 1001.101＋1011.01　② 100111＋101101　③ 1100－1011　④ 1101.01－1011.011

1.3　以二进制数完成下列运算。

① 32×8　② 25.5×8.625　③ 12÷3　④ 24.75÷6

1.4　分别写出下列十进制数的二进制原码、补码和反码(码长为 8)。

① ＋71　② －112　③ ＋13.25　④ －38.15

1.5　已知 $N=11001011$，分别写出在下列情况下表示的十进制数。

① 无符号的二进制数；　② 带符号的二进制数原码；　③ 带符号的二进制反码；

④ 带符号的二进制补码。

1.6　分别利用二进制反码、补码完成下列运算(码长为 8)。

① 17＋16　② 17－21　③ －18＋6　④ －8－25

1.7　求下列进制数对应的 8421 BCD 码和余 3 码。

① $(11011111)_2$　② $(763.2)_{10}$　③ $(312.25)_8$　④ $(FF)_{16}$

1.8　利用 8421 BCD 码完成下列十进制数的加/减运算。

① 887＋927　② 452－389

第 2 章　逻辑函数与组合电路基础

简单或复合逻辑关系都可以用逻辑函数来描述，逻辑函数的主要形式有真值表、逻辑表达式、卡诺图、工作波形图和逻辑电路图等。逻辑代数是数字电路分析与设计的数学工具，因此，本章首先介绍有关的逻辑代数基本知识。接着，介绍逻辑函数的另一种表示方式——卡诺图及其应用。最后，进一步讨论组合电路的设计方法。

2.1　逻辑代数

1847 年，英国数学家乔治·布尔(George Boole)首先提出了描述客观事物逻辑关系的数学方法——布尔代数。布尔代数用“1”和“0”两个符号来表示事件的成立与否，称之为事件逻辑值，从而使逻辑规律可以用数学关系来表示，并可进行逻辑加、逻辑乘和逻辑非的运算。1904 年，美国数学家亨廷顿(Edward Vermilye Huntington)给出了布尔代数的公理系统。1938 年，美国科学家克劳德·香农(Claude Elwood Shannon)发表了著名的论文《继电器和开关电路的符号分析》，首次用布尔代数进行开关电路分析，并证明布尔代数的逻辑运算，可以通过继电器电路来实现，明确地给出了实现加、减、乘、除等运算的电子电路的设计方法。随着数字技术的发展，布尔代数业已成为数字逻辑电路分析与设计的基础，又称为逻辑代数。

2.1.1　逻辑代数的基本公式

在第 1 章中已经介绍过逻辑代数中的基本逻辑关系，这里给出逻辑代数的基本公式，见表 2-1 所示。这些基本公式是逻辑运算的重要工具，也是学习数字电路的必要基础。

表 2-1　逻辑代数的常用公式

运算符 / 运算规则	或	与
交换律	$a+b=b+a$	$a\cdot b=b\cdot a$
结合律	$a+(b+c)=(a+b)+c$	$a\cdot(b\cdot c)=(a\cdot b)\cdot c$
分配律	$a+b\cdot c=(a+b)(a+c)$	$a(b+c)=ab+ac$
0-1 律	$0+a=a$	$1\cdot a=a$
	$1+a=1$	$0\cdot a=0$
互补律	$a+\bar{a}=1$	$a\cdot\bar{a}=0$
吸收律	$a+ab=a$	$a(a+b)=a$
	$a+\bar{a}b=a+b$	$a(\bar{a}+b)=ab$
重叠律	$a+a=a$	$a\cdot a=a$
反演律	$\overline{a+b}=\bar{a}\cdot\bar{b}$	$\overline{a\cdot b}=\bar{a}+\bar{b}$
对合律	$\bar{\bar{a}}=a$	—
包含律	$ab+\bar{a}c+bc=ab+\bar{a}c$	$(a+b)(\bar{a}+c)(b+c)=(a+b)(\bar{a}+c)$

其中“反演律”也称摩根定律，是非常重要的公式，常用于逻辑表达式的转换。通常可以利用表中简单的公式来证明较复杂的公式。

例 2-1　证明吸收律 $a+ab=a$ 和 $a+\bar{a}b=a+b$。

证：$a+ab=a(1+b)=a$

$a+\bar{a}b=a(b+\bar{b})+\bar{a}b=ab+a\bar{b}+\bar{a}b=ab+ab+a\bar{b}+\bar{a}b=a(b+\bar{b})+b(a+\bar{a})=a+b$

例 2-2　证明分配律 $a+bc=(a+b)(a+c)$。

证：$a+bc=a+ab+ac+bc=aa+ab+ac+bc=a(a+c)+b(a+c)=(a+b)(a+c)$

例 2-3　证明包含律 $ab+\bar{a}c+bc=ab+\bar{a}c$。

证：$ab+\bar{a}c+bc=ab+\bar{a}c+(a+\bar{a})bc=ab+\bar{a}c+abc+\bar{a}bc=a(b+bc)+\bar{a}(c+bc)=ab+\bar{a}c$

2.1.2　逻辑代数的基本规则

除了基本的逻辑公式外，逻辑代数还包括以下 3 个基本规则。

1. 代入规则

任何一个含有变量 A 的逻辑等式，如果将所有出现 A 的位置都代之以某个逻辑函数式，则等式仍然成立。

例 2-4　证明 $\overline{bcde}=\bar{b}+\bar{c}+\bar{d}+\bar{e}$。

证：在摩根定律 $\overline{ab}=\bar{a}+\bar{b}$ 中，令 $a=cde$ 得

$$\overline{ab}=\overline{(cde)b}=\bar{b}+\overline{cde}=\bar{b}+\bar{c}+\overline{de}=\bar{b}+\bar{c}+\bar{d}+\bar{e}$$

以此类推，摩根定律对任意多个变量都成立。

2. 反演规则

对于任何一个逻辑表达式 F，若将其中的“·”换成“+”，“+”换成“·”；“1”换成“0”，“0”换成“1”；将原变量 a 换成反变量 $\bar{a}$，反变量 $\bar{a}$ 换成原变量 a；则得出一个新的逻辑表达式 $\bar{F}$，$\bar{F}$ 称为原式 F 的反函数。原函数式 F 与反函数式 $\bar{F}$ 互为反函数。

在利用反演规则时必须注意以下两个原则：

(1) 注意保持原函数的运算优先级，注意优先考虑括号内的运算。

(2) 对于反变量以外的非号应保留不变。

例 2-5　求 $F=\bar{a}b+b\bar{c}$ 的反函数 $\bar{F}$。

解：解法一——利用反演规则求得反函数。

$$\bar{F}=(a+\bar{b})(\bar{b}+c)$$

解法二——利用摩根定律。

$$\bar{F}=\overline{\bar{a}b+b\bar{c}}=\overline{\bar{a}b}\cdot\overline{b\bar{c}}=(\bar{\bar{a}}+\bar{b})(\bar{b}+\bar{\bar{c}})=(a+\bar{b})(\bar{b}+c)$$

例 2-6　求 $F=a+\overline{b\bar{c}+\overline{d+\bar{e}}}$ 的反函数 $\bar{F}$。

解：利用反演规则，注意保留反变量以外的非号不变，得

$$\bar{F}=\bar{a}\cdot\overline{(\bar{b}+c)\overline{(\bar{d}e)}}$$

3. 对偶规则

对于任何一个逻辑函数式 F,若将其中的“·”换成“+”,“+”换成“·”;“1”换成“0”,“0”换成“1”;则得出一个新的逻辑函数式 F_D,F_D 称为原函数式 F 的对偶函数。原函数式 F 与对偶函数式 F_D 互为对偶函数。在表 2-1 中,“或”公式和“与”公式互为对偶函数。

例 2-7　求 $F=ab+cd$ 的对偶函数 F_D。

解:利用对偶规则,得

$$F_D=(a+b)(c+d)$$

2.1.3　逻辑函数的公式法化简

根据逻辑函数的表达式,可以画出相应的逻辑电路图。逻辑表达式越简单,实现逻辑图所需要的逻辑器件就越少,逻辑图的结构也就越简单。因此,在进行数字电路设计时常常需要对逻辑表达式进行化简。

1. 利用公式法化简逻辑函数

常用的化简方法有公式法化简和卡诺图化简。所谓公式法化简是指利用逻辑代数的基本公式和规则进行化简。

(1) 并项法——利用 $A+\overline{A}=1$,将两项合并成一项,并消去一个变量。

例 2-8　化简 $F=a(bc+\overline{b}\,\overline{c})+a(b\overline{c}+\overline{b}c)$

解:$F=abc+a\overline{b}\,\overline{c}+ab\overline{c}+a\overline{b}c=ab(c+\overline{c})+a\overline{b}(\overline{c}+c)=ab+a\overline{b}=a(b+\overline{b})=a$

(2) 吸收法——利用 $a+ab=a$,消去多余的项 ab。

例 2-9　化简 $F=ab+ab\overline{c}+abcd$。

解:$F=ab+ab(\overline{c}+cd)=ab$

(3) 消去法——利用 $a+\overline{a}b=a+b$,消去多余的变量$\overline{a}$。

例 2-10　化简 $F=ab+\overline{a}c+\overline{b}c$。

解:$F=ab+(\overline{a}+\overline{b})c=ab+\overline{ab}\,c=ab+c$

(4) 配项法——先利用乘以 $a+\overline{a}(=1)$或加上 $a\cdot\overline{a}(=0)$,增加必要的与项或或项,再用以上方法化简。

例 2-11　化简 $F=ab+\overline{a}c+bcd$。

解:$F=ab+\overline{a}c+bcd(a+\overline{a})=ab+\overline{a}c+abcd+\overline{a}bcd=ab+\overline{a}c$

(5) 冗余项法——利用 $ab+\overline{a}c+bc=ab+\overline{a}c$,通过增加或消去冗余项 bc 进行化简。

例 2-12　化简 $F=ab+\overline{b}c+ac(de+\overline{e}f)$。

解:$F=ab+\overline{b}c+ac+ac(de+\overline{e}f)=ab+\overline{b}c+ac=ab+\overline{b}c$。

在化简逻辑函数时,常常需要灵活地综合运用上述各种方法,使得逻辑函数化为最简。

例 2-13　化简 $F=ad+a\overline{d}+ab+\overline{a}c+bd+\overline{b}e+de$。

解:

$$\begin{aligned}F&=a+ab+\overline{a}c+bd+\overline{b}e+de=a+\overline{a}c+bd+\overline{b}e+de\\&=a+c+bd+\overline{b}e+de=a+c+bd+\overline{b}e\end{aligned}$$

例 2-14　化简 $F=a(a+b)(\bar{a}+c)(b+d)(\bar{a}+c+e+f)(\bar{b}+f)(d+e+f)$。

解：这是一个或-与式，可利用该或-与式的对偶式来进行化简。

因为　$F_D=a+ab+\bar{a}c+bd+\bar{a}cef+\bar{b}f+def=a+\bar{a}c+bd+\bar{b}f+def=a+c+bd+\bar{b}f$

所以　$F=ac(b+d)(\bar{b}+f)$

2. 逻辑函数的不同逻辑表达式

通常，同一种逻辑关系可以由不同的逻辑表达式来表征，常见的有与-或式、或-与式、与-或-非式等。

例 2-15　利用公式法写出 $F=ab+\bar{b}c+a\bar{b}c$ 的最简与-或式、或-与式、与非-与非式、或非-或非式、与-或-非式。

解：(1) 最简与-或式。

$$F=ab+\bar{b}c(1+a)=ab+\bar{b}c$$

(2) 最简或-与式。

先利用对偶规则得到最简对偶式 F_D，再求得 F_D 的对偶式 F。

因为　$F_D=(a+b)(\bar{b}+c)=a\bar{b}+ac+b\bar{b}+bc=a\bar{b}+bc+ac=a\bar{b}+bc$

所以　$F=(a+\bar{b})(b+c)$

(3) 最简与非-与非式。

在最简与-或式的基础上，利用摩根定理，得

$$F=\overline{\overline{ab+\bar{b}c}}=\overline{\overline{ab}\cdot\overline{\bar{b}c}}$$

(4) 最简或非-或非式。

在最简或-与式的基础上，利用摩根定理，得

$$F=\overline{\overline{(a+\bar{b})(b+c)}}=\overline{\overline{a+\bar{b}}+\overline{b+c}}$$

(5) 最简与-或-非式。

先利用反演规则得到最简反函数 $\bar{F}$ 的与-或式，再求得 $\bar{F}$ 的反函数 F。

因为　$\bar{F}=(\bar{a}+\bar{b})(b+\bar{c})=\bar{a}b+\bar{a}\bar{c}+\bar{b}b+\bar{b}\bar{c}=\bar{a}b+\bar{b}\bar{c}+\bar{a}\bar{c}=\bar{a}b+\bar{b}\bar{c}$

所以　$F=\overline{\bar{F}}=\overline{\bar{a}b+\bar{b}\bar{c}}$

2.2 逻辑函数的标准形式

2.2.1 最小项与最小项表达式

1. 最小项的定义与性质

在 n 个变量的逻辑函数中，包含全部 n 个变量的与项称为最小项。在一个最小项中，每个变量以原变量或反变量的形式出现一次，且仅出现一次。n 个变量有 2^n 个最小项。例如，3 变量 A、B、C 有 $2^3=8$ 个最小项，如表 2-2 所示。

表 2-2 3变量的最小项及编号

最 小 项	变量取值			编 号
	A	B	C	
$\overline{A}\overline{B}\overline{C}$	0	0	0	m_0
$\overline{A}\overline{B}C$	0	0	1	m_1
$\overline{A}\overline{B}C$	0	1	0	m_2
$\overline{A}B\overline{C}$	0	1	1	m_3
$A\overline{B}\overline{C}$	1	0	0	m_4
$A\overline{B}C$	1	0	1	m_5
$AB\overline{C}$	1	1	0	m_6
ABC	1	1	1	m_7

为了书写方便，最小项通常用 m_i 表示。下标 i 是最小项编号，用十进制表示；按照最小项中的变量顺序将最小项中的原变量用"1"表示、反变量用"0"表示，由此得到一个二进制数，与该二进制数对应的十进制数就是最小项编号 i。

表 2-3 是三变量的最小项真值表，从该表中可以看到，最小项具有下列性质：

表 2-3 3变量最小项的真值表

变 量			m_0	m_1	m_2	m_3	m_4	m_5	m_6	m_7
A	B	C	$\overline{A}\overline{B}\overline{C}$	$\overline{A}\overline{B}C$	$\overline{A}B\overline{C}$	$\overline{A}BC$	$A\overline{B}\overline{C}$	$A\overline{B}C$	$AB\overline{C}$	ABC
0	0	0	1	0	0	0	0	0	0	0
0	0	1	0	1	0	0	0	0	0	0
0	1	0	0	0	1	0	0	0	0	0
0	1	1	0	0	0	1	0	0	0	0
1	0	0	0	0	0	0	1	0	0	0
1	0	1	0	0	0	0	0	1	0	0
1	1	0	0	0	0	0	0	0	1	0
1	1	1	0	0	0	0	0	0	0	1

(1) 对于任意一个最小项，只有一组变量取值使得它的值为"1"，而其余变量取值均使它的值为"0"。

(2) 对于不同的最小项，使得它的值为"1"的那一组变量取值也不同。

(3) 对于 n 变量的任一组取值，任意两个最小项的乘积为"0"。

(4) 对于 n 变量的任一组取值，全体最小项的和为"1"，即 $\sum m_i = 1$。

2. 最小项表达式

任何一个逻辑函数的表达式都可以转换成一组最小项之和的形式，称为最小项表达式，也称为标准与-或式。

例 2-16 将 $F=ABC+\overline{A}CD+\overline{C}\overline{D}$ 展开成最小项表达式。

解：$F=ABC(\overline{D}+D)+\overline{A}CD(\overline{B}+B)+\overline{C}\overline{D}(\overline{A}+A)(\overline{B}+B)$

$=ABC\overline{D}+ABCD+\overline{A}\overline{B}CD+\overline{A}BCD+\overline{A}\overline{B}\overline{C}\overline{D}+\overline{A}B\overline{C}\overline{D}+A\overline{B}\overline{C}\overline{D}+AB\overline{C}\overline{D}$

$=m_{14}+m_{15}+m_3+m_7+m_0+m_4+m_8+m_{12}$

$=\sum m(0,3,4,7,8,12,14,15)$

2.2.2 最大项与最大项表达式

1. 最大项的定义与性质

在 n 个变量的逻辑函数中,包含全部 n 个变量的或项称为最大项。在一个最大项中,每个变量以原变量或反变量的形式出现一次,且仅出现一次。n 个变量有 2^n 个最大项。例如,三变量 A、B、C 有 $2^3=8$ 个最大项,如表 2-4 所示。

表 2-4 3 变量最大项及编号

最大项	变量取值			编号
	A	B	C	
$A+B+C$	0	0	0	M_0
$A+B+\bar{C}$	0	0	1	M_1
$A+\bar{B}+C$	0	1	0	M_2
$A+\bar{B}+\bar{C}$	0	1	1	M_3
$\bar{A}+B+C$	1	0	0	M_4
$\bar{A}+B+\bar{C}$	1	0	1	M_5
$\bar{A}+\bar{B}+C$	1	1	0	M_6
$\bar{A}+\bar{B}+\bar{C}$	1	1	1	M_7

与最小项类似,最大项用 M_i 表示。下标 i 是最大项编号,用十进制表示;按照最大项中的变量顺序将最大项中的原变量用“0”表示、反变量用“1”表示,由此得到一个二进制数,与该二进制数对应的十进制数就是最大项编号 i。

表 2-5 是三变量的最大项真值表,从该表中可以看到,最大项具有下列性质。

表 2-5 3 变量最大项的真值表

变量			M_0	M_1	M_2	M_3	M_4	M_5	M_6	M_7
A	B	C	$A+B+C$	$A+B+\bar{C}$	$A+\bar{B}+C$	$A+\bar{B}+\bar{C}$	$\bar{A}+B+C$	$\bar{A}+B+\bar{C}$	$\bar{A}+\bar{B}+C$	$\bar{A}+\bar{B}+\bar{C}$
0	0	0	0	1	1	1	1	1	1	1
0	0	1	1	0	1	1	1	1	1	1
0	1	0	1	1	0	1	1	1	1	1
0	1	1	1	1	1	0	1	1	1	1
1	0	0	1	1	1	1	0	1	1	1
1	0	1	1	1	1	1	1	0	1	1
1	1	0	1	1	1	1	1	1	0	1
1	1	1	1	1	1	1	1	1	1	0

(1) 对于任意一个最大项,只有一组变量取值使得它的值为“0”,而其余变量取值均使它的值为“1”。

(2) 对于不同的最大项,使得它的值为“0”的那一组变量取值也不同。

(3) 对于 n 变量的任一组取值,任意两个最大项的和为“1”。

(4) 对于 n 变量的任一组取值,全体最大项的积为“0”,即 $\prod M_i=0$。

2. 最大项表达式

任何一个逻辑函数的表达式亦可转换成一组最大项之积的形式,称为最大项表达式,也称为标准或-与式。

例 2-17 将 $F=A+BC$ 展开成最大项表达式。

解:$F=(A+B)(A+C)=(A+B+\bar{C}\cdot C)(A+\bar{B}\cdot B+C)$

$=(A+B+\bar{C})(A+B+C)(A+\bar{B}+C)$

$=M_0\cdot M_1\cdot M_2$

$=\prod M(0,1,2)$

2.2.3 最小项与最大项的关系

从上述讨论的最小项、最大项性质可以看出,最小项与最大项存在以下的主要关系:

(1) 最小项与最大项之间具有对偶性。

(2) 下标 i 相同的最小项与最大项互补,即 $m_i=\overline{M_i}$。

(3) 对于同一逻辑函数 F,有 $F=\sum_i m_i=\prod_{j\neq i}M_j$。

例 2-18 将 $F=\bar{A}BC+A\bar{B}C+AB\bar{C}$ 展开成最小项表达式和最大项表达式。

解:$F=\sum m(3,5,6)=\prod M(0,1,2,4,7)$

2.3 卡诺图及其化简

卡诺图是由美国工程师卡诺提出的,将逻辑函数以方格图形化的形式进行表示。

2.3.1 卡诺图

卡诺图是用方格来表示最小(大)项,一个方格代表一个最小(大)项,然后将这些方格按照相邻性排列起来,即用方格几何位置上的相邻性来表示最小(大)项逻辑上的相邻性。

图 2-1(a)~图 2-1(d)分别是 2、3、4、5 变量的卡诺图。可以看到,在卡诺图中,所有方格按照格雷码顺序进行“行”和“列”的排列,使得每行和每列的相邻方格之间仅有一个变量不同;方格中的十进制数是对应的二进制取值。

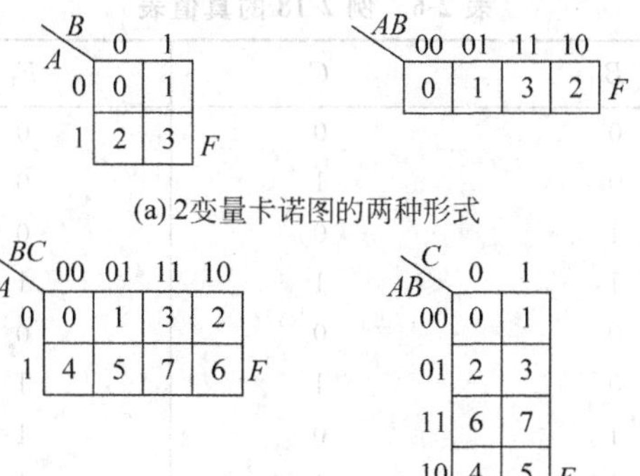

(b) 3变量卡诺图的两种形式

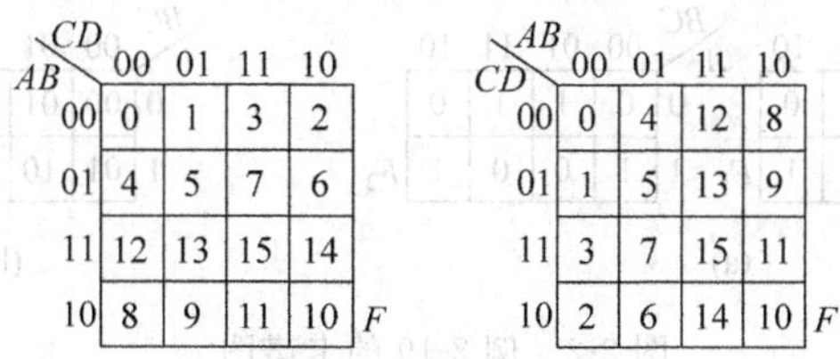

(c) 4变量卡诺图的两种形式

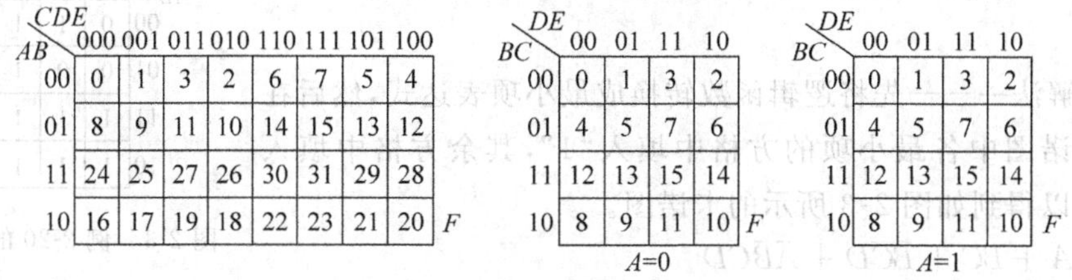

(d) 5变量卡诺图的两种形式

图 2-1　2、3、4、5 变量的卡诺图

2.3.2 逻辑函数与卡诺图

1. 用卡诺图表示逻辑函数

卡诺图和真值表相似，包含了输入变量的所有取值组合以及每种取值组合下的输出结果。输入变量表示在方格外，输出结果填在方格中，即可表示逻辑函数。

例 2-19 某逻辑函数的真值表如表 2-6 所示，用卡诺图表示该逻辑函数。

解：先画出三变量的卡诺图，然后根据真值表将输出变量 F_1 和 F_2 的取值"0"或"1"填在卡诺图对应的方格中。图 2-2(a)是两个输出变量对应的两个卡诺图；图 2-2(b)是将两个输出结果合并在一个卡诺图中。

表 2-6 例 2-18 的真值表

A	B	C	F_1	F_2
0	0	0	0	0
0	0	1	0	1
0	1	0	0	0
0	1	1	1	1
1	0	0	0	1
1	0	1	1	0
1	1	0	1	1
1	1	1	1	0

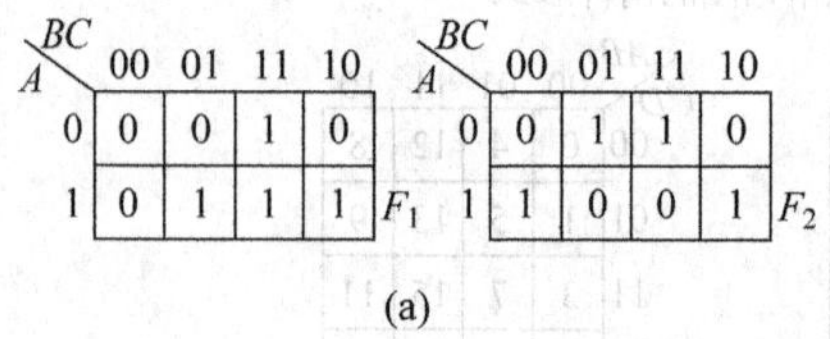

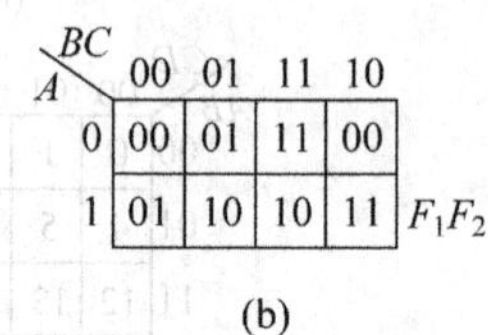

图 2-2 例 2-19 的卡诺图

例 2-20 用卡诺图表示逻辑函数 $F=A+BC+\overline{B}\overline{C}D+\overline{A}\overline{B}CD$。

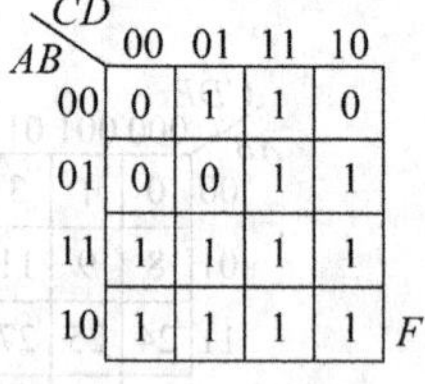

图 2-3 例 2-20 的卡诺图

解:解法一——先将逻辑函数转换成最小项表达式,然后在四变量卡诺图中各最小项的方格中填入“1”,其余方格中填入“0”,就可以得到如图 2-3 所示的卡诺图。

$$
\begin{aligned}
F &= A+BC+\overline{B}\overline{C}D+\overline{A}\overline{B}CD \\
&= A(\overline{B}+B)(\overline{C}+C)(\overline{D}+D)+BC(\overline{A}+A)(\overline{D}+D)+\overline{B}\overline{C}D(\overline{A}+A)+\overline{A}\overline{B}CD \\
&= A\overline{B}\overline{C}\overline{D}+A\overline{B}\overline{C}D+A\overline{B}C\overline{D}+A\overline{B}CD+AB\overline{C}\overline{D}+AB\overline{C}D+ABC\overline{D}+ABCD \\
&\quad +\overline{A}BCD+\overline{A}BC\overline{D}+\overline{A}\overline{B}\overline{C}D+\overline{A}\overline{B}CD \\
&= \sum m(1,3,6\sim 15)
\end{aligned}
$$

解法二——直接由非最小项表达式得到相应的卡诺图。在 F 中包括 4 个与项,与项“A”对应 8 个最小项 $m_8\sim m_{15}$:$A\overline{B}\overline{C}\overline{D}$、$A\overline{B}\overline{C}D$、$A\overline{B}C\overline{D}$、$A\overline{B}CD$、$AB\overline{C}\overline{D}$、$AB\overline{C}D$、$ABC\overline{D}$ 和 $ABCD$;与项“BC”对应 4 个最小项 m_6、m_7、m_{14} 和 m_{15}:$\overline{A}BC\overline{D}$、$\overline{A}BCD$、$ABC\overline{D}$ 和 $ABCD$;与项“$\overline{B}\overline{C}D$”对应 2 个最小项 m_1 和 m_9:$\overline{A}\overline{B}\overline{C}D$ 和 $A\overline{B}\overline{C}D$;与项“$\overline{A}\overline{B}CD$”项对应 1 个最小项 m_3。在四变量卡诺图中各最小项的方格中填入“1”,其余方格中填入“0”,同样可以得到如图 2-3 所示的卡诺图。在填写过程中,如果有重复填“1”的方格,只需填一次“1”即可。

例 2-21 用卡诺图表示逻辑函数 $F=(A+B+C)(A+\overline{B}+\overline{C})(\overline{A}+\overline{B}+C)$。

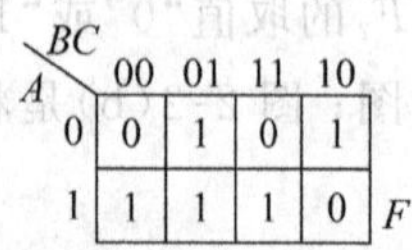

图 2-4 例 2-21 的卡诺图

解:解法一——先将逻辑函数转换成最小项表达式,然后再填写卡诺图,如图 2-4 所示。

解法二——直接利用最大项表达式,在卡诺图中各最大项的方格中填入“0”,其余方格中填入“1”,同样可以得到如图 2-4 所示的卡诺图。

2. 用逻辑表达式描述卡诺图

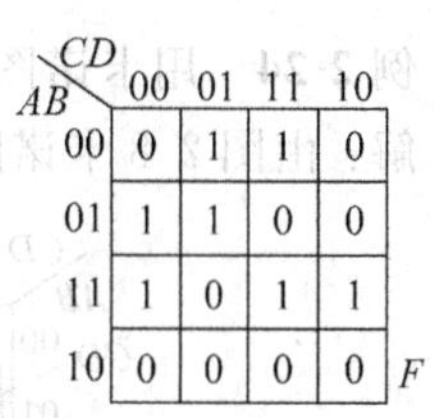

AB \ CD	00	01	11	10
00	0	1	1	0
01	1	1	0	0
11	1	0	1	1
10	0	0	0	0

图 2-5　例 2-22 的卡诺图

将卡诺图中标为“1”的方格对应的最小项用与-或的形式表示，即可得最小项表达式；将卡诺图中标为“0”的方格对应的最大项用或-与的形式表示，即可得最大项表达式。

例 2-22　用逻辑表达式描述如图 2-5 所示的卡诺图。

解：$F=\sum m(1,3,4,5,12,14,15)=\prod M(0,2,6,7,8,9,10,11,13)$

2.3.3　用卡诺图化简逻辑函数

利用卡诺图进行化简是一种图形化化简方法，它较之于公式法化简，更简单易行。从卡诺图的结构可以看出，逻辑上相邻的最小(大)项在几何位置上也是相邻的。而两个相邻最小(大)项可以合并成一项，并消去一个变量；四个相邻最小(大)项可以合并成一项，并消去两个变量；以此类推。利用卡诺图化简实质是在卡诺图中寻找逻辑相邻最小(大)项，并将它们进行合并。

在卡诺图中合并相邻最小(大)项，就是将输出“1”(或“0”)的相邻方格包围在同一个卡诺圈中。一个卡诺圈对应一个与(或)项。画卡诺圈时应遵循以下的原则：

(1) 卡诺圈内的方格数必须是 2^n 个($n=0,1,2\cdots$)。

(2) 相邻方格包括上下底相邻、左右边相邻和四角相邻。

(3) 同一方格可以被不同的卡诺圈重复包围，但新增卡诺圈中一定要有新的方格。

(4) 卡诺圈内的方格数要尽可能多，卡诺圈的数目要尽可能少。

图 2-6(a)～图 2-6(c)是以四变量卡诺图为例合并最小项，列举出常见的几种合并卡诺圈及其对应的与项。

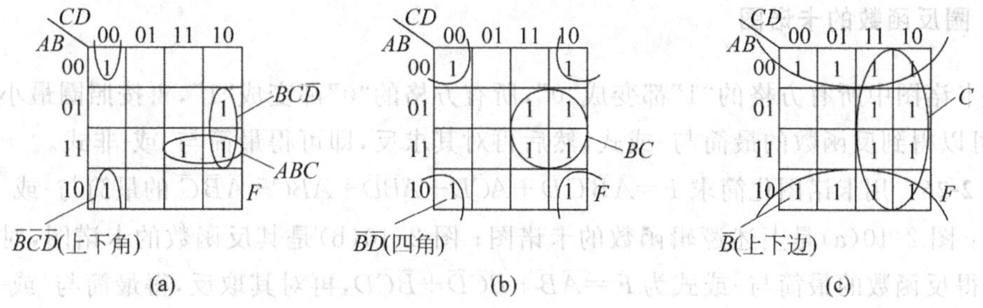

图 2-6　相邻最小项合并的卡诺圈

1. 圈最小项

圈最小项实际上就是圈卡诺图中的相邻位置上的“1”，从而可以得到最简与-或式、最简与非-与非式。

例 2-23　用卡诺图化简求 $F=\sum m(0,4,5,8,10,11,12,13,15)$的最简与-或式。

解：在逻辑函数 F 对应的卡诺图中用尽可能少的卡诺圈圈出尽可能多的相邻方格(如图 2-7 所示)，进而得到最简与-或式为 $F=\overline{C}\overline{D}+B\overline{C}+ACD+A\overline{B}C$。

例 2-24　用卡诺图化简求得 $F=AD+\overline{A}\overline{D}+BD+\overline{B}\overline{D}+BC\overline{D}$ 的最简与-或式。

解：由图 2-8 卡诺图的合并卡诺圈，可以得出最简与-或式为 $F=\overline{A}\overline{D}+BD+A\overline{B}+C\overline{D}$。

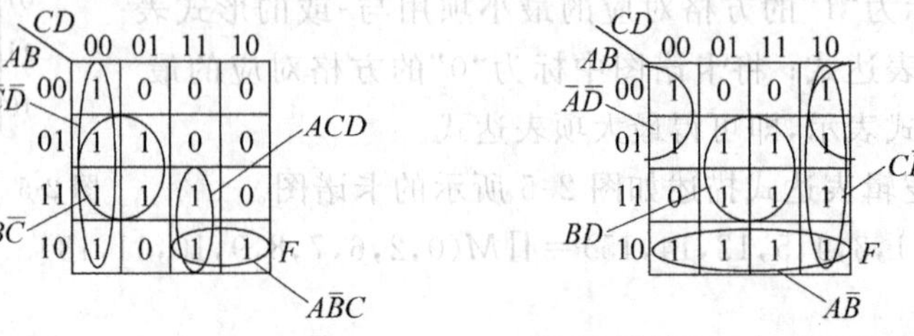

图 2-7　例 2-23 的卡诺图　　　　图 2-8　例 2-24 的卡诺图

2. 圈最大项

圈最大项实际上就是圈卡诺图中的相邻位置上的“0”，从而可以得到最简或-与式、最简或非-或非式。

例 2-25　用卡诺图化简求得 $F=(A+B+C)(A+\overline{B}+C)(\overline{A}+\overline{B}+C)(\overline{A}+B+\overline{C})$ 的最简或非-或非式。

解：先从图 2-9 卡诺图的合并卡诺圈，可以得出最简或-与式，然后再利用摩根定理转换成最简或非-或非式。

最简或-与式为 $F=(A+C)(\overline{B}+C)(\overline{A}+B+\overline{C})$，所以最简或非-或非式为

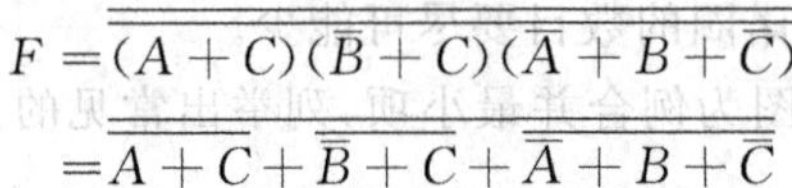

$$
\begin{aligned}
F&=\overline{\overline{(A+C)(\overline{B}+C)(\overline{A}+B+\overline{C})}}\\
&=\overline{\overline{A+C}+\overline{\overline{B}+C}+\overline{\overline{A}+B+\overline{C}}}
\end{aligned}
$$

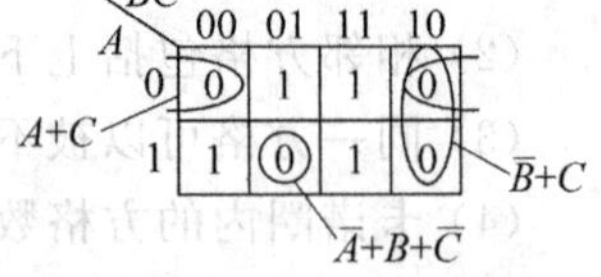

图 2-9　例 2-25 的卡诺图

3. 圈反函数的卡诺图

将卡诺图中所有方格的“1”都变成“0”，所有方格的“0”都变成“1”，再按照圈最小项进行化简，可以得到反函数的最简与-或式，然后再对其求反，即可得最简与-或-非式。

例 2-26　用卡诺图化简求 $F=\overline{A}\overline{B}C\overline{D}+AC\overline{D}+A\overline{B}\overline{D}+ABC+\overline{A}\overline{B}\overline{C}$ 的最简与-或-非式。

解：图 2-10(a)是上述逻辑函数的卡诺图；图 2-10(b)是其反函数的卡诺图，对其圈卡诺圈。得反函数的最简与-或式为 $\overline{F}=\overline{A}B+B\overline{C}\overline{D}+\overline{B}CD$，再对其取反，得最简与-或-非式为 $F=\overline{\overline{F}}=\overline{\overline{A}B+B\overline{C}\overline{D}+\overline{B}CD}$

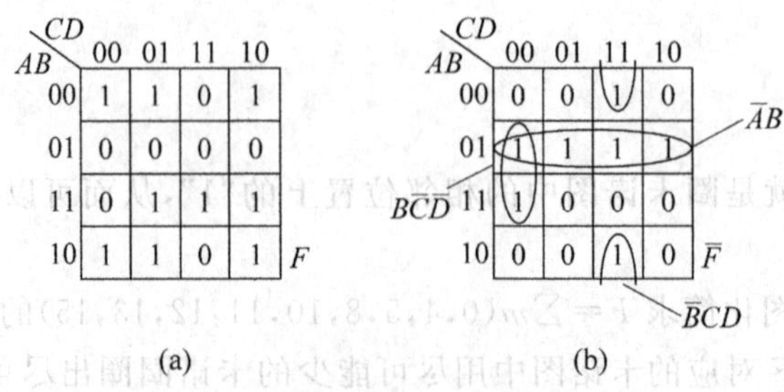

图 2-10　例 2-26 的卡诺图

2.3.4　对具有无关项的逻辑函数的化简

1. 无关项及其表示

在有些逻辑函数中，输入变量的某些取值组合不会出现，或者一旦出现，逻辑输出值可以是任意的。这样的取值组合所对应的最小(大)项称为无关项、任意项或约束项，在真值表或卡诺图中用符号“×”来表示其逻辑输出值。含有无关项的逻辑函数可以用下式表示：

最小项表达式为 $F=\sum m()+\sum d()$ 或者 $\begin{cases}F=\sum m()\\ \sum d()=0\end{cases}$。

最大项表达式为 $F=\prod M()\cdot\prod D()$ 或者 $\begin{cases}F=\prod M()\\ \prod D()=1\end{cases}$。

其中，$\sum d()$ 和 $\prod D()$ 分别是无关项的最小项和最大项形式，也称之为约束条件。

例 2-27　在十字路口有红绿黄三色交通信号灯，规定红灯亮停、绿灯亮行、黄灯亮等，试分析车行与红绿黄三色交通信号灯之间的逻辑关系。

解：设红、绿、黄灯分别用变量 A、B、C 表示，灯亮为“1”，灯灭为“0”。车用变量 F 表示，车行为“1”，车停为“0”。

在正常的交通灯系统中，有些情况是不可能出现的，例如，红绿黄三灯都不亮、红绿黄三灯都亮、两种交通灯同时亮等，这些情况对应的组合就是无关项。根据题意，可列出如表 2-7 所示的真值表。

表 2-7　例 2-27 的真值表

A	B	C	F
0	0	0	×
0	0	1	0
0	1	0	1
0	1	1	×
1	0	0	0
1	0	1	×
1	1	0	×
1	1	1	×

具有无关项的逻辑函数的最小项和最大项表达式为

$$F=m_2+\sum d(0,3,5,6,7)=\prod M(1,4)\prod D(0,3,5,6,7)$$

2. 具有无关项的逻辑函数的化简

化简具有无关项的逻辑函数时，要充分利用无关项可以为“1”也可以为“0”的特点，尽可能扩大卡诺圈、减少卡诺圈的个数，使得逻辑函数更简单。

例 2-28　将 $F(A,B,C,D)=\sum m(1,4,6,9,13)+\sum d(0,3,5,7,11,15)$化简成最简与-或式表达式和最简或-与式表达式。

解：图 2-11(a)和图 2-11(b)分别是对卡诺图圈“1”和圈“0”的结果，得

$$F=\overline{A}B+D=(\overline{A}+D)(B+\overline{C})$$

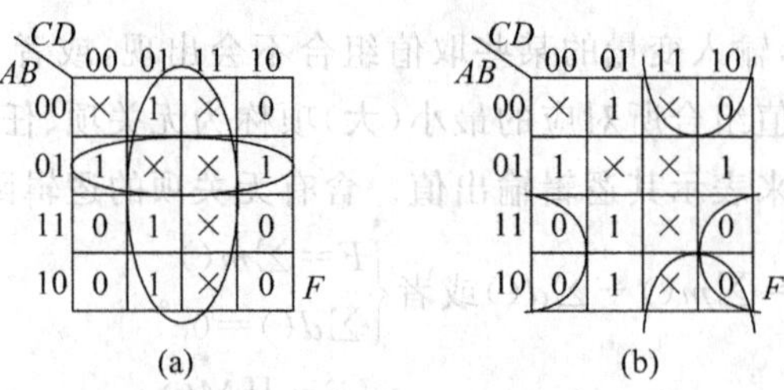

图 2-11　例 2-28 的卡诺图

例 2-29　在如图 2-12 所示的“四舍五入”判定电路中，输入采用 8421 BCD 码的 1 位十进制。当输入的$(b_3b_2b_1b_0)_{8421\ \mathrm{BCD}}>(4)_{10}$时，$z=1$；否则 $z=0$。试写出实现该电路的最简逻辑表达式。

解：8421 BCD 码的有效组合为 0000～1001，而 1010～1111 是无效码，其对应的输出无论是“1”或是“0”都无关。因此，“四舍五入”判定电路的卡诺图如图 2-13 所示。

图 2-12　例 2-29 的框图　　　　图 2-13　例 2-29 的卡诺图

根据卡诺圈，得到最简逻辑表达式为 $z=b_3+b_2b_0+b_2b_1$。

2.4　组合电路的设计基础

组合逻辑电路的设计，就是根据逻辑功能要求，选用适当的器件或使用指定的器件，设计实现其功能的最佳电路，具体设计步骤如图 2-14 所示。

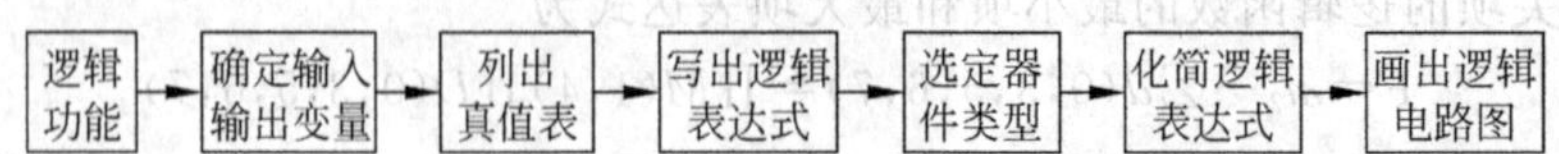

图 2-14　组合逻辑电路的设计步骤

本节主要通论典型电路的设计，使得读者掌握住逻辑电路的设计方法和技巧。

2.4.1　编码器的设计

编码是指选定一系列二值代码，按照要求赋予每一个代码以固定的含义，实现编码功能的电路称为编码器。

1. 4 线-2 线编码器

图 2-15 是 4 线-2 线编码器的原理图。在这个编码器中，输入信号是 a_0、a_1、a_2、a_3，分别对应标有"0""1""2""3"的 4 个键；当按下对应键时，输入为低电平，定义为"0"，反之为"1"。输出信号为 E、b_1 和 b_0；当 4 个键均未按下或同时按下一个以上键时，输出信号 $E=1$，表示另外 2 个输出 b_1 和 b_0 是没有意义的；当只按下 4 个键中的任意一个键时，$E=0$，则 b_1b_0 输出对应的二进制数。这个编码器叫作 2 位二进制编码器。

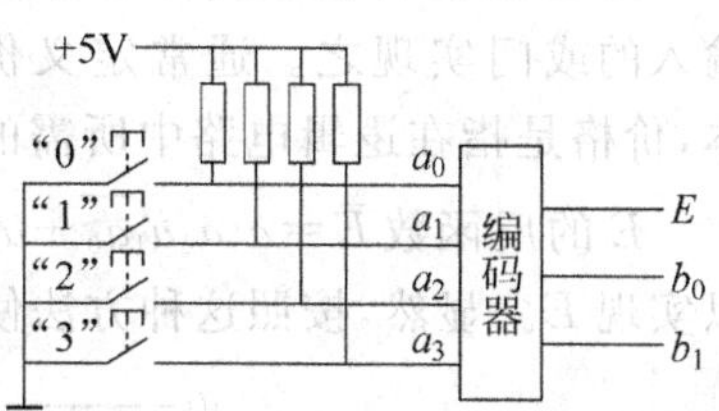

图 2-15　4 线-2 线编码器的原理图

根据上述分析，可以列出如表 2-8 所示的 4 线-2 线编码器的功能表。其对应的真值表如表 2-9 所示。

表 2-8　4 线-2 线编码器的功能表

a_3	a_2	a_1	a_0	E	b_1	b_0
1	1	1	0	0	0	0
1	1	0	1	0	0	1
1	0	1	1	0	1	0
0	1	1	1	0	1	1
1	1	1	1	1	×	×

表 2-9　4 线-2 线编码器真值表

a_3	a_2	a_1	a_0	E	b_1	b_0
0	0	0	0	1	×	×
0	0	0	1	1	×	×
0	0	1	0	1	×	×
0	0	1	1	1	×	×
0	1	0	0	1	×	×
0	1	0	1	1	×	×
0	1	1	0	1	×	×
0	1	1	1	0	1	1
1	0	0	0	1	×	×
1	0	0	1	1	×	×
1	0	1	0	1	×	×
1	0	1	1	0	1	0
1	1	0	0	1	×	×
1	1	0	1	0	0	1
1	1	1	0	0	0	0
1	1	1	1	1	×	×

由真值表可以画出其对应的卡诺图(见图 2-16),这里将 E、b_1 和 b_0 对应的 3 个卡诺图合并成 1 个卡诺图。如果对卡诺图掌握很熟练,也可省略真值表,直接画出卡诺图。

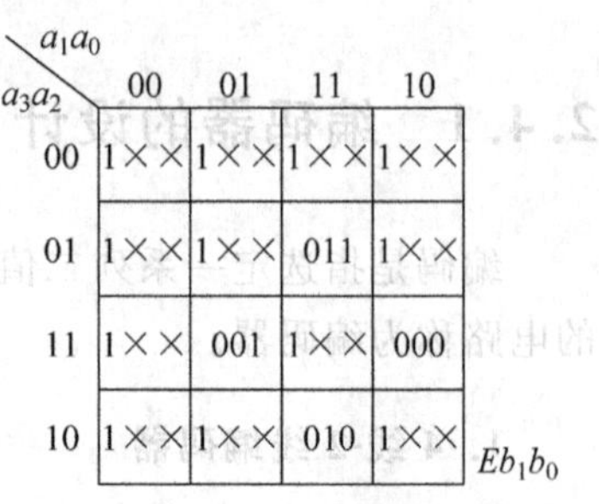

图 2-16 4 线-2 线编码器的卡诺图

由卡诺图化简,得

$$E=\overline{a_3}\,\overline{a_2}+\overline{a_3}\,\overline{a_1}+\overline{a_3}\,\overline{a_0}+\overline{a_1}\,\overline{a_0}+\overline{a_2}\,\overline{a_1}+\overline{a_2}\,\overline{a_0}+a_3a_2a_1a_0$$

$$b_1=\overline{a_3}+\overline{a_2}=\overline{a_3a_2}$$

$$b_0=\overline{a_3}+\overline{a_1}=\overline{a_3a_1}$$

由 E 的逻辑表达式可以看到:需要 7 个与门和一个 7 输入的或门实现之。通常定义价格来衡量逻辑电路的成本,价格是指在逻辑电路中所需的门的输入端之和。因此,E 的价格为 23。

E 的反函数 $\overline{E}=a_3a_2a_1\overline{a_0}+a_3a_2\overline{a_1}a_0+a_3\overline{a_2}a_1a_0+\overline{a_3}a_2a_1a_0$,其价格为 20;再对其取反可以实现 E。显然,按照这种方法使得 E 的价格降低,其对应的逻辑电路图见图 2-17。

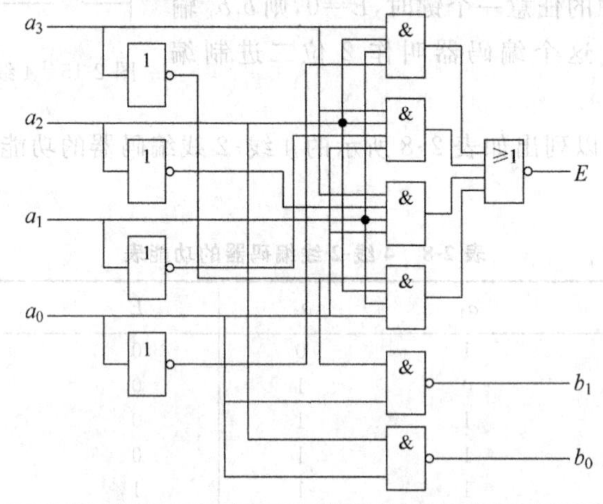

图 2-17 4 线-2 线编码器的逻辑电路图

2. 4 线-2 线优先编码器

在 4 线-2 线编码器中,一旦同时按下一个以上的键,就视为无效,这会影响编码器的工作效率。另一种常见的编码器是优先编码器,它的特点是:当同时按下两个键时,以一定的优先规则确定其中的一个键是有效的。表 2-10 是优先编码器的功能表。从表 2-10 中可以看到:a_3 的优先级最高,即当按下键"3"和其他任意键时,认为键"3"有效,则 a_3 为"0",其余的输入变量为"1";其次是 a_2 的优先级,即当键"3"不按下、按下键"2"和其他任意键时,认为键"2"有效;以此类推。在这个优先编码器中的优先次序由高到低是 a_3、a_2、a_1 和 a_0。

表 2-10 4 线-2 线优先编码器的功能表

a_3	a_2	a_1	a_0	E	b_1	b_0
1	1	1	1	1	×	×
0	×	×	×	0	1	1
1	0	×	×	0	1	0
1	1	0	×	0	0	1
1	1	1	0	0	0	0

根据表 2-10 可以直接画出相应的卡诺图，化简得到如下 E、b_1 和 b_0 的最简逻辑表达式，进而画出逻辑电路图(请读者思考)。

$$E = a_3 a_2 a_1 a_0$$

$$b_1 = \overline{a_3} + \overline{a_2}$$

$$b_0 = \overline{a_3} + a_2 \overline{a_1}$$

2.4.2　译码器的设计

译码是编码的逆过程，就是把一个二值代码转换成一个特定含义的输出信号。实现译码功能的电路称为译码器。

如图 2-18 所示为 2 线-4 线译码器的原理图。在这个译码器中，输入变量是 $b_1 b_0$，表示 2 位二进制数的输入；输出变量 $Y_0 \sim Y_3$ 分别是 2 位二进制数对应的十进制数"0""1""2""3"。当 $b_1 b_0$ 输入某个二进制数时，对应输出变量输出为"1"，其余 3 个输出端输出为"0"。由此，可得到如表 2-11 所示的 2 线-4 线译码器的真值表。

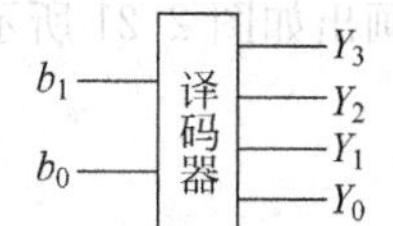

图 2-18　2 线-4 线译码器原理图

表 2-11　2 线-4 线译码器真值表

b_1	b_0	Y_3	Y_2	Y_1	Y_0
0	0	0	0	0	1
0	1	0	0	1	0
1	0	0	1	0	0
1	1	1	0	0	0

由译码器真值表可以直接写出 2 线-4 线译码器的输出变量的逻辑表达式为

$$Y_3 = b_1 b_0 = m_3 \quad Y_2 = b_1 \overline{b_0} = m_2 \quad Y_1 = \overline{b_1} b_0 = m_1 \quad Y_0 = \overline{b_1}\,\overline{b_0} = m_0$$

从逻辑表达式可以看到，译码器的特点是：如果有 n 个输入变量，对应的就有 2^n 个输出变量；而且每一个输出变量就是这 n 个输入变量的一个最小项。因此，译码器的输出与输入之间存在以下逻辑关系：$Y_i = m_i$。

如图 2-19 所示为 2 线-4 线译码器的两种实现逻辑电路图。在图 2-19(a)中，输入变量 b_1 和 b_0 既以原变量的形式又以反变量的形式出现。这种可以提供互补的输入信号，称为双轨输入。在许多情况中，仅可提供原变量作为输入，或仅可提供反变量作为输入，称为单轨输入。在单轨输入的条件下，可以加入一个非门，获得另一互补的输入信号。

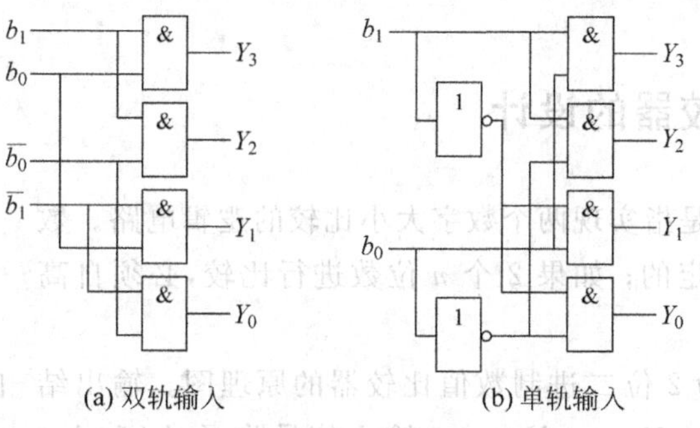

图 2-19　2 线-4 线译码器的逻辑图

2.4.3　数据选择器的设计

数据选择器的功能等效于一个多路开关，如图2-20所示。其作用是通过输入的地址信号 a_1a_0 从4个数字信号 $d_3 \sim d_0$ 中选择1个信号传递给输出端 Y。因此，该数据选择器也称为4选1数据选择器。

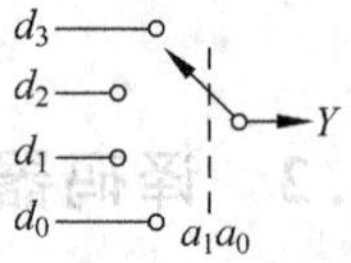

图2-20　4选1数据选择器原理图

在这个4选1数据选择器中，输入端有2个地址信号和4个数据信号，共6个输入变量，因此需要画出6变量的卡诺图，这个卡诺图很复杂、庞大。表2-12是4选1数据选择器的功能表，由该功能表可以画出如图2-21所示的简化的卡诺图，进而得到如下的逻辑关系：

$$
\begin{aligned}
Y &= \overline{a_1}\,\overline{a_0}d_0 + \overline{a_1}a_0d_1 + a_1\overline{a_0}d_2 + a_1a_0d_3 \\
&= m_0d_0 + m_1d_1 + m_2d_2 + m_3d_3 \\
&= \sum m_id_i
\end{aligned}
$$

表2-12　4选1数据选择器的功能表

a_1	a_0	Y
0	0	d_0
0	1	d_1
1	0	d_2
1	1	d_3

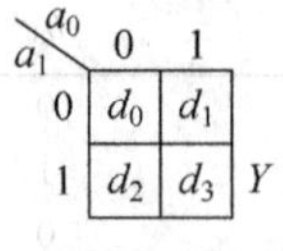

a_1 \ a_0	0	1
0	d_0	d_1
1	d_2	d_3

图2-21　4选1数据选择器的卡诺图

如图2-22(a)和图2-22(b)所示为两种实现4选1数据选择器的逻辑电路。其中，图2-22(b)中利用2线-4线译码器产生的输出信号作为选通地址。

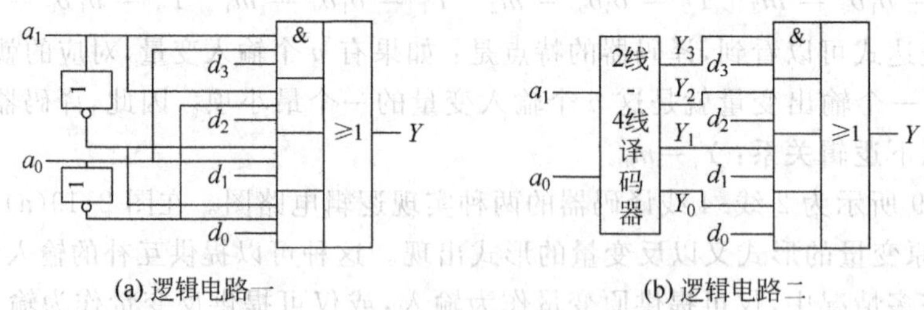

(a) 逻辑电路一　　(b) 逻辑电路二

图2-22　4选1数据选择器的逻辑电路图

2.4.4　数值比较器的设计

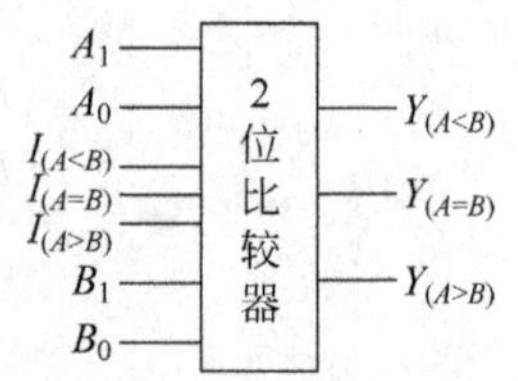

图2-23　2位数值比较器的原理图

所谓数值比较器是指实现两个数字大小比较的逻辑电路。数字的大小是由高位确定的；如果2个 n 位数进行比较，必须自高到低逐位比较。

如图2-23所示为2位二进制数值比较器的原理图。输出结果有3种情况：$Y_{(A<B)}$、$Y_{(A=B)}$、$Y_{(A>B)}$。输入信号除了 $A(A_1A_0)$

和 $B(B_1B_0)$，还增设了 3 个级联输入端：$I_{(A<B)}$、$I_{(A=B)}$、$I_{(A>B)}$，当 A 和 B 相等时，由这 3 个级联输入信号决定输出端。

如表 2-13 所示 2 位二进制数实现数值比较的功能表。由该功能表可以看到：$Y_{(A>B)}$ 在以下 3 种情况下输出为“1”：

(1) 一旦输入为 $A_1>B_1$（即 $A_1B_1=$“10”），不管其他输入端为何值，$Y_{(A>B)}$ 是一定输出为“1”。

(2) 在 A_1 和 B_1 输入相同（即 $A_1B_1=$“00”或“11”）时，此时如果 $A_0>B_0$（即 $A_0B_0=$“10”），不管级联输入为何值，$Y_{(A>B)}$ 也输出为“1”。

(3) 在 A_1 和 B_1 输入相同、A_0 和 B_0 输入也相同（即 $A_1B_1=$“00”或“11”，$A_0\ B_0=$“00”或“11”）时，如果级联输入 $I_{(A>B)}$ 为“1”，则 $Y_{(A>B)}$ 输出为“1”。据此，得到 $Y_{(A>B)}$ 的逻辑表达式如下：

$$Y_{(A>B)}=A_1\overline{B_1}+(\overline{A_1\oplus B_1})A_0\overline{B_0}+(\overline{A_1\oplus B_1})(\overline{A_0\oplus B_0})I_{(A>B)}$$

请读者自行推导 $Y_{(A=B)}$、$Y_{(A<B)}$ 的逻辑表达式，并画出逻辑电路图。

表 2-13 2 位数值比较器的功能表

数值输入		级联输入			输出		
A_1 B_1	A_0 B_0	$I_{(A<B)}$	$I_{(A=B)}$	$I_{(A>B)}$	$Y_{(A<B)}$	$Y_{(A=B)}$	$Y_{(A>B)}$
$A_1>B_1$	× ×	×	×	×	0	0	1
$A_1<B_1$	× ×	×	×	×	1	0	0
$A_1=B_1$	$A_0>B_0$	×	×	×	0	0	1
$A_1=B_1$	$A_0<B_0$	×	×	×	1	0	0
$A_1=B_1$	$A_0=B_0$	0	0	1	0	0	1
$A_1=B_1$	$A_0=B_0$	0	1	0	0	1	0
$A_1=B_1$	$A_0=B_0$	1	0	0	1	0	0

2.4.5 2 位加法器的设计

图 2-24 是 2 位并行加法的原理图，其中 a_1、a_0 和 b_1、b_0 分别是加数和被加数，CI_0 是低位来的进位；S_1、S_0 是和数，CO 是向高位的进位。2 位加法器在逻辑上可以看成是 2 个全加器（请参阅 1.5 节）的级联，先实现低位相加，其输出结果作为高位相加的输入信号，如图 2-25 所示。

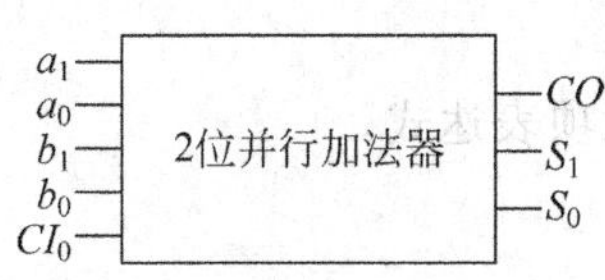

图 2-24 2 位加法器的原理图

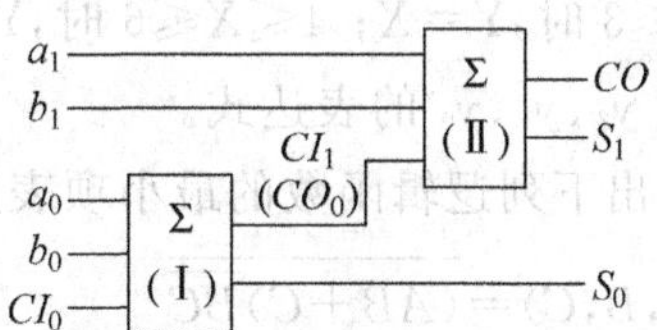

图 2-25 2 位加法器的逻辑电路图

由此,可以直接写出2位加法器的逻辑表达式如下:

$$S_0 = a_0 \oplus b_0 \oplus CI_0$$

$$S_1 = a_1 \oplus b_1 \oplus CI_1$$

$$CI_1 = CO_0 = a_0 b_0 + (a_0 \oplus b_0) CI_0$$

$$CO = a_1 b_1 + (a_1 \oplus b_1) CI_1$$

习题 2

2.1　试用逻辑代数的基本公式和规则化简下列各式。

① $F=\bar{A}\bar{B}+(AB+A\bar{B}+\bar{A}B)C$

② $F=AB+\bar{A}BD+\bar{A}\bar{B}CD+A\bar{B}C+\bar{B}C\bar{D}$

③ $F=(X+Y)Z+\bar{X}\bar{Y}W+ZW$

④ $F=(A\bar{B}+\bar{A}B+A\bar{C})(\bar{A}\bar{B}+AB+A\bar{C})$

2.2　用摩根定律对下列表达式求反,并化简:

① $Z=A(B+C)(\bar{C}+\bar{D})$

② $Z=AB(\bar{C}D+\bar{B}C)$

③ $F=X+Y(\bar{Z}+Q\bar{R})$

2.3　写出下列各式的对偶式、反演式:

① $Z=A(B+\bar{C})+\bar{A}B(C+\bar{D})+A\bar{B}C+D$

② $Z=\overline{\overline{\overline{\bar{A}+B}+C}+D+E}$

③ $Z=A+B(\bar{C}+DE)$

2.4　有3个输入信号:A、B、C。若3个信号均为0,或者其中任2个同时为1,则输出F为1,否则F为0。试列出F的真值表,并写出F的表达式。

2.5　举重比赛有3个裁判:一个是主裁判A,另两个是副裁判B和C。运动员一次举重是否成功,由裁判员各自按动他面前的按钮决定,只有两个以上(其中必须有主裁判)判定为成功时,表示“成功”的灯泡才亮。试列出L的真值表,并写出L的逻辑表达式。

2.6　一个1位二进制数码比较器有两个输入端A和B及两个输出端Z_1和Z_2。当$A>B$时,$Z_1=1,Z_2=0$;当$A<B$时,$Z_1=0,Z_2=1$;当$A=B$时,$Z_1=Z_2=1$。试列出Z_1和Z_2的真值表。

2.7　$X=x_2x_1x_0$和$Y=y_2y_1y_0$,依次是某数据处理电路的输入和输出,且均为二进制数,当$0\leqslant X\leqslant 3$时,$Y=X$;$4\leqslant X\leqslant 6$时,$Y=X+1$;$X>6$时,$Y=X-1$。试列出该电路的真值表,并写出y_2、y_1、y_0的表达式。

2.8　写出下列逻辑函数的最小项表达式和最大项表达式。

① $F(A,B,C)=\overline{(A\bar{B}+C)\overline{BC}}$

② $F(A,B,C,D)=AB+\bar{A}(B+\bar{C})(\bar{B}+D)$

2.9　电路真值表如表2-14所示,试列出F_1和F_2的最小项表达式和最大项表达式。

表 2-14　题 2.9 的真值表

A	B	C	F_1	F_2
0	0	0	0	1
0	0	1	1	0
0	1	0	1	1
0	1	1	0	0
1	0	0	0	1
1	0	1	1	1
1	1	0	0	0
1	1	1	1	1

2.10　利用卡诺图将下列逻辑函数化简为最简的与-或表达式和最简或-与表达式。

① $F(A,B,C)=\bar{A}\bar{B}C+A\bar{B}C+A\bar{C}+B\bar{C}$

② $F(A,B,C,D)=\sum m(0\sim2,5,8\sim10,12,14)$

③ $F(A,B,C,D,E)=\sum m(0,2,8,10,12,14,18,26,30)$

④ $F(A,B,C,D)=(A+B)(A+B+C)(\bar{A}+C)(B+C+D)$

⑤ $F(A,B,C,D)=\prod M(1,6,11,12)$

2.11　利用卡诺图化简下列函数为最简的与-或表达式及或-与表达式：

① $F(A,B,C,D,E)=\sum m(3,11,12,19,23,29)+\sum d(5,7,13,27,28)$

② $F(A,B,C,D)=\prod M(0,4,5,14,15)\cdot\prod D(6,9,10,12,13)$

③ $F(A,B,C,D)=AB\bar{C}+A\bar{B}\bar{C}+\bar{A}\bar{B}C\bar{D}$，且 A、B、C、D 不可能同时为 1 或同时为 0。

④ $F(A,B,C,D)=\bar{A}\bar{B}\bar{C}+ABC+\bar{A}\bar{B}C\bar{D}$，且 $A\oplus B=0$。

2.12　分别用最简的与非电路、最简或非电路实现如下的逻辑函数：

$$F(A,B,C,D)=\sum m(1\sim3,7,8,11)+\sum d(6,9,10,12,13)$$

2.13　试列出 1 位 8421 BCD 码 $A_3A_2A_1A_0$ 到 2421 BCD 码 $B_3B_2B_1B_0$ 转换器的真值表，并利用卡诺图写出 B_3、B_2、B_1 和 B_0 的最简的与-或表达式。

2.14　试设计一个 1 位全减器，X_i、Y_i 为本位的被减数和减数，B_i 为由低位来的借位输入；D_i 和 B_{i+1} 为本位之差和向高位的借位。列出真值表，写出逻辑方程，用与非门实现，并用该全减器构成 4 位减法器。

第 3 章　组合逻辑电路设计

一般说来，根据输出信号对输入信号响应的不同，逻辑电路可以分为两类：一类是组合逻辑电路，称为组合电路；另一类是时序逻辑电路，称为时序电路。

在组合逻辑电路中，电路在任一时刻的输出信号仅决定于该时刻的输入信号，而与电路原有的输出状态无关。从电路结构上来看，组合逻辑电路的输出端和输入端之间没有反馈回路，其一般结构如图 3-1 所示。

图 3-1　组合逻辑电路的结构框图

对于组合逻辑电路的工程实现，可分为两种情况。第一种情况是，根据已导出的逻辑图，从市场上选用由集成电路制造商提供的集成电路芯片，从而构成具有预定功能的电气装置或部件，例如印刷电路板。第二种情况是，从集成电路设计软件的元件库中，选择相应的门及功能块，进而构成集成电路芯片。无论何种情况，逻辑设计师必然十分熟悉各种实用芯片和功能块的电气特性，以及它们的逻辑功能，从而正确地、灵活地使用它们。本章将依托第一种实现情况，先介绍集成电路的主要电气特性，再介绍常用的组合逻辑模块，进而讨论组合逻辑电路的设计。

3.1　集成逻辑电路的电气特性

市售的集成电路芯片，按制作工艺的不同和工作机理的不同，可分为 TTL(晶体管-晶体管逻辑)、MOS(金属- 氧化物-半导体逻辑)和 ECL(发射极耦合逻辑)等。在 MOS 工艺的基础上，发展而来的 CMOS(互补 MOS 逻辑)和 TTL 这两种集成电路得到了最为广泛的应用。本节主要介绍这两种电路。

TTL 是出现较早的一种集成电路，在 20 世纪 70 到 80 年代占有统治地位。

按照允许的工作环境，可分为 74 系列和 54 系列，一般的工作电压为 5V 左右。常用的为 74 系列，工作的温度范围是 0～70℃；54 系列可在较大的环境温度范围(－55～125℃)内工作，价格昂贵，主要用于环境条件十分恶劣的一些军用产品中。

4000 系列是美国半导体公司早期开发的 CMOS 集成电路，因其功耗小而在过去的一段时间里也得到了较广泛的应用，它的工作电压范围比较宽(5～18V)。后来，又发展了多种类型 CMOS 电路，例如 HC(高速 CMOS)、AHC(高级高速 CMOS)、AC(高级 CMOS)、HCT(与 TTL 兼容的高速 CMOS)、ACT(与 TTL 兼容的高级 CMOS)以及 AHCT(与 TTL 兼容的高级高速 CMOS)等类型，它们的工作电压都是 5V。由于当时 TTL 所表现的优点及市场占有率，在分类和命名规则方面也向 TTL 靠拢，分为 74 和 54 两个系列，采用与 TTL 相同的功能号，例如 74 ACT00 等。

进入 20 世纪 90 年代以后，又发展了低压 CMOS 电路，例如 LV（低压）、LVC（低压 CMOS）、ALVC（高级低压 CMOS）和 ALVT（高级低压工艺）等。LV 和 LVC 的工作电压为 3.3V，ALVC 和 ALVT 的工作电压为 2.5V。

相对而言，TTL 的工作速度较快，CMOS 的功耗较小，为此把两者集成在同一芯片上，取长补短，便产生了双极型与 CMOS 的混合工艺——BiCMOS 工艺。ABT（高级 BiCMOS 工艺）就是表示采用这一工艺的一类集成电路。近年来，CMOS 工艺取得了长足进步，工作速度也越来越高，在 LSI 和 VLSI 中，得到了普遍采用。

不同工艺的集成电路的电气指标均不尽相同，集成电路手册对各种集成电路芯片的逻辑功能和它们的电气指标都作了详细的说明。现以 TTL 与非门为例来说明主要电气指标的含义，以便正确选择和使用这些芯片。

3.1.1 集成电路的主要电气指标

1. 输出电压与输入电压

对于如图 3-2(a)所示的 2 输入与非门，在逻辑上，当 $a \cdot b=0$ 时，$c=1$。这时门电路的输出电压 v_c 应为高电平。这一电平的实际值，将因集成电路的工艺不同而不同。对于 TTL 集成电路而言，空载时理论上约为 3.6V。由于电路工作状态的不同，实际值将低于这一数值。人们规定，如果 TTL 电路的实际电平 $v_c \geqslant 2.4$V，则仍认为该集成电路是合格的，否则，将是不合格的。所以 2.4V 是 TTL 电路输出高电平时允许的最低电平，用 V_{OH} 来表示。不同工艺的集成电路的 V_{OH} 的值在图 3-2 中可以查得。

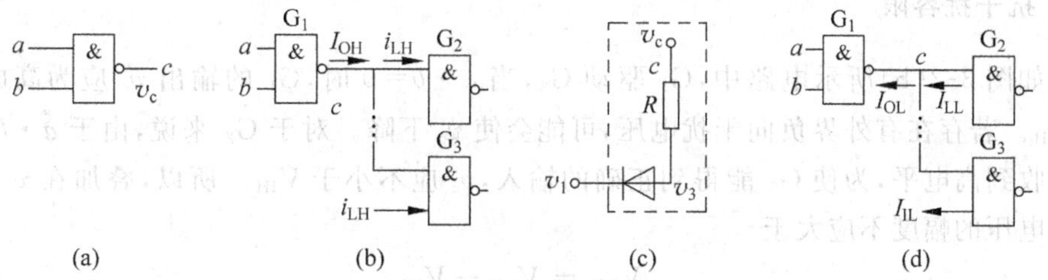

图 3-2　集成电路应用

对于图 3-2(a)所示的 2 输入与非门，在逻辑上，当 $a \cdot b = 1$ 时，$c=0$。这时门电路的输出电压 v_c 应为低电平。这一电平的实际值，对 TTL 电路而言，约为 0.1V。同样，因为电路工作状态的不同，实际值略高于这一数值。人们规定，如果 TTL 电路实际电平 $v_c \leqslant 0.4$V，则仍认为该集成电路是合格的，否则，将是不合格的。所以 0.4V 是 TTL 电路输出低电平时允许的最高电平，记作 V_{OL}。不同工艺的集成电路的 V_{OL} 可从图 3-2 中查到。

考察集成电路的输入电压 v_I。如欲在集成电路的输入端加入逻辑 0，即低电平，那么，实际的电平应为多大呢？对于 TTL 电路而言，v_I 应小于等于 0.8V，记作 V_{IL}。V_{IL} 是可被集成电路确认为输入低电平的最高电平。与此对应，V_{IH} 则是可被集成电路确认为输入高电平的最低电平。TTL 电路的 $V_{IH}=2.0$V。图 3-2 给出了不同工艺集成电路的 V_{IL} 和 V_{IH}。

有时候，把 V_{IL} 记作 V_{ILmax} 或 V_{ILOFF}，称为关门电平；把 V_{IH} 记作 V_{IHmin} 或 V_{ON}，称为开门

电平。

上述4个指标表明：当两块集成电路级联时，必然考虑彼此间的电平匹配，仅当前一级芯片的V_{OH}大于后一级的V_{IH}以及前一级芯片的V_{OL}小于后一级的V_{IL}时，才能保证电路在正常条件下正常工作。

在图3-3中给出了一个参数V_{th}称为阈值电平。V_{th}是进行粗略估算用的，如果$v_I > V_{th}$，则输入为高电平；反之，输入为低电平。

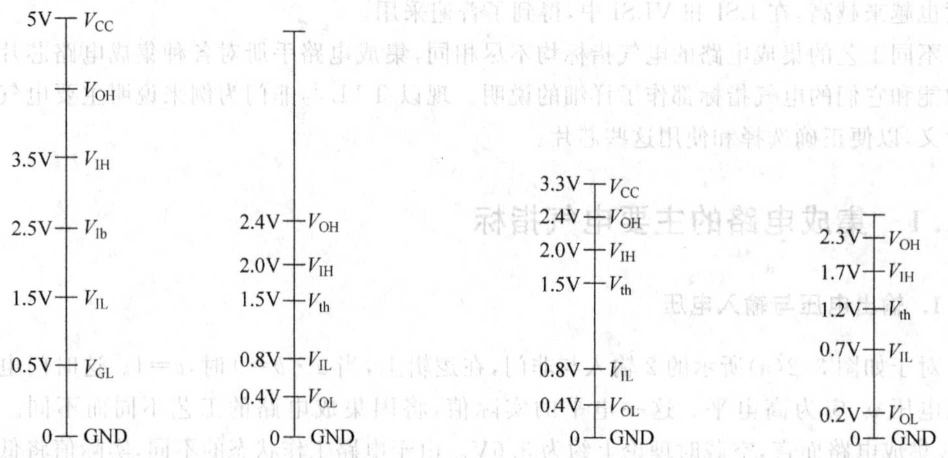

图3-3 集成电路的电平参数表

2. 抗干扰容限

在如图3-2(b)所示电路中，G_1驱动G_2，当$a \cdot b=0$时，G_1的输出v_c应为高电平，且$v_c \geqslant V_{OH}$。若存在有外界负向干扰电压，可能会使v_c下降。对于G_2来说，由于$a \cdot b=0$，所以它应收到高电平，为使G_2能得到正确的输入，v_c应不小于V_{IH}。所以，叠加在v_c上的负向干扰电压的幅度不应大于

$$V_{NH} = V_{OH} - V_{IH} \tag{3-1}$$

V_{NH}称为高电平时的抗干扰容限。与此对应

$$V_{NL} = V_{IL} - V_{OL} \tag{3-2}$$

称为低电平时的抗干扰容限。由图3-3可见，TTL电路的$V_{NH}=V_{NL}=0.4V$；而在5V的CMOS电路中，$V_{NH}=0.9V$，$V_{NL}=1V$。所以，从抗干扰能力的角度来说，5V的CMOS电路是优于TTL电路的。

在强干扰的工作环境下，设计人员应对可能产生的干扰电平进行估算，并从信号传输手段和集成电路芯片的选择上保证电路能可靠地工作。

3. 输出电流和输入电流

TTL与非门的输入电路可粗略地视作一个有源网络，如图3-2(c)所示。当$v_I > v_b$时，即输入电压v_I为高电平，存在有注入二极管的反向电流；反之，将有正向电流从该输入端流出。

在如图 3-2(b)所示电路中，若 $a\cdot b=0$，c 应为高电平。这时，对 G_1 来说将有电流 i_{OH} 输出，注入 G_2、G_3 的输入端。这两个输入端是高电平。i_{iH} 是输入端为高电平时的输入电流，方向如图 3-2(b)所示。

I_{OH} 是输出端为高电平时可输出的最大电流；I_{IH} 是输入端为高电平时注入的最大电流。对于 74LS00，I_{OH} 最大为 $400\mu A$，I_{IH} 最大为 $20\mu A$。也就是说，当 74LS00 的一个门的输出为高电平时，它理论上可以驱动 20 个同类门。

同样地，当 $a\cdot b=1$，则 c 应为低电平，G_2 将有电流 i_{IL} 注入 G_1 的输出端，注入 G_1 输出端的总电流为 i_{OL}，i_{IL} 是输入端为低电平时由输入端流出的电流，方向如图 3-2(d)所示。

I_{OL} 是输出端为低电平时可注入的最大电流，I_{IL} 是输入端为低电平时由输入端流出的最大电流。对于 74LS00，$I_{OL}=8mA$，$I_{IL}=0.4mA$。所以，当 74LS00 的输出为低电平时，它理论上可以驱动 20 个同类门。实际应用时，应低于这一数值，例如 16 个同类门。可以驱动同类门的个数，称为扇出系数。对于 TTL 电路而言，$I_{OL}/I_{IL}<I_{OH}/I_{IH}$，故扇出系数常由 I_{OL}/I_{IL} 决定，I_{OL} 也被称为最大驱动电流。

当集成电路的一个输出端被连接到若干片集成电路的输入端时，应保证输出端的最大驱动电流 I_{OL} 大于各输入端的 I_{IL} 之和，且留有一定的余量。

由图 3-2(c)也可以看出，当 TTL 电路的输入端开路时，或接有一个阻值较大的电阻时，v_I 将呈现高电平。如欲令其为低电平，应将该输入端接地或接一个很小的电阻。这是在使用时必须注意的。

4. 平均传输延迟时间 t_{pd}

如图 3-4(a)所示为 74LS00 中的一个与非门，它的一个输入端恒为高电平，另一个输入端加有图 3-4(b)所示的输入信号 v_I，相应的输出为 v_O。图 3-4 表明，当输入电压发生变化时，必然延迟一段时间，输出电压才会发生相应的变化。这一延迟时间用平均延迟时间 t_{pd} 来度量。

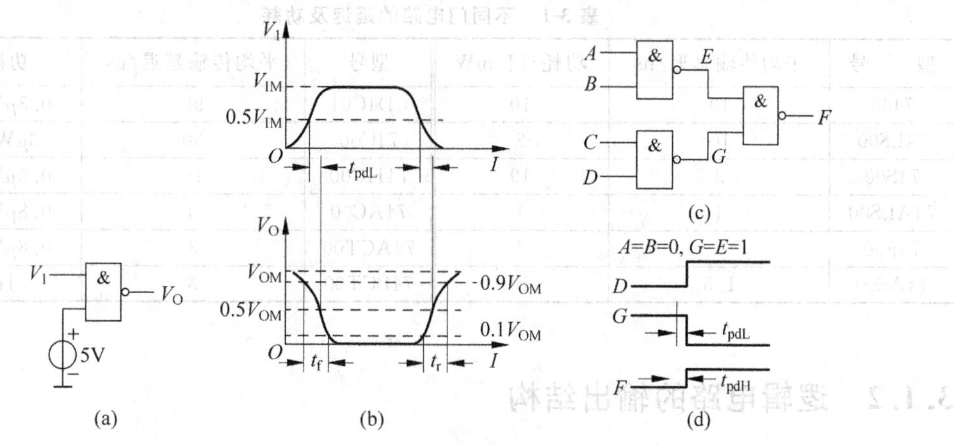

图 3-4　集成电路的传输延迟

在图 3-4 中，V_{IM} 为最大输入电压，V_{OM} 为最大输出电压；t_r 为输出电压由 $0.1V_{OM}$ 上升到 $0.9V_{OM}$ 所需的时间，称为上升时间；t_f 为输出电压由 $0.9V_{OM}$ 下降到 $0.1V_{OM}$ 所需的时间，称为下降时间；t_{pdL}为输入电压上升至0.5V_{IM}到输出电压下降至0.5V_{OM}所需的时间，称为由输出高电平到低电平的传输延迟时间；可见，t_{pdH}为由低电平到高电平的传输延迟时间，则平均传输延迟时间为

$$t_{pd} = \frac{t_{pdL} + t_{pdH}}{2} \tag{3-3}$$

74LS00的$t_{pdL}=10$ns，$t_{pdH}=9$ns，$t_{pd}=9.5$ns，74ACT00的$t_{pd}=3$ns。

t_{pd}的大小决定了电路的工作速度。对于如图3-4(c)所示的电路而言，若采用的元件是74LS00，则由输入至输出的平均传输延迟时间约为19ns。

图3-4(d)给出了在$A=B=0$、$C=1$、D由0变1时各点电平变化的情况。图3-4中未考虑输入与输出电压的上升和下降时间。

在逻辑设计过程中，一般要对电路可能具有的最大传输延迟时间进行估算，以选择满足运算速度要求的电路结构和电路元件。

一般地，必然在输出端的信号达到稳定值后，才允许输入信号发生另一次变化。所以，电路的平均传输延迟时间决定了允许输入信号变化的速率；同时，平均传输延迟时间的长短，也直接决定了电路对输入信号进行处理的速率。为了提高电路对信号处理的速度，常选用t_{pd}较小的集成电路，高速的或超高速的集成电路便应运而生。ALVT、ABT等类型的集成电路具有超高速、高驱动能力的优点，这类电路将逐步成熟并广为采用。就电路的平均传输延迟时间而言，ECL电路较TTL和CMOS小，约0.5ns。所以，当电路需要超高速运行时，可选用ECL器件。

集成电路的另一个重要电气指标是消耗的电源功率，称为功耗。就不同工艺而言，TTL电路的功耗较CMOS电路为大。同一种工艺、不同类型的电路，高速电路的功耗较低速电路的功耗为大。表3-1给出了4个2输入与非门的平均传输延迟与功耗的参数。所以设计人员在选择芯片时，应在芯片的功耗和延迟时间之间进行权衡，以满足电路或系统的电气指标。

表3-1　不同门电路的延迟及功耗

型　号	平均传输延迟/ns	功耗/门/mW	型号	平均传输延迟/ns	功耗/门
7400	10	10	CD4C01	90	0.3μW/kHz
74LS00	10	2	74C00	30	3μW/kHz
74S00	3	19	74HC00	10	0.5μW/kHz
74ALS00	4	1	74AC00	3	0.8μW/kHz
74F00	3	4	74ACT00	3	0.8μW/kHz
74AS00	1.5	10	74BCT00	3	1mW

3.1.2　逻辑电路的输出结构

集成电路芯片的输出电路具有3种结构。

1. 推拉式结构

这种结构的等效电路如图3-5(a)所示。在输入信号控制下，两个开关S_1和S_2总是只

有一个导通，另一个断开。当 S_1 导通 S_2 断开时，输出 v_O 为高电平；反之，为低电平。绝大多数集成电路均采用这种结构。这种结构的缺点是集成电路的两个输出端不允许并联。

2. 开路输出结构

开路输出结构的等效电路之一如图 3-5(b)所示。这种电路也称为集电极开路(或漏极开路)电路，或称 OC 输出。图 3-5 中的 v_O 为输出，R 是外加的，称为上拉电阻。在输入信号控制下，S 导通或断开。当 S 导通时，v_O 为低电平；反之，为高电平。如图 3-6(a)所示，为具有这种输出结构的 2 输入与非门的逻辑符号。其中横线上侧的菱形表示应加一个上拉电阻。

在如图 3-6(b)所示电路中，2 个 OC 输出与非门的输出端并联，R 为上拉电阻，显然 $x=\overline{ab}$，$y=\overline{cd}$，e 的电平由 x 和 y 决定，且仅当 x 和 y 均为高电平时，e 才为高电平，故 $e=x\cdot y=(\bar{a}+\bar{b})(\bar{c}+\bar{d})$。$e$ 和 x、y 之间的与逻辑关系是由于引线 x 和引线 y 连接在一起造成的，故称为线与。

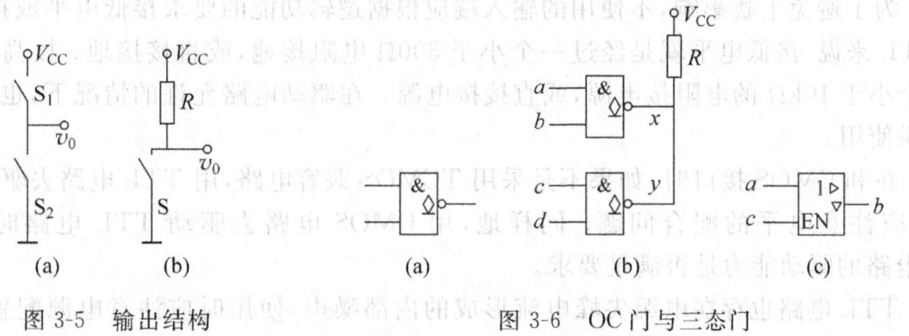

图 3-5　输出结构　　　图 3-6　OC 门与三态门

开路输出的另一种形式是发射极开路(或 N 沟道源极开路)电路，本书将不再详述。

3. 三态输出结构

三态输出结构的等效电路仍如图 3-5(a)所示。但在输入信号控制下，S_1 和 S_2 的状态有 3 种组合：S_1 导通 S_2 断开，输出高电平；S_1 断开 S_2 导通，输出低电平；S_1 和 S_2 均断开，输出引线浮空，呈现高阻。这就是三态输出这一名称的由来。

如图 3-6(a)所示是一个三态输出的传输门。它的真值表如表 3-2 所示。EN 是定性符。图形上方的 1 表示传输门。▷表示信号传输的方向，右侧的▽表示三态输出。设加于 EN 端的信号为 c，由表 3-2 可见，当 $c=0$ 时，输出 b 为高阻，用 Z 表示，这时输出与输入无关；当 $c=1$ 时，输出端由输入端接收信号，这时传输门完成信号传输的工作。所以，加于 EN 端的信号 c 是一个使该门能工作的信号，称为使能信号，或允许信号。EN 就是 Enable 的缩写。

表 3-2　三态传输门的真值表和功能表

c	a	b
0	0	Z
0	1	Z
1	0	0
1	1	1

如图3-7所示,为用4个三态输出的传输门及一个2-4线译码器构成的4选1数据选择器,它与多路开关具有相同的功能。

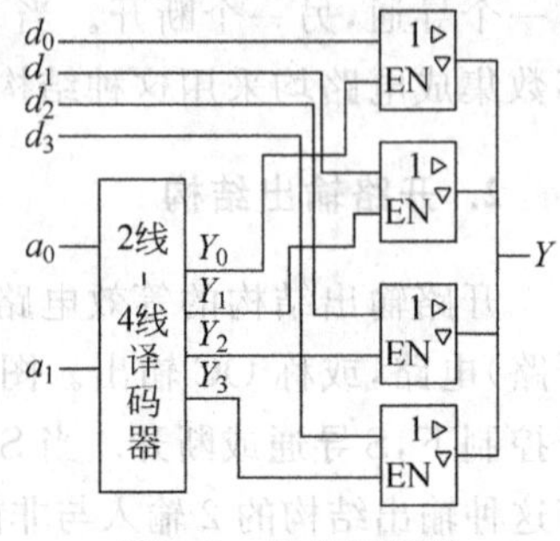

图3-7　数据选择器

3.1.3　芯片使用中注意的问题

1. TTL芯片电路

无论是哪种型号的TTL电路,在使用中都应注意以下几个问题:

(1) 所用电源电压应在指定范围内工作,74型电路的$U_{CC}=4.75\sim5.25V$。

(2) 除了集电极开路门(称为OC门)和三态门之外,多个TTL电路的输出端不能直接相连。所有TTL电路的输出端也不允许直接接电源或接地。

(3) 为了避免干扰影响,不使用的输入端应根据逻辑功能的要求接低电平或接高电平。对LSTTL来说,接低电平就是经过一个小于300Ω电阻接地,或直接接地;接高电平就是经过一个小于10kΩ的电阻接电源,或直接接电源。在驱动电路允许的情况下,也可和已使用端并联使用。

(4) 在和CMOS接口时,如果不是采用TCMOS兼容电路,用TTL电路去驱动CMOS电路时,应注意电平的配合问题;同样地,用CMOS电路去驱动TTL电路时,应注意CMOS电路的驱动能力是否满足要求。

(5) TTL电路也存在电源尖峰电流形成的内部噪声,使用时应注意电源配置,并在电源两端加上去耦电容。

(6) TTL电路由于电源尖峰电流的存在,它的功耗也是随着频率的升高而加大的。在选用电源时,应充分考虑动态功耗的影响,电源的容量应适当留有富余量。

2. CMOS芯片电路

1) 不使用输入端的连接

由于CMOS电路的输入阻抗非常高,不用的输入端不能悬空。若输入端处于开路状态,它的输入电平是随机的,有可能处于转换电平附近,这种情况会产生逻辑错误和产生不必要的直通电流。另外,开路的输入易受静电感应而损坏器件。所以,应把CMOS电路不使用的输入端根据逻辑功能要求都直接接到电源或地。

2) 电源的分配和去耦

对于高速数字系统来说,一个关键问题就是要考虑系统的噪声。噪声按其来源可分为系统产生的噪声和集成器件产生的噪声。

电源电流的尖峰信号是产生系统噪声的主要来源。如果这一瞬变信号过大,由于压降会使内部逻辑颠倒,或者将瞬态尖峰电流通过公共电源线和地线馈入另一个器件的输入端,造成逻辑错误。为了把这种噪声减至最小,需要设计良好的电源分配网络,使电源线和地线尽可能短而粗,同时在电源两端加去耦电容,以减小尖峰电流的影响。

3) 寄生可控硅的锁定效应

寄生可控硅的锁定效应是CMOS集成电路的一种失效模式。在CMOS集成电路处于常规条件下,电路发挥正常作用,寄生可控硅处于截止状态。所以应遵守如下规则:

(1) 输入信号电平应限制在0V～U_{DD}范围内。

(2) 电路工作时，应先接通电源，再接通输入信号。电路断开时，应先断开输入信号，再断开电源。

(3) 若是多电源电压系统，电源接通的顺序应是：从低电压至高电压逐个接通，且各个电源所用去耦电容应相等，以保证产生的过电压最小。

4) 增加门的输出驱动能力

当需要驱动大电容负载时，可以将同一封装内器件的各门输入端和输出端分别并联连接，以增加电路输出驱动能力。但是，不能用不同封装内的器件并联连接，来增加电路输出驱动能力。因为，这些器件的转换电平可能不一致，它们将在输入信号波形的不同点改变状态，容易造成器件短路和产生不希望的输出波形。

3. ECL芯片电路

ECL电路是目前工作速度最快的逻辑电路，其工作频率已处在兆赫范围，所以，使用时必然像对待高频电路那样来处理ECL电路。

(1) 导线将显著辐射高频能量，在导线之间形成“串扰”，即能量从一根导线转移到另一根导线或作相反的转移。为此，要求采取特殊的屏蔽措施。必要的长导线采用同轴线，电路之间的连接导线应尽可能短。

(2) 开关时间和导线传输延迟时间有相同的数量级，因而应注意电路的阻抗匹配问题，各集成电路之间连接导线上的反射问题。

(3) 与别的逻辑电路系列不同，ECL电路的输入高电平是受到严格限制的，U_i 不应超过－0.8V。否则，晶体三极管将工作在饱和态，电路的开关时间将迅速加大，同时也将造成电路逻辑功能的混乱，使ECL电路失去高速电路功能。

(4) ECL电路的功耗大，所选用的电源必然能提供电路所需功率，并应注意电路的散热问题。

(5) 当ECL电路和其他系列电路相连接时，必然加接口电路。

ECL电路主要用于应绝对优先考虑最高工作速度的场合。

3.1.4 正、负逻辑极性

在数字电路中，用逻辑电平来表示逻辑变量的逻辑状态0和1。表3-3(a)是7400/4在不同输入电平下的输出电平，L和H分别表示低电平和高电平。

表3-3 电平表及真值表

(a)

a	b	c
L	L	H
L	H	H
H	L	H
H	H	L

(b)

a	b	c
0	0	1
0	1	1
1	0	1
1	1	0

(c)

a	b	c
0	0	0
0	1	0
1	0	0
1	1	1

(d)

a	b	c
1	1	1
1	0	1
0	1	1
0	0	0

上面表格称为电平表。高电平表示一种状态，而低电平则表示另一种状态，它们表示的都是一定的电压范围，而不是一个固定不变的值。具体表示某个电平时，常用电位值来表示。不同的逻辑电路，高、低电平取值的范围不同。

正逻辑和负逻辑是对逻辑1和逻辑0所表示的逻辑电平的一种规定。如果输入和输出端均采用正逻辑，则用高电平表示逻辑1，用低电平表示逻辑0，对应的真值表如表3-3(b)所示。由表可见，它是一个与非门，所以可称它为正与非门。表3-3(c)是输入采用正逻辑、输出采用负逻辑时的真值表；表3-3(d)是输入采用负逻辑。输出采用正逻辑时的真值表。由此可见，在采用不同逻辑约定的情况下，同一器件表现了不同的逻辑特性。反之，在说明器件的逻辑功能时应说明采用的逻辑约定。逻辑约定可以在逻辑符号上表示出来。图3-8(a)～图3-8(c)是表3-3(b)～表3-3(d)约定下的逻辑符号。输出、输入引线处的空心箭头表示负逻辑。在数字电路中，一般都是用正逻辑来命名集成逻辑电路。为简化起见，本书将统一采用正逻辑约定。

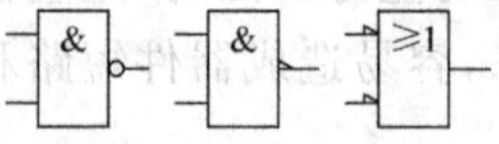

&　&　≥1

(a)　(b)　(c)

图3-8　不同逻辑约定下的逻辑符

3.1.5　常用门电路

集成电路手册常用逻辑符号来表示集成电路芯片的功能，并定义芯片的各个引脚。表3-4给出了一些小规模集成电路及其传输延迟时间。表3-4中3S表示三态输出。图3-9给出了一些常用芯片的逻辑符号。如3-9图中7400所示，它由4个相同的单元组成，其中每一个单元为两输入端的与非门。由于4个单元是相同的，故在图3-9中只对最上面一个单元给出了相应的标识。

表3-4　部分门电路及其传输延迟时间

型　号	名　　称	t_{qd}/ns	型　号	名　　称	t_{qd}/ns
74S00	四2输入与非门	3	74LS27	三3输入或非门	10
7400	四2输入与非门	10	74S30	8输入与非门	5
74S02	四2输入或非门(OC)	3.5	74S32	四2输入或门	4
74S03	四2输入与非门(OC)	5	74S51	双2路2-2输入与或非门	3.5
74LS04	六反相器	10	7454	4路2-2-2-2输入与或非门	10.5
74S05	六反相器(OC)	5	74LS55	2路4-4输入与或非门	12
74S078	四2输入与门	5	74S64	4路4-2-3-2输入与或非门	3.5
74S10	三3输入与非门	3	74S84	四2输入异或门	7
74S11	三3输入与门	5	74LS125	四总线缓冲器(3S)	8
74LS12	三3输入与非门(OC)	16	74LS126	四总线缓冲器(3S)	9
74LS20	双4输入与非门	3	74S135	四异或/异或非门	10
74S22	双4输入与非门(OC)	5	74LS244	八缓冲器/线驱动器/线接收器(3S,两组控制)	12
7425	双4输入或非门(有选通)	11	74LS245	八双向总线发送器/接收器(3S)	8

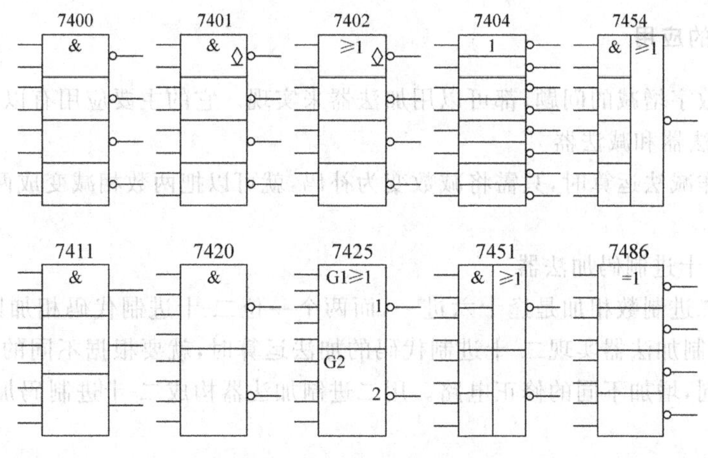

图 3-9　几种芯片的逻辑符号

3.2　常用组合逻辑模块

常用的组合逻辑模块有加法器、数值比较器、编码器、译码器以及数据选择器等。本节将说明其组成原理并简单介绍它们的应用方法。

3.2.1　4位并行加法器

用来实现多位二进制数相加的电路称为加法器。加法器有两种结构：串行进位加法器和超前进位加法器。

1. 串行进位加法器

串行进位加法器是将多个全加器串联起来，低位全加器的进位输出接至相邻高位全加器的进位输入，而最低位全加器的进位输入接地。

这种加法器虽然各位相加是并行完成的，但是其进位信号是由低位向高位逐级传递的，只有当低位产生进位信号后，高位才能完成全加功能。所以，运算速度较慢。

2. 超前进位加法器

为使运算速度得到提高，在一些加法器中采用了超前进位的方法。它们在作加法运算的同时，利用快速进位电路，直接由输入相加的二进制数和最低位的进位把各进位数也求出来，从而加快了运算速度。具有这种功能的电路称为超前进位加法器。和串行进位加法器相比，进位传递时间的节省是以逻辑电路的复杂程度为代价换取的。

超前进位加法器随着位数的增加，快速进位电路会变得越来越复杂。所以，当运算位数较多时，采用多级串联结构。

3. 加法器的应用

凡是涉及数字增减的问题,都可以用加法器来实现。它的主要应用有以下3个方面。

1) 用作加法器和减法器

用加法器作减法运算时,只需将减数变为补码,就可以把两数相减变成两数相加的加法运算。

2) 用作二-十进制码加法器

两个4位二进制数相加是逢十六进一,而两个一位二-十进制代码相加则是逢十进一。所以,在用二进制加法器实现二-十进制代码的加法运算时,就要根据不同的二-十进制代码及和数值的不同,增加不同的修正电路。用二进制加法器构成二-十进制码加法器的框图如图3-10所示。

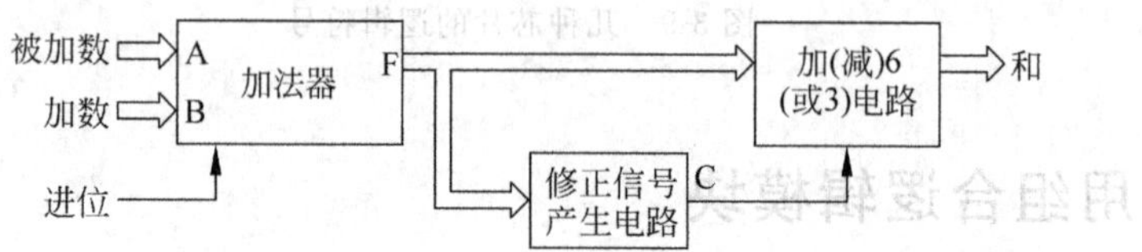

图3-10　用二进制加法器构成二-十进制码加法器的框图

3) 用作代码转换器

常用的8421码、2421码及余3码,它们两组代码之间的差值是一个确定数。例如,8421码等于余3码减3。要将余3码转换为8421码,只需将余3码送到4位加法器的A_i端,而在B_i端送入3的补码,即1101,进位输入为0,则从和数F_i端输出的就是转换后的8421码。逻辑图如图3-11所示,其中加数B固定为1101,它就是0011的补码。

图3-12(a)是一个4位并行加法器的框图。$A_3A_2A_1A_0$和$B_3B_2B_1B_0$分别为被加数和加数,CI为由低位来的进位,$F_3F_2F_1F_0$为和数,CO为向高位的进位。4位加法器的逻辑符号如图3-11(b)所示。Σ为加法器的定性符。CI和CO是进位输入和进位输出。

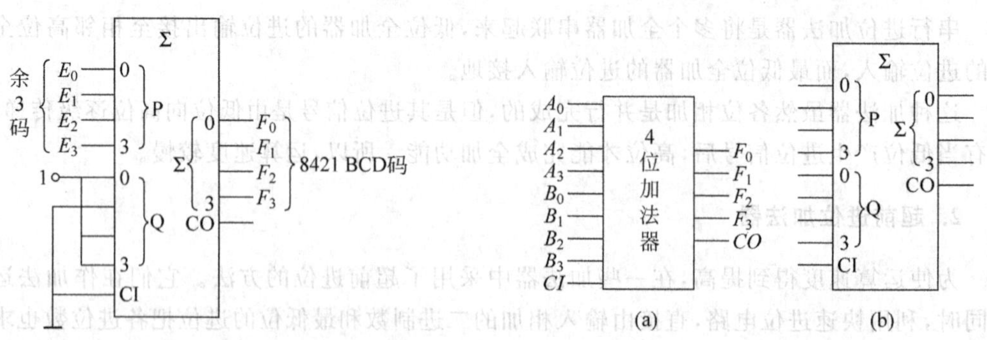

图3-11　例3-1的逻辑图　　　　图3-12　4位加法器

例3-1　试用4位加法器构成1位8421 BCD码加法器。

如图3-11所示,利用4位加法器实现1位8421 BCD码加法器时,注意修正电路的设计,必然产生正确的修正信号。由加6修正原则,可得

$$C = CO_3 + C_{F>9} \tag{3-4}$$

CO_3 是 4 位加法器产生的进位信号，$C_{F>9}$ 表示和数大于 9 的情况，$C_{F>9}$ 的卡诺图如图 3-13(a)所示，由此得

$$C_{F>9} = F_3F_2 + F_3F_1 \tag{3-5}$$

从而

$$C = CO_3 + F_3F_2 + F_3F_1$$

实现这一电路。74S64 是 TTL 肖特基 4-2-3-2 输入与或非门，它的逻辑符号如图 3-13(b)所示。它是由 4 个与门和一个或非门构成，输出 $Y=\overline{ABCD+EF+GHI+JK}$，如图 3-13(c)所示是实现逻辑函数 $\overline{C}$ 的一种方法。在图 3-13 中，由上而下第一个与门有 4 个输入端，其中 2 个是多余的。当 TTL 门电路的输入端为悬空时，该输入端呈现高电平。所以，当这个门电路是与门时，多余的输入端可有 3 种处理方法：悬空、接高电平以及与其他输入端共用一个信号。这里，第一个与门的 2 个多余输入端采用了第二种方法，第三个门的 2 个多余输入端采用了第三种方法。实际上不采用第一种方法，以免引入干扰。对于 TTL 或门来说，多余输入端必然接地或采用上述的第三种方法。所以，在图 3-13 中，第四个门的 2 个输入端都接地，使它的输出为低电平，保证或非门的第四个输入端为低电平。

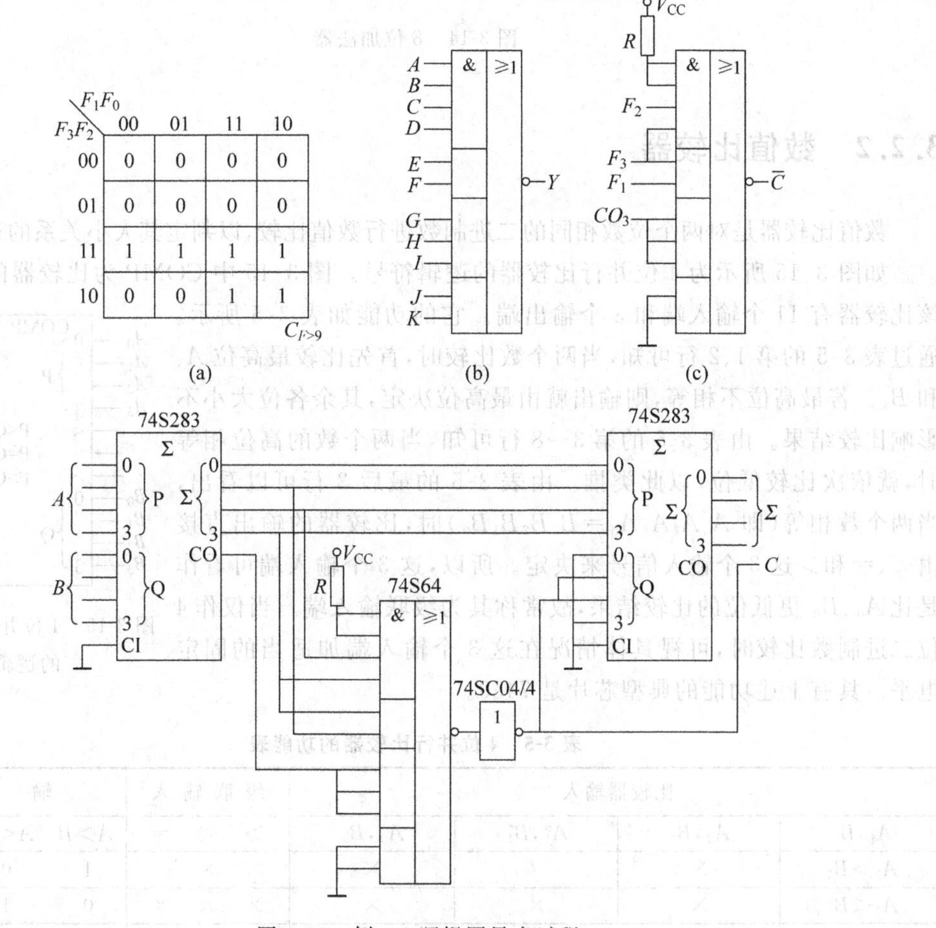

图 3-13　例 3-1 逻辑图导出过程

处理 CMOS 电路多余输入端的方法与此相似,且绝不允许将其悬空。

如图 3-13(d)所示为 1 位 8421 BCD 码加法器的逻辑图。74S64 的平均传输延迟 $t_{pd64}=3.5ns$,74S283 和数延迟时间 $t_{pd283\Sigma}=12ns$,进位延迟时间 $t_{pd283CO}=7ns$,74S04 的延迟时间 $t_{pd04}=3ns$。由此从输入到修正信号 C 的延迟时间 $t_{pdC}=t_{pd64}+t_{pd283\Sigma}+t_{pd04}$,进而完成 1 位 BCD 码运算的时间 $t_{pd}=t_{pdC}+t_{pd283\Sigma}=30.5ns$。

如图 3-14 所示为 4 位加法器的另外一种主要应用——多位加法器的实现。这里,利用 2 个 4 位加法器模块构成 8 位加法器。$A_7A_6A_5A_4A_3A_2A_1A_0$、$B_7B_6B_5B_4B_3B_2B_1B_0$ 和 $\Sigma_7\Sigma_6\Sigma_5\Sigma_4\Sigma_3\Sigma_2\Sigma_1\Sigma_0$ 依次为被加数、加数及和数,CI 和 CO 为进位输入和进位输出。

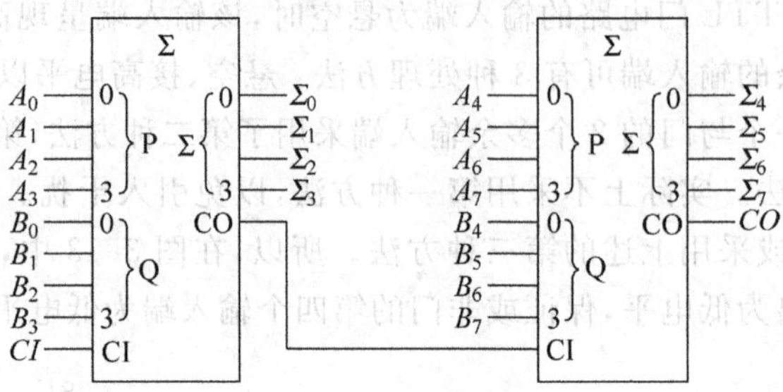

图 3-14　8 位加法器

3.2.2　数值比较器

数值比较器是对两个位数相同的二进制数进行数值比较,以判定其大小关系的逻辑电路。

如图 3-15 所示为 4 位并行比较器的逻辑符号。图 3-15 中 COMP 为比较器的定性符。该比较器有 11 个输入端和 3 个输出端。它的功能如表 3-5 所示。通过表 3-5 的第 1、2 行可知,当两个数比较时,首先比较最高位 A_3 和 B_3。若最高位不相等,则输出就由最高位决定,其余各位大小不影响比较结果。由表 3-5 的第 3～8 行可知,当两个数的高位相等时,就依次比较低位,以此类推。由表 3-5 的最后 3 行可以看出,当两个数相等(即 $A_3A_2A_1A_0=B_3B_2B_1B_0$)时,比较器的输出直接由<、=和>这 3 个输入信号来决定。所以,这 3 个输入端可看作是比 A_0、B_0 更低位的比较结果,故常称其为级联输入端。当仅作 4 位二进制数比较时,可视具体情况在这 3 个输入端加适当的固定电平。具有上述功能的典型芯片是 7485。

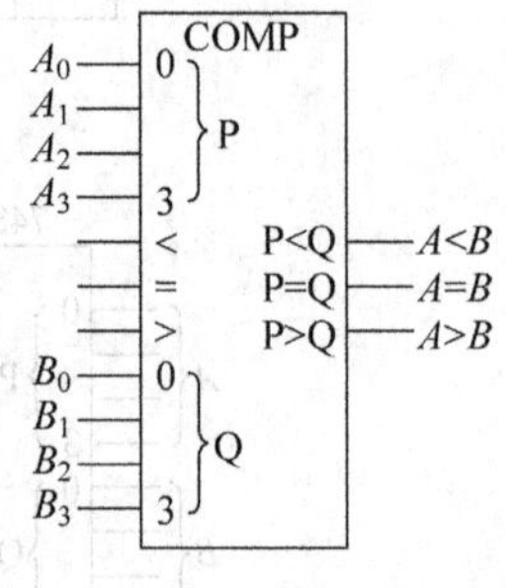

图 3-15　4 位并行比较器的逻辑符号

表 3-5　4 位并行比较器的功能表

比较器输入				级联输入			输出		
A_3,B_3	A_2,B_2	A_1,B_1	A_0,B_0	$>$	$<$	$=$	$A>B$	$A<B$	$A=B$
$A_3>B_3$	×	×	×	×	×	×	1	0	0
$A_3<B_3$	×	×	×	×	×	×	0	1	0
$A_3=B_3$	$A_2>B_2$	×	×	×	×	×	1	0	0
$A_3=B_3$	$A_2<B_2$	×	×	×	×	×	0	1	0

续表

比较器输入				级联输入			输出		
A_3,B_3	A_2,B_2	A_1,B_1	A_0,B_0	>	<	=	A>B	A<B	A=B
$A_3=B_3$	$A_2=B_2$	$A_1>B_1$	×	×	×	×	1	0	0
$A_3=B_3$	$A_2=B_2$	$A_1<B_1$	×	×	×	×	0	1	0
$A_3=B_3$	$A_2=B_2$	$A_1=B_1$	$A_0>B_0$	×	×	×	1	0	0
$A_3=B_3$	$A_2=B_2$	$A_1=B_1$	$A_0<B_0$	×	×	×	0	1	0
$A_3=B_3$	$A_2=B_2$	$A_1=B_1$	$A_0=B_0$	1	0	0	1	0	0
$A_3=B_3$	$A_2=B_2$	$A_1=B_1$	$A_0=B_0$	0	1	0	0	1	0
$A_3=B_3$	$A_2=B_2$	$A_1=B_1$	$A_0=B_0$	0	0	1	0	0	1

例 3-2　试用4位比较器构成一个8位比较器。

利用比较器的级联输入端，可以很容易扩展比较器的比较位数。这里，利用两片4位比较器级联，即可构成一个8位比较器，如图3-16所示。在图3-16中，低位片的输出接到高位片对应的级联输入端，高位片的输出才是比较的结果。根据比较器的工作原理，低位片的级联输入端应按照设计要求，接入合适的电平。即在一个多位比较器电路中，最低位比较器必然按照功能表的最后一行连接。

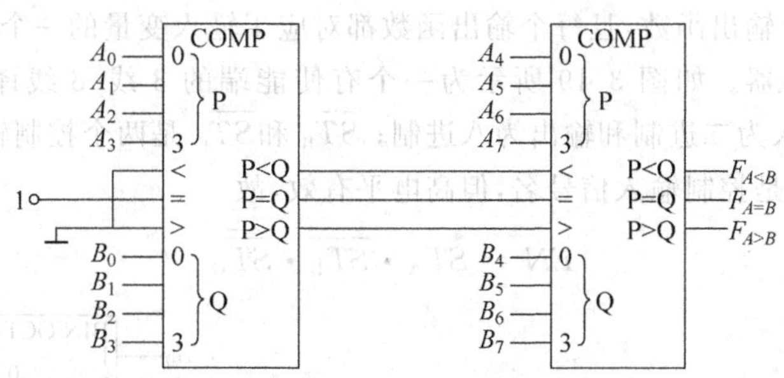

图3-16　8位数值比较器

上述用串行级联的方法构成的电路图简单且容易理解，但当扩展的位数多时，串行级联的芯片越多，比较数值的速度就越慢。所以，在组成多位比较器时，常采用树形结构。例如，要构成24位比较器时，可由两级电路构成。第一级用5个4位比较器构成，并把每片的级联输入端分别扩展成比较器输入的最低位，24位数分为5组分别送到5个4位比较器进行比较，再将第一级分片比较结果送到第二级作最终比较。

例 3-3　利用4位比较器设计四舍五入电路。

利用比较器作四舍五入电路时，将待判定的数送到比较器的一组数据输入端，在另一数据输入端送入比较信号4，即0100，输出 $F_{A>B}$ 作为判别输出端。当待判定数据小于4时，$F_{A>B}=0$，大于4时，$F_{A>B}=1$。实现的逻辑电路如图3-17所示。

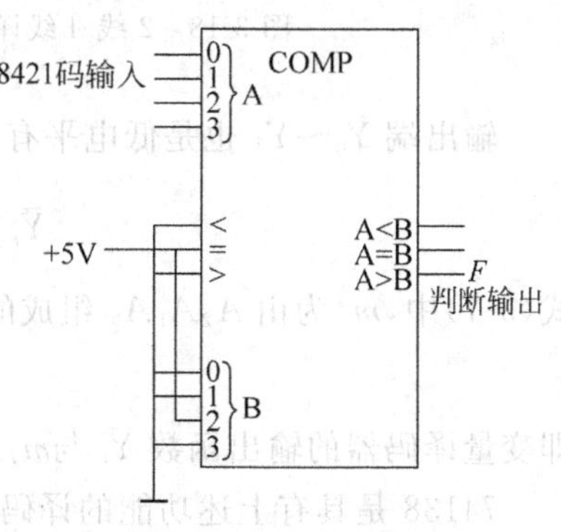

图3-17　例3-4的逻辑电路

3.2.3 译码器

将二进制代码或者二-十进制代码，还原为它原来所代表的字符的过程，称为译码。实现译码的电路称为译码器。译码器也是一个多输入、多输出电路，它的输入是二进制代码或者二-十进制代码，输出是代码所代表的字符。

常用的译码器有两类：变量译码器和显示译码器。

如图 3-18 所示是一个 2 线-4 线的变量译码器，图 3-18 中 DX 及 X/Y 为定性符，X/Y 可用 BIN/FOUR 来代替。图 3-18(a)中的 G 为与关联符。$G\frac{0}{3}$ 表示这一组输入信号与标有 0、1、2、3 的各输出信号之间存在与逻辑关联。图 3-18(b)中左侧的 1、2 表示相应输入信号的权值。

1. 典型变量译码器

变量译码器分为两种：二进制译码器和二-十进制译码器。其中，二进制译码器的输入是二进制代码，输出是二进制代码所对应的十进制数。二进制译码器的功能是将 n 个输入变量"翻译"成 2^n 个输出函数，且每个输出函数都对应于输入变量的一个最小项。最常用的就是 3 线-8 线译码器。如图 3-19 所示为一个有使能端的 3 线-8 线译码器。图 3-19 中 BIN/OCT 表示输入为二进制和输出为八进制；$\overline{ST}_B$ 和 $\overline{ST}_C$ 是两个控制输入信号名，表示低电平有效。ST_A 也是控制输入信号名，但高电平有效，故

$$EN = ST_A \cdot \overline{\overline{ST}_B} \cdot \overline{\overline{ST}_C} \tag{3-6}$$

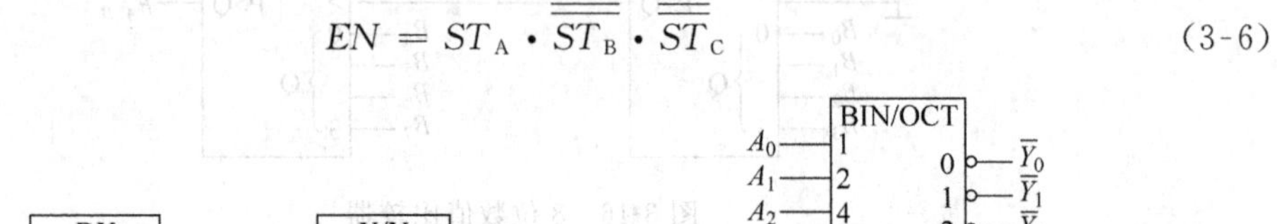

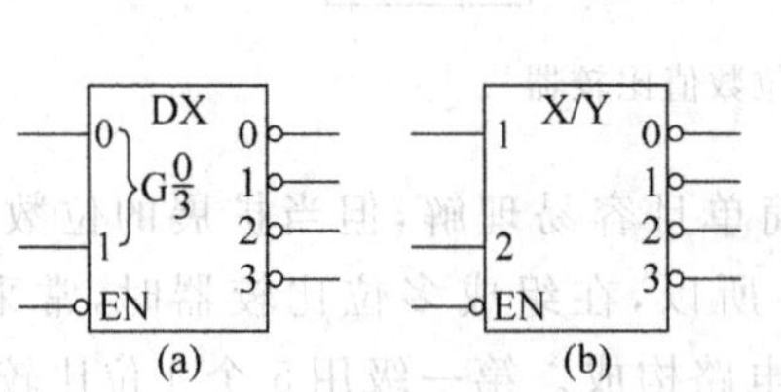

图 3-18 2 线-4 线译码器

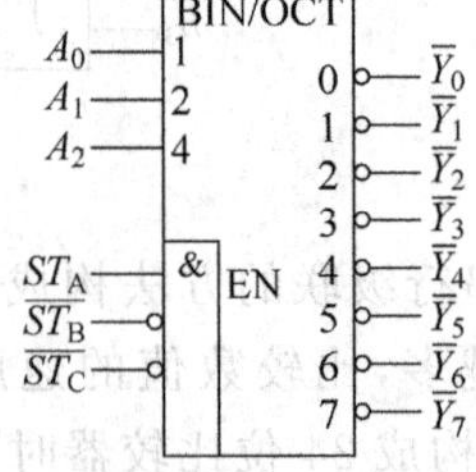

图 3-19 3 线-8 线译码器

输出端 $\overline{Y}_0 \sim \overline{Y}_7$ 也是低电平有效，它们与输入信号之间的关系为

$$\overline{Y}_i = \overline{ST_A \cdot \overline{\overline{ST}_B} \cdot \overline{\overline{ST}_C} \cdot m_i} \tag{3-7}$$

式(3-7)中，m_i 为由 $A_2A_1A_0$ 组成的最小项，$i=0,1,\cdots,7$。当 $ST_A \cdot \overline{\overline{ST}_B} \cdot \overline{\overline{ST}_C}=1$ 时

$$\overline{Y}_i = \overline{m}_i \tag{3-8}$$

即变量译码器的输出函数 $\overline{Y}_i$ 与 $\overline{m}_i$ 对应。

74138 是具有上述功能的译码器。表 3-6 描述了 74138 的功能。由表 3-6 的前两行可见，只要 ST_A 为 0 或者 $\overline{ST}_B$、$\overline{ST}_C$ 中有一个为 1 时，输出 $\overline{Y}_0 \sim \overline{Y}_7$ 均为 1，此时译码器处于禁止工作状态，输入 A_2、A_1 和 A_0 不起作用。只有当 ST_A 为 1 且 $\overline{ST}_B$ 和 $\overline{ST}_C$ 均为 0 时，内部

使能信号 $EN=1$，$\overline{Y}_0\sim\overline{Y}_7$ 的输出才由 $A_2\sim A_0$ 决定。此时，在 $A_2\sim A_0$ 的任一种输入组合下，只有与该输入组合对应的一个输出端为 0(有效)，其余各输出端均为 1(无效)。

表 3-6　3 线-8 线译码器功能表

输入					输出							
ST_A	$\overline{ST_B}+\overline{ST_C}$	A_2	A_1	A_0	$\overline{Y_0}$	$\overline{Y_1}$	$\overline{Y_2}$	$\overline{Y_3}$	$\overline{Y_4}$	$\overline{Y_5}$	$\overline{Y_6}$	$\overline{Y_7}$
×	1	×	×	×	1	1	1	1	1	1	1	1
0	×	×	×	×	1	1	1	1	1	1	1	1
1	0	0	0	0	0	1	1	1	1	1	1	1
1	0	0	0	1	1	0	1	1	1	1	1	1
1	0	0	1	0	1	1	0	1	1	1	1	1
1	0	0	1	1	1	1	1	0	1	1	1	1
1	0	1	0	0	1	1	1	1	0	1	1	1
1	0	1	0	1	1	1	1	1	1	0	1	1
1	0	1	1	0	1	1	1	1	1	1	0	1
1	0	1	1	1	1	1	1	1	1	1	1	0

熟悉使能端的作用，是灵活运用译码器的重要环节。译码器的使能端有如下 3 个作用。

(1) 用于逻辑功能的扩展。

利用使能端可以方便地对译码器进行扩展。如图 3-20 所示为用两片 3 线-8 线译码器构成了一个 4 线-16 线译码器。当 $A_3=0$ 时，第一片处于正常译码状态，而第二片被禁止译码，$\overline{Y}_0\sim\overline{Y}_7$ 有信号输出，$\overline{Y}_8\sim\overline{Y}_{15}$ 均恒为 1。当 $A_3=1$ 时，第一片被禁止译码，而第二片处于正常译码状态，$\overline{Y}_0\sim\overline{Y}_7$ 均恒为 1，$\overline{Y}_8\sim\overline{Y}_{15}$ 有信号输出，因而实现扩展功能。用 5 片 2 线-4 线译码器构成 4 线-16 线译码器的方法之一如图 3-21 所示。这种扩展方法称为树形扩展。

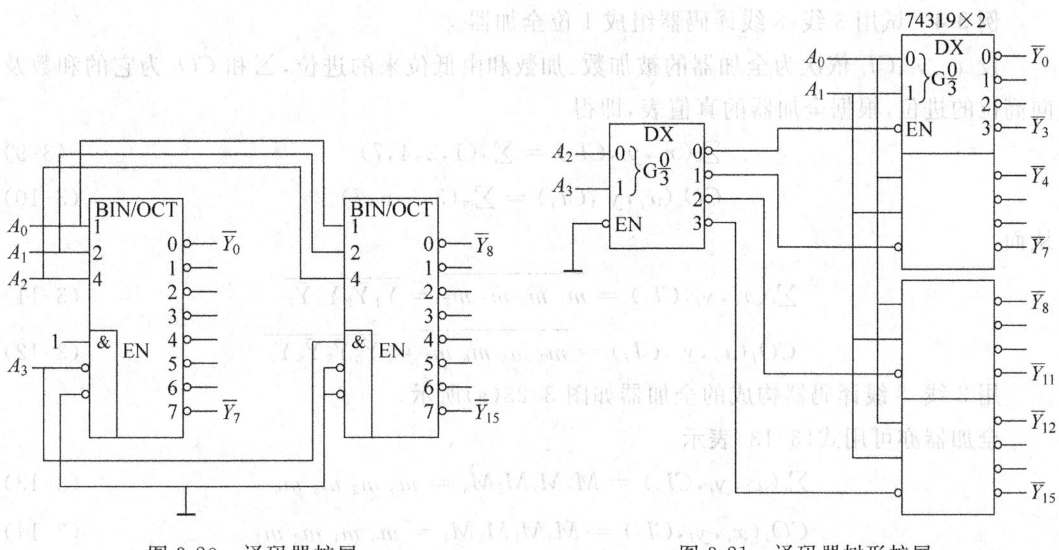

图 3-20　译码器扩展　　　　图 3-21　译码器树形扩展

(2) 作串行数据输入端，用译码器实现数据分配器功能。

如图 3-22(a)所示为 8 路数据分配器的示意图，表示将 8 位的串行数据信号通过译码器送出。图3-22中的开关位置由地址信号$A=A_2A_1A_0$决定，其功能表如表3-7所示。对照表3-6可得这一数据分配器的逻辑图，如图3-22(b)所示。当$A_2A_1A_0=000$时，若$D=1$，则译码器处于禁止状态，$\bar{Y}_0=1$；若$D=0$时，显然$\bar{Y}_0=0$，从而实现了将D传送到$\bar{Y}_0$端即D_0的目的。由于变量译码器可以不附加任何元件实现数据分配，故有时也把它称作数据分配器，并称A为地址变量。数据分配器常用定性符DE-MUX表示。

表3-7　数据分配器

A_2	A_1	A_0	功　能
0	0	0	$D\to D_0$
0	0	1	$D\to D_1$
0	1	0	$D\to D_2$
0	1	1	$D\to D_3$
1	0	0	$D\to D_4$
1	0	1	$D\to D_5$
1	1	0	$D\to D_6$
1	1	1	$D\to D_7$

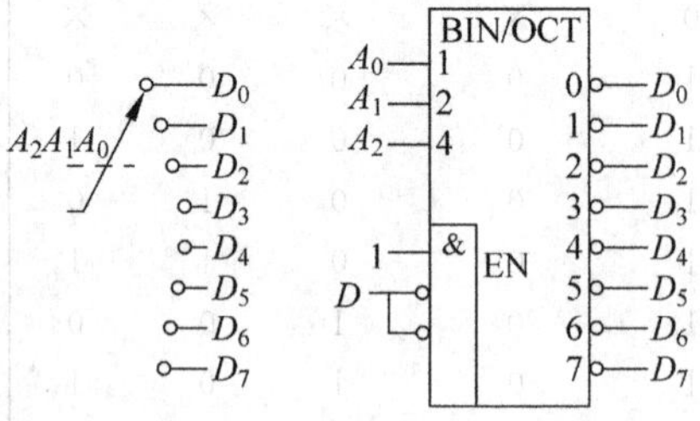

图3-22　数据分配器

(3) 作取样脉冲输入端，消除译码器由于竞争冒险在输出端产生的尖峰干扰。

2. 用变量译码器实现任意组合逻辑电路

变量译码器的应用十分广泛，除了上述功能之外，还可作逻辑函数发生器，以实现任意逻辑函数。

利用译码器$\bar{Y}_i=\bar{m}_i$，辅以适当SSI门电路，便可实现任何组合逻辑函数的标准"与或"式，或者标准"或与"式。

例3-4　试用3线-8线译码器组成1位全加器。

设x_i、y_i、CI_i依次为全加器的被加数、加数和由低位来的进位，Σ和CO_i为它的和数及向高位的进位，根据全加器的真值表，即得

$$\Sigma_i(x_i,y_i,CI_i)=\Sigma_m(1,2,4,7) \tag{3-9}$$

$$CO_i(x_i,y_i,CI_i)=\Sigma_m(3,5,6,7) \tag{3-10}$$

从而

$$\Sigma_i(x_i,y_i,CI_i)=\overline{\bar{m}_1\ \bar{m}_2\ \bar{m}_4\ \bar{m}_7}=\overline{\bar{Y}_1\bar{Y}_2\bar{Y}_4\bar{Y}_7} \tag{3-11}$$

$$CO_i(x_i,y_i,CI_i)=\overline{\bar{m}_3\ \bar{m}_5\ \bar{m}_6\ \bar{m}_7}=\overline{\bar{Y}_3\bar{Y}_5\bar{Y}_6\bar{Y}_7} \tag{3-12}$$

用3线-8线译码器构成的全加器如图3-23(a)所示。

全加器亦可用式(3-13)表示

$$\Sigma_i(x_i,y_i,CI_i)=M_0M_3M_5M_6=\bar{m}_0\ \bar{m}_3\ \bar{m}_5\ \bar{m}_6 \tag{3-13}$$

$$CO_i(x_i,y_i,CI_i)=M_0M_1M_2M_4=\bar{m}_0\ \bar{m}_1\ \bar{m}_2\ \bar{m}_4 \tag{3-14}$$

从而全加器的逻辑图如图3-23(b)所示。

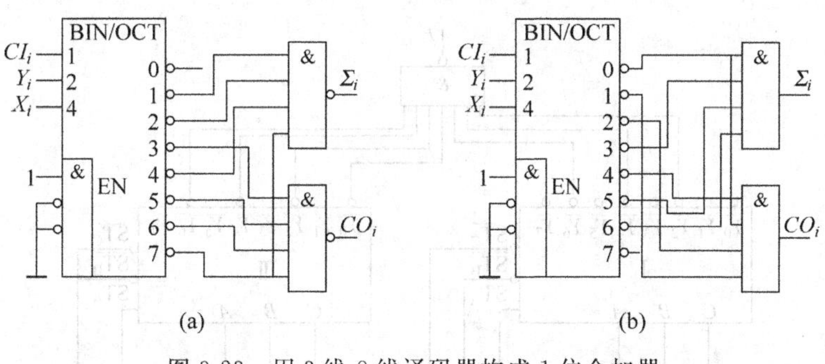

图 3-23　用 3 线-8 线译码器构成 1 位全加器

例 3-5　试用 3 线-8 线译码器和 4 位加法器构成 1 位 8421 BCD 码加法器。

1 位 8421 BCD 码加法器的原理在前面的章节中已经详细地阐述过，设计的思路关键是修正电路如何实现。由前可知，鉴于

$$C = CO_3 + C_{F>9}$$

且

$$C_{F>9}(F_3F_2F_1) = F_3F_2 + F_3F_1 = \sum_m(5,6,7) = \prod_M(0,1,2,3,4)$$

由此得如图 3-24 所示电路。当 $CO_3 = 1$ 时，$C = 1$；当 $CO_3 = 0$ 时，由 $C_{F>9}$ 决定 C 的取值。

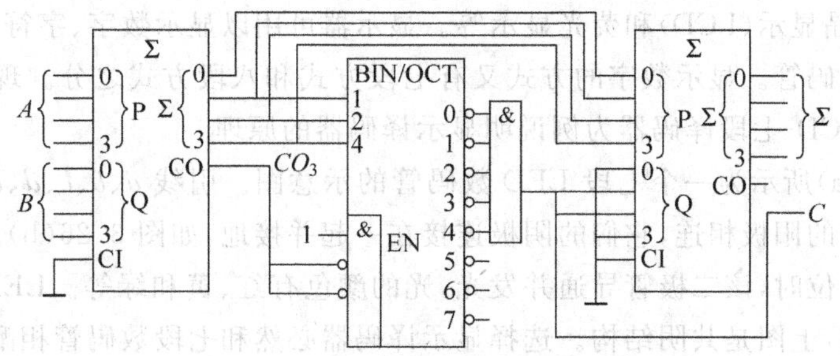

图 3-24　1 位 8421 BCD 码加法器

例 3-6　利用 74138 译码器和"与非"门实现逻辑函数

$$F(A,B,C,D) = \sum_m(2,4,6,8,10,12,14)$$

解：给定的逻辑函数有 4 个输入变量，显然应该将 3 线-8 线译码器扩展为一个 4 线-16 线译码器，再利用"与非"门实现。

这里，借助 74138 的使能输入端来实现，其方法是用译码器的一个使能端作为变量输入端，将两个 3 线-8 线译码器扩展成一个 4 线-16 线译码器。同时，可将给定的函数变换为：

$$F(A,B,C,D) = \overline{\overline{m_2} \cdot \overline{m_4} \cdot \overline{m_6} \cdot \overline{m_8} \cdot \overline{m_{10}} \cdot \overline{m_{12}} \cdot \overline{m_{14}}}$$

然后，将逻辑变量 B、C 和 D 分别接至片Ⅰ和片Ⅱ的译码输入端，而逻辑变量 A 接至片Ⅰ的使能端 $\overline{ST_B}$ 和片Ⅱ的使能端 ST_A，将译码器中的其他使能端接有效电平。这样，当输入变量 $A=0$ 时，片Ⅰ工作，片Ⅱ被禁止，产生 $\overline{m_0} \sim \overline{m_7}$；当 $A=1$ 时，片Ⅱ工作，片Ⅰ被禁止，产生 $\overline{m_8} \sim \overline{m_{15}}$。将译码器输出中与函数相关的项进行"与非"运算，即可实现给定函数的功能，其逻辑电路如图 3-25 所示。

3. 显示译码器

在数字系统中，经常需要将译码输出显示成十进制数字或其他符号。所以，希望译码器

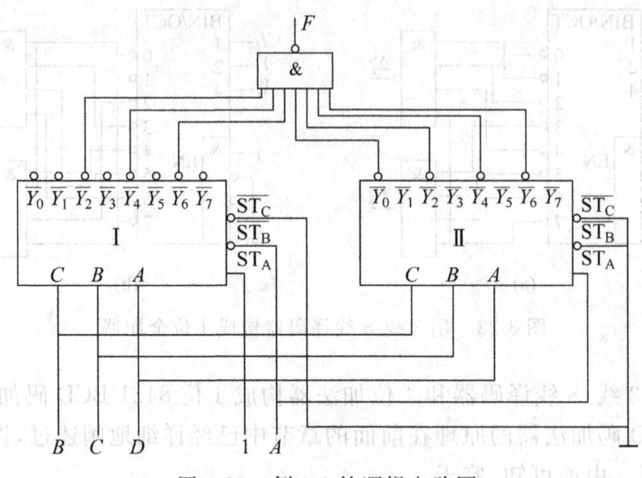

图 3-25　例 3-6 的逻辑电路图

能直接驱动数字显示器,或者能同显示器配合使用。显示译码器就是用于驱动显示器件的逻辑模块。

显示译码器随显示器件的类型而异。就显示器件的发光原理而言,可分为发光二极管显示(LED)、液晶显示(LCD)和荧光显示等。显示器可用以显示数字、字符等。用以显示数字的器件称为数码管。显示数字的方式又有七段方式和八段方式之分。现以驱动 LED 的数码显示器的 BCD-七段译码器为例说明显示译码器的原理。

如图 3-26(a)所示为一个七段 LED 数码管的示意图。引线 a、b、c、d、e、f、g 分别与相应的发光二极管的阳极相连,它们的阴极连接在一起并接地,如图 3-26(b)所示。当某二极管的阳极为高电位时,该二极管导通并发光,光的颜色有红、黄和绿等。LED 数码管有共阴和共阳两种结构,上图是共阴结构。选择显示译码器必然和七段数码管相配合,译码器输出高电平驱动显示器时,需选用共阴极接法的数码管;译码器输出低电平驱动显示器时,需选用共阳极接法的数码管。

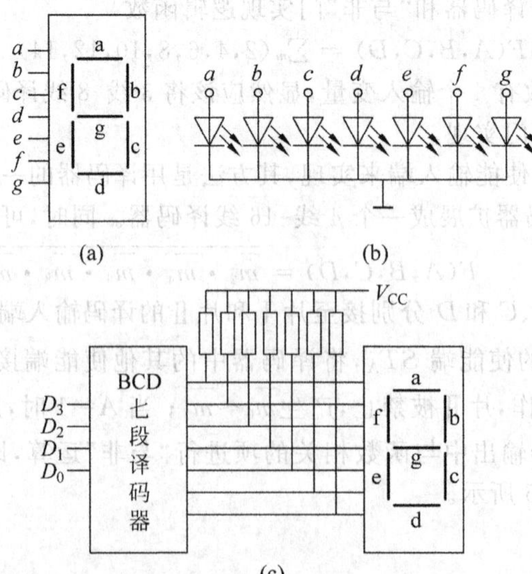

图 3-26　译码显示器

发光二极管正向工作电压约为2V，驱动电流需要几毫安至十几毫安。为了防止发光二极管因过流而损坏，使用时每个二极管支路均应串接限流电阻进行保护。

BCD-七段译码显示器的输入是1位8421 BCD码 $D_3D_2D_1D_0$。显示器的输出驱动数码管的各阳极。若 $D_3D_2D_1D_0=0000$，则 $a=b=c=d=e=f=1, g=0$。由此可得表3-8。由真值表不难设计出相应的显示译码器。

表3-8　BCD-七段译码器真值表

D_3	D_2	D_1	D_0	a	b	c	d	e	f	g	数码
0	0	0	0	1	1	1	1	1	1	0	0
0	0	0	1	0	1	1	0	0	0	0	1
0	0	1	0	1	1	0	1	1	0	1	2
0	0	1	1	1	1	1	1	0	0	1	3
0	1	0	0	0	1	1	0	0	1	1	4
0	1	0	1	1	0	1	1	0	1	1	5
0	1	1	0	1	0	1	1	1	1	1	6
0	1	1	1	1	1	1	0	0	0	0	7
1	0	0	0	1	1	1	1	1	1	1	8
1	0	0	1	1	1	1	1	0	1	1	9

图3-26(c)给出了显示译码器与数码管的连接方法，图3-26(c)中的各电阻是上拉电阻。许多译码器的内部已经配置了上拉电阻，这时，外部就不必再接入上拉电阻。

3.2.4　数据选择器

和变量译码器一样，数据选择器也是一种应用广泛的通用逻辑器件。

数据选择器又称为多路选择器，它是一种多输入单输出的组合逻辑电路，完成从多路输入数据中选择一路送至输出端的功能，即在地址信号控制下，从多路输入信息中选择其中的某一路信息作为输出。数据选择器信息的输入通道数 $K\leqslant 2^n$，其中 n 为地址信号的输入端数。数据选择器的名称就是根据数据输入端数和输出端数来命名的。

4选1数据选择器可以用图3-27(a)来表示。其中MUX是定性符，表明这是数据选择器。这里 A_1、A_0 常称为地址输入，$D_3D_2D_1D_0$ 称为数据输入。

1. 典型数据选择器

如图3-27(b)所示为一个8选1数据选择器，其功能表如表3-9所示。当 $\overline{\mathrm{ST}}$ 为低电平时，数据选择器处于工作状态，且

$$
\begin{aligned}
Y &= \overline{A}_2\overline{A}_1\overline{A}_0D_0+\overline{A}_2\overline{A}_1A_0D_1+\overline{A}_2A_1\overline{A}_0D_2+\overline{A}_2A_1A_0D_3 \\
&\quad +A_2\overline{A}_1\overline{A}_0D_4+A_2\overline{A}_1A_0D_5+A_2A_1\overline{A}_0D_6+A_2A_1A_0D_7 \\
&= \sum_{i=0}^{7}m_iD_i \qquad (3\text{-}15)
\end{aligned}
$$

$$
\overline{W}=\overline{Y} \qquad (3\text{-}16)
$$

其中，Y 和 $\overline{W}$ 为互补输出，Y 称为原码输出，$\overline{W}$ 称为反码输出。74151是具有上述功能的集

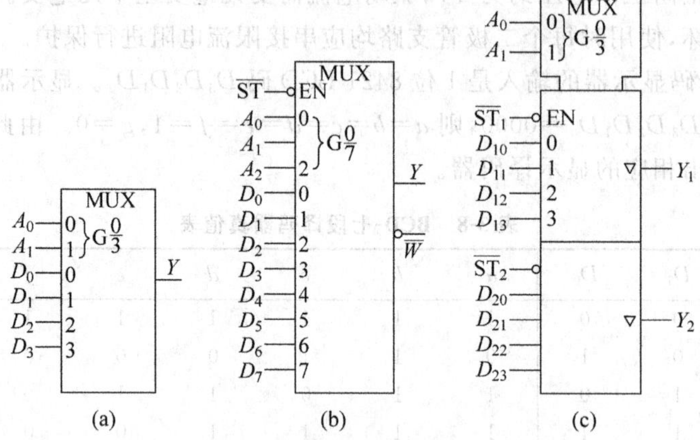

图 3-27　数据选择器的逻辑符号

成芯片。如图 3-27(c)所示为双 4 选 1 数据选择器 74253 的逻辑符号。它分为上、下两部分。上部称为公共控制框,公共控制信号列于它的左侧,如果有公共的输出信号,将列于它的右侧。下部分为两个小框,它们是受公共控制信号控制的两个单元,MUX 说明这两个单元均为数据选择器,▽表示三态输出。因为两个单元是完全相同的,故第二单元内未标注任何符号。

表 3-9　8 选 1 MUX 的功能表

输入				输出	
$\overline{ST}$	A_2	A_1	A_0	Y	$\overline{W}$
1	×	×	×	0	1
0	0	0	0	D_0	$\overline{D}_0$
0	0	0	1	D_1	$\overline{D}_1$
0	0	1	0	D_2	$\overline{D}_2$
0	0	1	1	D_3	$\overline{D}_3$
0	1	0	0	D_4	$\overline{D}_4$
0	1	0	1	D_5	$\overline{D}_5$
0	1	1	0	D_6	$\overline{D}_6$
0	1	1	1	D_7	$\overline{D}_7$

当$\overline{ST_1}=\overline{ST_2}=0$ 时,$Y_1=m_iD_{1i}$,$Y_2=m_iD_{2i}$。

当$\overline{ST_1}=1$ 时,Y_1 为高阻;当$\overline{ST_2}=1$ 时,Y_2 为高阻。

2. 数据选择器的扩展

利用使能端可以方便地实现数据选择器的扩展,如图 3-28(a)所示为用双 4 选 1 数据选择器扩展成一个 8 选 1 数据选择器的例子。如图 3-28(b)所示为用 5 个 4 选 1 模块构成了一个 16 选 1 模块,这种扩展就是树形扩展。这个例子中应用了另一种双 4 选 1 数据选择器 74153,读者应该熟练地掌握。

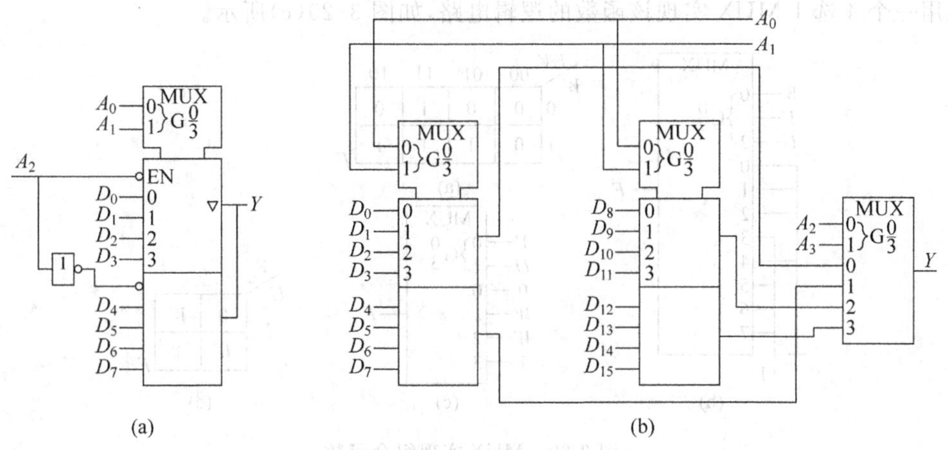

图 3-28　数据选择器的扩展

3. 用 MUX 实现组合逻辑函数

对于有 n 个地址变量的 2^n 选 1 MUX 来说，它的输出

$$Y(A_{n-1},A_{n-2},\cdots,A_0)=\sum_{i=0}^{2^n-1}m_iD_i \tag{3-17}$$

同时，n 个输入变量的组合函数的最小项表达式为

$$F(x_{n-1},x_{n-2},\cdots,x_0)=\sum_{i=0}^{2^n-1}m_ia_i \tag{3-18}$$

这里，$a_i=0$ 或 $a_i=1$，对于 $F(x_2,x_1,x_0)=\sum_m(0,1,3,6)$ 来说，$a_0=a_1=a_3=a_6=1$，$a_2=a_4=a_5=a_7=0$。对上述两式进行比较，令组合函数的自变量为 MUX 的地址变量，且由组合函数的最小项表达式决定 a_i 的值，并令 $D_i=a_i$ 即可用 MUX 实现该组合函数。

例 3-7　试用 8 选 1 MUX 实现 $F(U,V,W)=\overline{U}VW+U\overline{V}W+UV\overline{W}+UVW$。

由上式得 F 的卡诺图，如图 3-29(a)所示，进而

$$F(U,V,W)=\sum\nolimits_m(3,5,6,7) \tag{3-19}$$

即

$$a_0=a_1=a_2=a_4=0,\quad a_3=a_5=a_6=a_7=1$$

从而令

$$D_0=D_1=D_2=D_4=0,\quad D_3=D_5=D_6=D_7=1$$

即得逻辑电路如图 3-29(b)所示。

例 3-8　试用一个 4 选 1 MUX 实现例 3-7 中的函数。

此例中，函数的自变量数为 3，MUX 的地址变量数为 2，所以必然从 3 个自变量中选择 2 个作为地址变量，进而求出 $a_3a_2a_1$ 和 a_0。

设 U 和 V 为地址变量。由于

$$\begin{aligned}F(U,V,W)&=\overline{U}VW+U\overline{V}W+UV\overline{W}+UVW\\&=UV\cdot 0+\overline{U}V\cdot W+U\overline{V}\cdot W+UV(\overline{W}+W)\\&=m_0\cdot 0+m_1\cdot W+m_2\cdot W+m_3\cdot 1\end{aligned}$$

由此用一个4选1 MUX实现该函数的逻辑电路,如图3-29(c)所示。

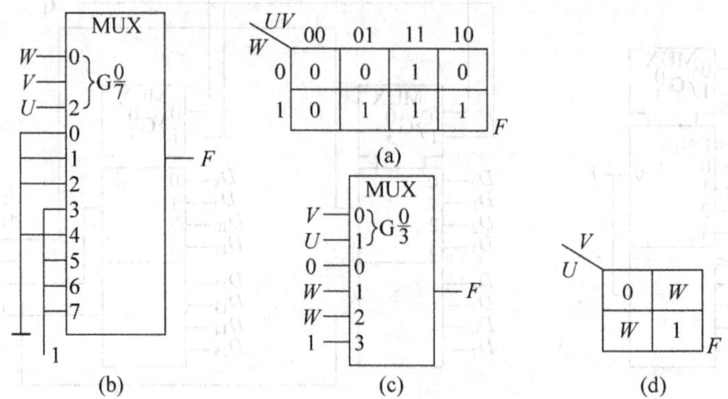

图3-29　MUX实现组合函数

上述寻求 $a_3a_2a_1a_0$ 的方法也可用卡诺图的方法来代替。该函数的卡诺图如图3-29(a)所示。由图3-29可见,当 $UV=00$ 时,不管 W 为何值,函数值必为0。当 $UV=01$ 和10时,函数值决定于 W 的值,即 $W=0, F=0$; $W=1, F=1$,从而 $F=W$。当 $UV=11$ 时,$F=1$。由此,可以画出卡诺图,如图3-29(d)所示。由图3-29得,$a_0=0, a_1=a_2=W, a_3=1$。

可知,3变量的卡诺图对应了三维空间,也称三维卡诺图。用二维卡诺图描述3变量函数称为卡诺图降维。降维的公式是 $\overline{X}F+XG$,其中,X 是欲降维的变量,F 是当变量 $X=0$ 时,对应的函数值,而 G 是当变量 $X=1$ 时,对应的函数值。在上述例题中,二维卡诺图的小方格中不但可填有0、1,而且可填有变量,这称为变量进入卡诺图。更进一步地,表达式也可进入卡诺图。

例3-9　分析如图3-30所示的由8选1数据选择器组成的电路的逻辑功能。

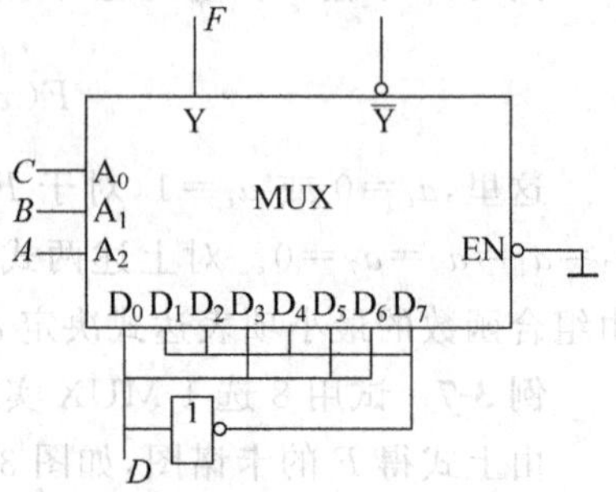

图3-30　例3-9的逻辑电路图

解:由给定的逻辑图,可以写出输出表达式如下:

$$F=m_0D+m_1\overline{D}+m_2\overline{D}+m_3D+m_4\overline{D}+m_5D+m_6D+m_7\overline{D}$$

由输出表达式列出真值表,如表3-10所示。

表3-10　例3-10的真值表

输入				输出	输入				输出
A	B	C	D	F	A	B	C	D	F
0	0	0	0	0	1	0	0	0	1
0	0	0	1	1	1	0	0	1	0
0	0	1	0	1	1	0	1	0	0
0	0	1	1	0	1	0	1	1	1
0	1	0	0	1	1	1	0	0	0
0	1	0	1	0	1	1	0	1	1
0	1	1	0	0	1	1	1	0	1
0	1	1	1	1	1	1	1	1	0

由真值表可知，当输入变量中有奇数个取值为1时，输出为1；当输入变量中有偶数个取值为1时，输出为0。所以，这个逻辑电路是一个4位奇校验代码检测电路，奇校验代码正确输出为1，否则输出为0。

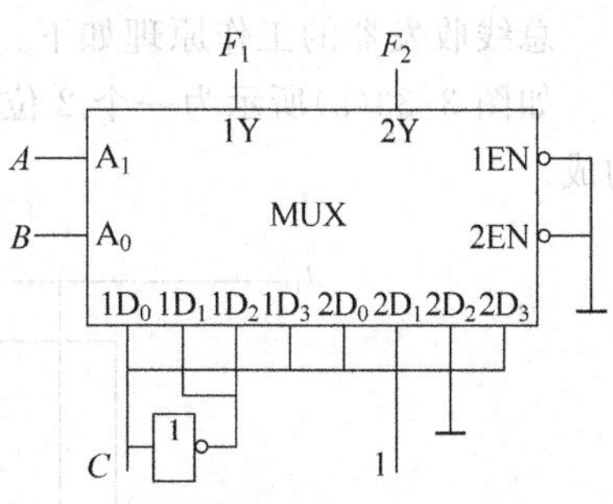

图3-31　例3-10的逻辑电路图

例3-10　分析如图3-31所示的由双4选1数据选择器组成电路的逻辑功能。

解：由给定的逻辑电路图，写出输出表达式

$$F_1 = m_0C + m_1\overline{C} + m_2\overline{C} + m_3C$$

$$F_2 = m_0C + m_1 + m_3C$$

由输出表达式，列出真值表如表3-11所示。

表3-11　例3-10的真值表

输入			输出		输入			输出	
A	B	C	F_2	F_1	A	B	C	F_2	F_1
0	0	0	0	0	1	0	0	0	1
0	0	1	1	1	1	0	1	0	0
0	1	0	1	1	1	1	0	0	0
0	1	1	1	0	1	1	1	1	1

结论：设输入是一位二进制数，从真值表可以看到，当$A=0$，而B、C中有一个为1时，$F_2=F_1=1$；当$A=0$，而B、C均为1时，$F_2=1$，$F_1=0$；当$A=1$，而B、C中有一个为1时，$F_2=F_1=0$；当$A=1$，而B、C均为1时，$F_2=F_1=1$。这种关系是符合$0-1=11$；$1-1=00$的减法运算规律。若A为被减数、B为减数、C为低位来的借位数，则这个电路就是用来实现一位二进制数的全减器电路，F_2是向高位的借位，而F_1则是全减的差。

3.2.5　总线收发器

在如图3-32(a)所示电路中有3个设备X、Y和Z。X与Y、X与Z之间经常要交换数据，这些数据都是2位。当由X向Y传送数据时，D_{X1}、D_{X0}是输出端，D_{Y1}、D_{Y0}是输入端，数据经引线D_1、D_0由D_{X1}、D_{X0}送入D_{Y1}、D_{Y0}，这时D_{Z1}、D_{Z0}应呈高阻态；当由Z向X传递数据时，D_{Z1}、D_{Z0}是输出端，D_{X1}、D_{X0}是输入端，数据经引线D_1、D_0由D_{Z1}、D_{Z0}送入D_{X1}、D_{X0}，这时D_{Y1}、D_{Y0}应呈高阻态。由于数据传送都是经由引线D_1、D_0完成的，故称D_1、D_0为数据总线，且为双向总线，称为数据总线D。总线传输的数据的位数称为总线宽度，从而图3-32(a)可以画成图3-32(b)。为使X、Y、Z可经D完成数据的收发，在X、Y、Z与总线之间均安装了总线收发器这一逻辑模块。

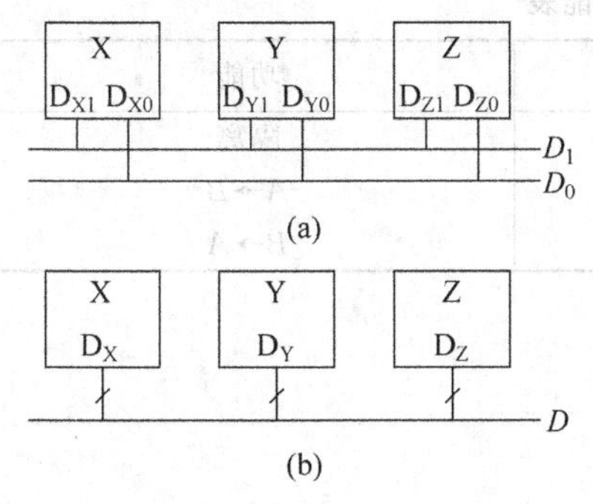

图3-32　数据总线

总线收发器的工作原理如下：

如图3-33(a)所示为一个2位的总线收发器，它由4个三态传输门和另外2个门电路构成。

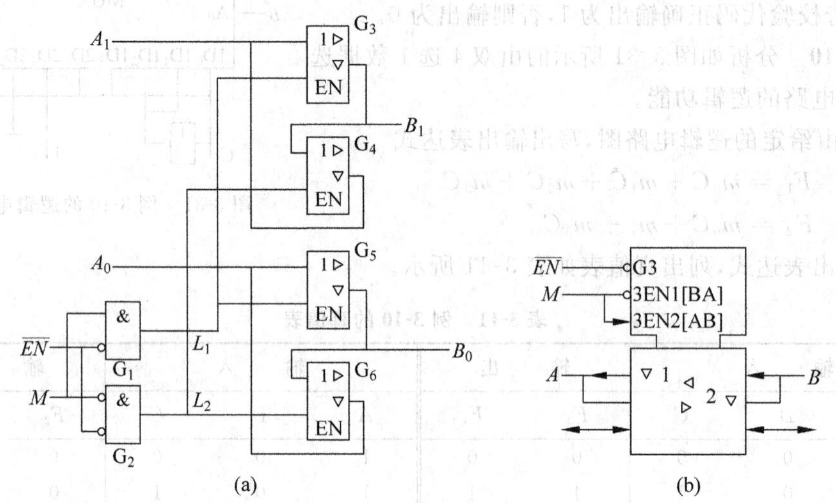

图3-33　二双向总线收发器

当$\overline{EN}$为高电平时，L_1和L_2为低电平，$G_3 \sim G_6$均为禁止工作方式，A_1和B_1是隔离的。A_0和B_0也是隔离的。

当$\overline{EN}$为低电平，M为高电平时，L_1为高电平，L_2为低电平，G_3、G_5为传输工作方式，信号由A_1、A_0经G_3、G_5流向B_1、B_0；G_4、G_6为禁止工作方式。

当$\overline{EN}$为低电平，M为低电平时，L_2为高电平，L_1为低电平，信号由B_1、B_0经G_4、G_6流向A_1、A_0。表3-12是它的功能表。如图3-33(b)所示是这一收发器的逻辑符号。$\overline{EN}$为低电平有效。当$\overline{EN}$有效时，考察M，当M为低电平时，引入使能输入$EN1$，信号流向为$B \rightarrow A$，下框中的◁及▽指出了流向并表明三态输出。当M为高电平时，引入使能输入$EN2$，信号流向为$A \rightarrow B$。

表3-12　双向总线收发器功能表

$\overline{EN}$	M	功能
H	X	隔离
L	H	$A \rightarrow B$
L	L	$B \rightarrow A$

3.3　应用实例

从更广义上说，设计数字电路的方法是多种多样的，不拘束于固定的模式，往往取决于设计者的经验和应用器件的能力。不同的设计对象、不同的实现手段可采用不同的设计方法；反过来，同一设计对象也可采用不同的设计方法或设计思路，进而得到不同的设计结果。

对于数字电路的设计过程可以概括为两个阶段：由逻辑功能的文字描述到某种形式的逻辑描述之间的变换以及各种逻辑描述之间的变换。真值表、逻辑方程、逻辑框图以及逻辑图都是逻辑描述的工具。设计方法的不同本质上表现为设计师采用的描述工具的不同以及对于待设计电路的逻辑功能的理解角度的不同。

对于初学者来说，可按下列设计步骤进行。

(1) 分析给定逻辑命题的因果关系，进行逻辑抽象。设定输入变量和输出函数符号，并进行逻辑赋值，列出真值表。

这一步是组合逻辑电路设计最关键的一步，设计者必然对文字描述的逻辑命题有一个全面的理解，对每一种可能的情况都能作出正确的判断。以事件发生的条件作为电路输入变量，事件发生的结果作为电路的输出函数，根据命题的因果关系列出真值表。

(2) 根据真值表对逻辑函数进行优化，使所用集成电路块数最少。

在组合逻辑电路设计中，逻辑函数的优化在用门电路实现和用集成芯片实现，采取的方法是不同的。在用门电路设计组合逻辑电路时，最优化设计就是用最简函数式实现的逻辑图。所以在设计时，首先进行逻辑函数的化简，使得所用的门电路的个数和类型尽可能少一些；在用集成芯片设计组合逻辑电路时，最优化设计是要合理选用集成芯片的类型，而不是寻求最简函数式。

(3) 画出对应的逻辑电路图。

表3-13给出了部分常用器件，供读者参考。

表3-13　常用组合逻辑器件

器　件	类　型		型　号
全加器	2位进制		74LS82
	4位进制		74LS83,74HC283.CD4008B
	BCD码		CD4008B
数值比较器	4位		74LS85,74HC85,CD4063B
	8位		74LS521
	8位(OC)输出		74LS522
优先译码器	10线-4线	输出低电平有效	74LS147,74HC147,74HCT147
		输出高电平有效	CD40147B
	8线-3线	输出低电平有效	74LS48,74HC148
		三态输出低电平有效	74LS348
数据选择器	8选1	同相输出	74LS151,74HC151,CD4051B
		三态输出	74LS251,74HC251,74HCT251
	双4选1	同相输出	74LS153,74HC153,CD4052B
		三态输出	74LS253,74HC253,74HCT253
	四2选1	同相输出	74LS157,74HC157,74HCT157
		反相输出	74LS158,74HC158,74HCT158
		三态输出	74LS257,74HC257,74HCT257

续表

器　件	类　型		型　号
	4线-16线	输出低电平有效	74LS154,74HC154,CD1515B
		输出高电平有效	CD4510B
	3线-8线	输出低电平有效	74LS5138,74HC138,74HCT138
		三态输出	74LS538
	双2线-4线	输出低电平有效	74LS139,74HC139,74HCT138
		三态输出	74LS539
	BCD-七段码	OC输出高电平有效	74LS46,74LS47
		输出高电平有效	CD4055B
		OC输出高电平有效	74LS49
		输出高电平有效,内部上拉输出	74LS49
	BCD-十进制(4线-10线)	输出低电平有效	74LS42,74HC42,74HTC42
		输出高电平有效,无驱动	CD4028B
		三态输出,无驱动	74LS537

下面举一些例子对组合电路的设计方法进行介绍。

例3-11　设计一个如图3-34(a)所示的并行补码变换器。变换器的输入是原码,S为符号位,$B=B_3B_2B_1B_0$为数值位,输出为相应的补码$F=F_3F_2F_1F_0$。

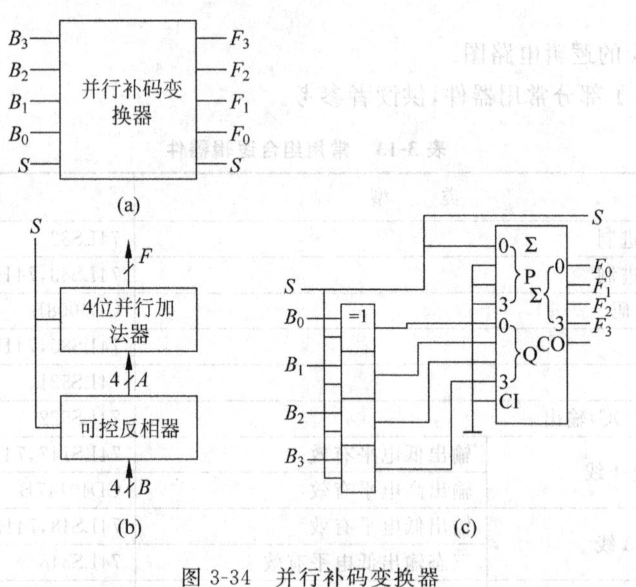

图3-34　并行补码变换器

如图3-34(a)和图3-34(c)所示是一个5输入和5输出的电路,可列出真值表进行设计。但也可从另一角度考虑。当$S=1$时,可先对输入B的各位求反,构成B的反码,$A=\overline{B}_3\overline{B}_2\overline{B}_1\overline{B}_0$,然后对反码加1,变换成补码。当$S=0$时,则不必对输入求反,也不必加1。无论何种情况符号位总是不变。为此需要一个可控的反相器和一个加法器,如图3-34(b)所示。其中,反相器应由S控制,$S=0$时,$A_i=B_i$,$i=0,1,2,3$;$S=1$时,$A_i=\overline{B}_i$,$i=0,1,2,3$。可实现这一功能的模块是四异或门,例如7486。加法器也应受S控制。$S=0$时,$F=A$;$S=1$时,$F=A$加1,即$F=A$加S。由此得图3-34(c)所示的逻辑图。

例 3-12 试设计一个二进制加/减运算电路，如图 3-35(a)所示。操作数$[A]_{原}=A_3A_2A_1A_0$，$[B]_{原}=B_3B_2B_1B_0$，均为无符号二进制原码。运算结果用原码表示，$F=F_3F_2F_1F_0$为数值位，表示绝对值；S为符号位。M为加/减控制信号，当$M=0$时，电路进行加法运算，结果为$A+B$，且不会发生溢出，也不考虑向高位的进位；$M=1$时，进行减法运算，结果为$A-B$。

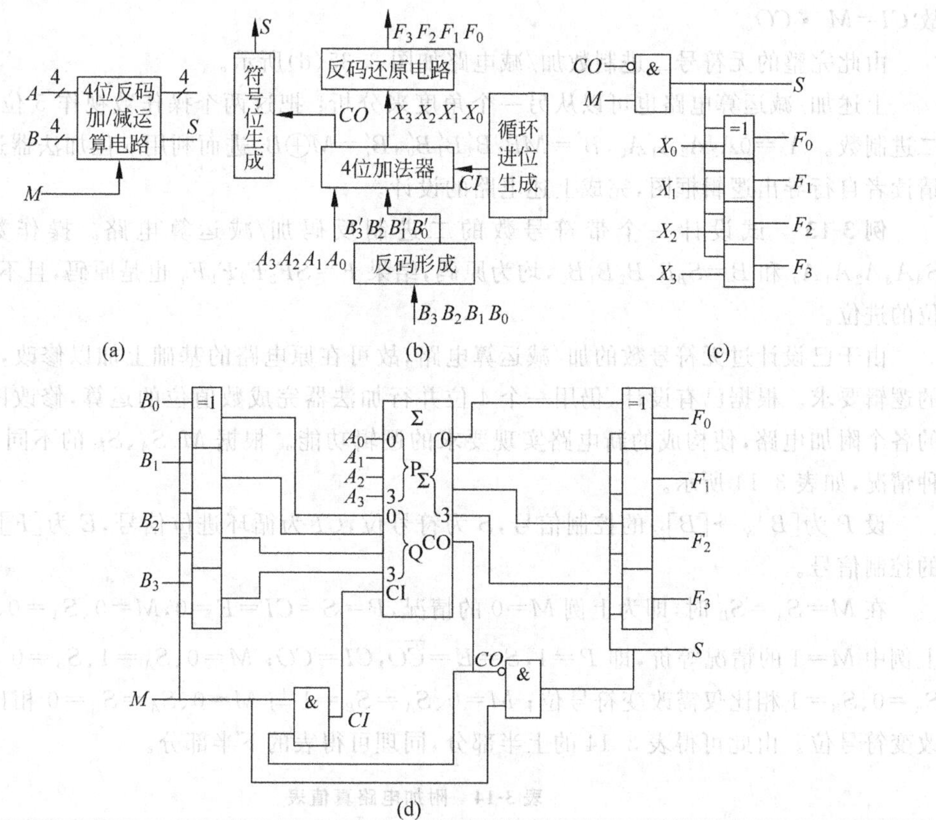

图 3-35 无符号二进制加/减电路

分析可知，当$M=0$时，$[F]_{原}=[A]_{原}+[B]_{原}$，因A、B均为4位二进制数，故可用4位并行加法器实现，且$S=0$。

当$M=1$时，可利用反码运算规则实现减法运算$[F]_{反}=[A]_{原}+[B]_{反}$，进而由$[F]_{反}$变换成$[F]_{原}$；$[A]_{原}+[B]_{反}$也可用一个4位并行加法器实现，但是必然增加一些附加电路：$[B]_{原}\rightarrow[B]_{反}$变换器、符号位生成电路、循环进位生成电路以及把反码还原成原码的电路。由此，这种加/减运算电路的框图应如图 3-35(b)所示。至此，经过分析，设计对象已分解为4位加法器和若干附加电路。其中，4位加法器有标准模块可选。导出这些附加电路。

由于仅当$M=1$时，$[B]_{原}$才变换成$[B]_{反}$，可利用M作为变换控制信号，参考上例即可画出实现$[B]_{原}\rightarrow[B]_{反}$的电路。

设$[A]_{原}+[B]_{反}$的结果为$COX_3X_2X_1X_0$。不难验证：

(1) 当$|A|>|B|$时，$CO=1$，$F_3F_2F_1F_0=X_3X_2X_1X_0$，且$S=0$。

(2) 当$|A|\leqslant|B|$时,$CO=0$,$F_3F_2F_1F_0=\overline{X}_3\overline{X}_2\overline{X}_1\overline{X}_0$,且$S=1$。

考虑到$M=0$时,$S=0$,故符号位$S=M\cdot\overline{CO}$。

由于仅当$S=1$时,才进行$[F]_反\to[F]_原$,则符号位产生电路和$[F]_反\to[F]_原$变换器应如图 3-35(c)所示。

(3) 考虑到仅当$M=1$时,CO才能反馈到 4 位加法器的进位输入端作为循环进位CI,故$CI=M\cdot CO$。

由此完整的无符号二进制数加/减电路如图 3-35(d)所示。

上述加/减运算电路也可以从另一个角度来分析:把这两个操作数视作 5 位带符号的二进制数。$A'=0A_3A_2A_1A_0$,$B'=MB'_3B'_2B'_1B'_0$,$B'_i=M\oplus B_i$进而利用 5 位加法器进行设计。请读者自行导出逻辑框图,完成上述电路的设计。

例 3-13　试设计一个带符号数的二进制反码加/减运算电路。操作数为$A=S_AA_3A_2A_1A_0$和$B=S_BB_3B_2B_1B_0$,均为原码,结果$F=SF_3F_2F_1F_0$也是原码,且不考虑向高位的进位。

由于已设计过无符号数的加/减运算电路,故可在原电路的基础上加以修改,以满足新的逻辑要求。根据已有设计,仍用一个 4 位并行加法器完成数值位的运算,修改图 3-35 中的各个附加电路,使构成的新电路实现要求的逻辑功能。根据M、S_A、S_B的不同,可分成 8 种情况,如表 3-14 所示。

设P为$[B]_原\to[B]_反$的控制信号,S为符号位,CI为循环进位信号,E为$[F]_反\to[F]_原$的控制信号。

在$M=S_A=S_B$时,即为上例$M=0$的情况,$P=S=CI=E=0$,$M=0$、$S_A=0$、$S_B=1$与上例中$M=1$的情况等价,即$P=1$,$S=E=\overline{CO}$,$CI=CO$;$M=0$、$S_A=1$、$S_B=0$与$M=0$、$S_A=0$、$S_B=1$相比仅需改变符号位;$M=0$、$S_A=S_B=1$与$M=0$、$S_A=S_B=0$相比,也仅需改变符号位。由此可得表 3-14 的上半部分,同理可得表的下半部分。

表 3-14　附加电路真值表

M	S_A	S_B	操　作	P	S	CI	E
0	0	0	$\|A\|+\|B\|$	0	0	0	0
	0	1	$\|A\|+[\|B\|]_反$	1	$\overline{CO}$	CO	$\overline{CO}$
	1	0	$-(\|A\|+[\|B\|]_反)$	1	CO	CO	$\overline{CO}$
	1	1	$-(\|A\|+\|B\|)$	0	1	0	0
1	0	0	$\|A\|+[\|B\|]_反$	1	$\overline{CO}$	CO	$\overline{CO}$
	0	1	$\|A\|+\|B\|$	0	0	0	0
	1	0	$-(\|A\|+\|B\|)$	0	1	0	0
	1	1	$-(\|A\|+[\|B\|]_反)$	1	CO	CO	$\overline{CO}$

根据表 3-14,可设计出由门电路构成的各种附加电路,如图 3-36 所示,其中$P=M\oplus S_A\oplus S_B$由四异或门 74S86 中的两个异或门完成;该 74S86 中的另一个异或门用以实现$\overline{CO}$;$S=S_A\cdot CO+(M\oplus S_B)\overline{CO}$、$E=\overline{CO}\cdot P$、$CI=CO\cdot P$中的 4 个与运算,则由四 2 输入与门 74S08 实现;74S32 是一片四 2 输入或门,1/4 74S32 即可实现表达式S中的或运算。在这一逻辑图中共应用了 6 片中、小规模集成芯片。

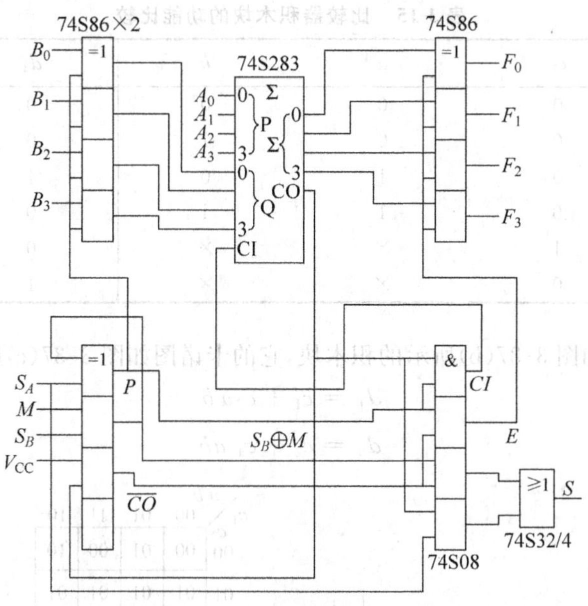

图 3-36　加/减运算电路之一

当设计对象是一块印刷电路板时，一般希望尽可能减少芯片数，以减少印刷电路板的面积，提高可靠性，降低成本。设计师经常要根据手册以及设计对象的实际情况，在不同的算法、不同的逻辑框图、不同的元件选择之间反复进行比较和权衡，以得到满足设计要求的逻辑图。

在例 3-13 中，逻辑设计是由已有的逻辑图，广义而言，是由已有的设计结果开始，根据用户要求，进行修改，直到满足总体功能为止。

例 3-13 所设计的电路是由若干个不同的模块构成的，这些模块由并行加法器和四异或门等。如果把待设计电路划分成若干功能相同或相似的模块，再设计一个标准模块——积木块，并用这一标准模块的拙劣构成待设计的电路，这章设计思想把它叫作积木块化设计。下面通过两个例子为这种方法作一简单介绍。

例 3-14　试设计一个 8 位的算术比较器，如图 3-37(a)所示。该比较器接收两个无符号二进制数 $A=a_7a_6a_5a_4a_3a_2a_1a_0$ 和 $B=b_7b_6b_5b_4b_3b_2b_1b_0$。当 $A>B$ 时，输出 $Z=1$；否则 $Z=0$。

对于这样一个电路，可以用两块 4 位比较器 7485 来实现，但还可以从另一个角度来分析这一电路的功能。显然，如果 $a_7>b_7$，则 Z 必为 1；如果 $a_7<b_7$，则 Z 必为 0；当 $a_7=b_7$ 时，Z 的取值将取决于 a_6 和 b_6，甚至更低位。在考察 a_6 和 b_6 或更低位 a_i 和 b_i 时，有如表 3-15 所示的各种情况。表 3-15 中 c_1c_2 描述了各高位的比较结果：$c_1c_2=00$ 表示各高位彼此均相等；$c_1c_2=10$ 表示由高位的比较即得 $A>B$；$c_1c_2=01$ 表示由高位的比较即得 $A<B$。$d_1d_2=00$ 表示各高位彼此均相等，本位 a_i 与 b_i 亦相等；$d_1d_2=10$ 表示 A 必大于 B；$d_1d_2=01$ 表示 A 必小于 B。

表 3-15　比较器积木块的功能比较

c_1	c_2	a	b	d_1	d_2
0	0	0	0	0	0
0	0	0	1	0	1
0	0	1	0	1	0
0	0	1	1	0	0
0	1	×	×	0	1
1	0	×	×	1	0

由此可以构成如图 3-37(b)所示的积木块,它的卡诺图如图 3-37(c)所示。由图 3-37 得

$$d_1 = c_1 + \bar{c}_2 a \bar{b} \tag{3-20}$$

$$d_2 = c_2 + \bar{c}_1 \bar{a} b \tag{3-21}$$

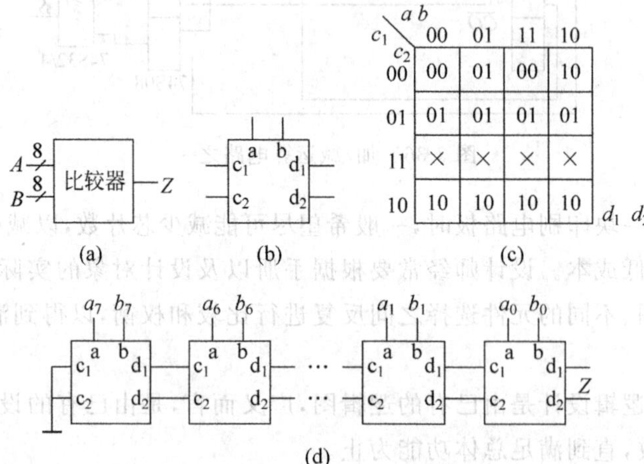

图 3-37　比较器的积木块

用 8 个这样的积木块级联起来即可构成 8 位的数值比较器,如图 3-37(d)所示,最后一个模块的输出端 d_1 即为输出 Z。用上述积木块可以方便地构成 16 位甚至更多位的比较器。

例 3-15　试设计如图 3-38(a)所示的 4 位并行乘法器,两个操作数为 $A=A_3A_2A_1A_0$,$B=B_3B_2B_1B_0$ 均为无符号数,所得之积为 $P=P_7P_6\cdots P_0$。

两个 4 位二进制数相乘的过程如下:

$$
\begin{array}{cccccccc}
 & & & & A_3 & A_2 & A_1 & A_0 \\
 & & & & B_3 & B_2 & B_1 & B_0 \\
\hline
 & & & & A_3B_0 & A_2B_0 & A_1B_0 & A_0B_0 \\
 & & & A_3B_1 & A_2B_1 & A_1B_1 & A_0B_1 & \\
 & & A_3B_2 & A_2B_2 & A_1B_2 & A_0B_2 & & \\
+ & A_3B_3 & A_2B_3 & A_1B_3 & A_0B_3 & & & \\
\hline
P_7 & P_6 & P_5 & P_4 & P_3 & P_2 & P_1 & P_0
\end{array}
$$

根据上述乘法过程,4 位并行乘法器可用如图 3-38(b)所示电路来实现。

门 G_1 实现 A_0B_0,得到 P_0;HA_1 接收 A_1B_0 及 A_0B_1,得到 P_1,并产生向高位的进位;

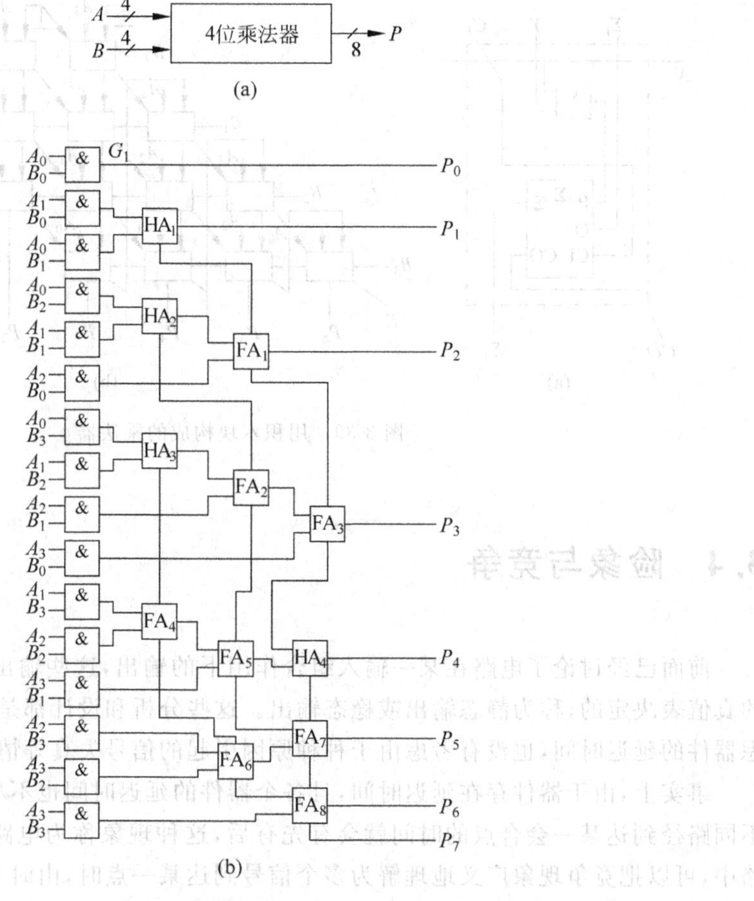

图 3-38　4 位乘法器的一种电路

HA_2 及 FA_1 实现 A_2B_0、A_1B_1 和 A_0B_2 的累加，并接收由 HA_1 来的进位，产生 P_2 以及向高位的进位；$P_3 \sim P_6$ 的产生过程与此相似，不再详述。

该电路共用 16 个与门、4 个半加器和 8 个全加器。为减少模块的品种，也可不用半加器而用 12 个全加器。即使这样，这个电路还将有与门及全加器两种模块组成。图 3-39(a) 给出了一个积木块，它可以同时完成与运算及全加运算。如图 3-39(b)所示是用这一积木块构成的 4 位乘法器。其中，各积木块的水平输入 X 由水平线标明，它们依次是 B_0、B_1、B_2 和 B_3。读者不难用这一积木块构成 8 位或更多位的乘法器。

这种设计方法本质上对应了一种阵列式的电路结构，本例是把积木块连接成二维阵列的例子。上例则是一维阵列的结构。前面讨论了译码器和数据选择器的树形扩展，它们是树形结构的一种应用，其中译码器和数据选择器都是一个积木块。

上述两例中的积木块都是专用的，仅供构成比较器或乘法器之用。任何组合逻辑电路都可以用与-或表达式来描述，进而用与-或电路来实现。如果构成由若干与门和一个或门组成的积木块，这一积木块本身将可以实现各种组合逻辑电路。把这种积木块构成阵列并集成在一片芯片上，这一芯片将可以构成较为复杂的组合逻辑电路。这种芯片将具有较大的通用性。

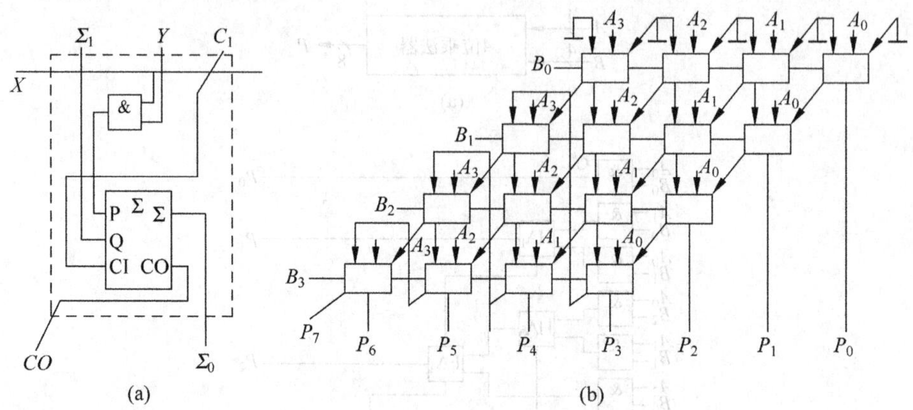

图 3-39　用积木块构成的乘法器

3.4　险象与竞争

前面已经讨论了电路在某一输入组合作用下的输出,这些输出与输入的关系是由电路的真值表决定的,称为静态输出或稳态输出。这些分析和设计都是在理想条件下,既没有考虑器件的延迟时间,也没有考虑由于种种原因引起的信号失真等情况。

事实上,由于器件存在延迟时间,且各个器件的延迟时间也不尽相同。各输入信号经过不同路径到达某一会合点的时间就会有先有后,这种现象称为电路发生了竞争。在逻辑电路中,可以把竞争现象广义地理解为多个信号到达某一点时,由时差所引起的现象。大多数组合逻辑电路均存在着竞争,有的竞争不会带来不良影响,有的竞争却会导致逻辑错误。

由于竞争的存在,当输入信号发生变化时,在输出跟随输入信号变化的过程中,电路输出发生瞬间错误的现象,称为组合逻辑电路产生了冒险。冒险现象表现为输出端出现了不按稳定规律变化的窄脉冲,俗称毛刺。此冒险信号的脉冲宽度仅为数十纳秒或更小。

本节将讨论毛刺产生的条件及消除的方法。

3.4.1　险象的分类

冒险按照产生形式的不同,分为静态冒险和动态冒险。

(1) 静态冒险。

对于一个组合电路,如果输入有变化而输出不应发生变化的情况下,出现了单个窄脉冲,称为电路产生了静态冒险。

(2) 动态冒险。

若输入信号发生变化时,输出也应有变化。但是,由于变化的输入信号通过三条或更多的、延迟时间不同的通路,以两种形式传送到输出级,则在输入信号产生变化引起输出也产生变化时,可能交替产生“0”型和“1”型冒险,这种冒险称为动态冒险。

可知,动态冒险是由静态冒险引起的,所以,存在动态冒险的电路也存在静态冒险。

同样地，静态冒险根据产生条件的不同，分为功能冒险和逻辑冒险。

(1) 功能冒险。

组合逻辑电路中，当有两个或两个以上输入信号同时产生变化时，在输出端产生了毛刺，这种冒险称为功能冒险。这是因为，两个或两个以上输入信号实际上是必然不能同时发生变化的，它们的变化总是有先有后的。

所以，组合逻辑电路产生功能冒险的条件是：

① 输入信号中，必然有两个或两个以上信号同时发生变化。

② 输入信号变化前、后的输出函数值相同。

③ 在变化的 P 个变量的 2^P 个各种可能取值组合下，对应的输出函数值既有 0 又有 1。

(2) 逻辑冒险。

组合逻辑电路中，当只有一个变量发生变化时出现的冒险，称为逻辑冒险。

3.4.2　不考虑延迟时的电路输出

设组成电路的各元件的 $t_{pd}=0$，加于输入端的各信号的 t_r 及 t_f 均为 0。考察如图 3-40(a)所示的电路，$F_1=D_1A+D_0\overline{A}_0$，加入电路的输入信号 D_0D_1A 的变化如图 3-40(b)的第 1、2、3 行所示。由 $X=\overline{A}$，可画出 X 的变化过程，同样，由 $Y=\overline{D_1A}$、$Z=\overline{D_0X}$ 以及 $F=\overline{ZY}$ 可依次画出图 3-40(a)中各点电平随时间变化的情况，称图 3-40(b)为电路各点的波形图。这一波形图给出了电路中各点的逻辑电平与输入电平之间的关系，它与真值表一样，是描述电路功能的一种常用形式。

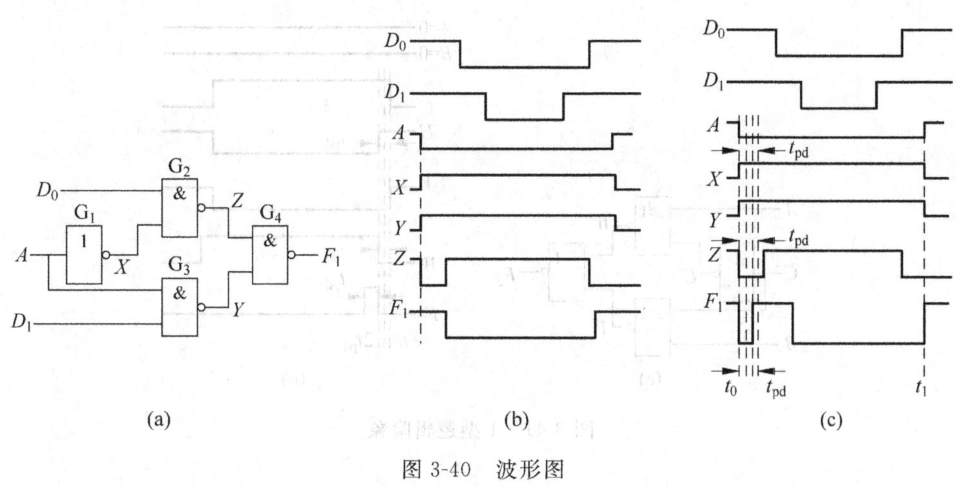

图 3-40　波形图

3.4.3　逻辑险象及其消除

考察电路中各门电路有传输延迟的情况。设电路中各门的延迟均为 t_{pd}，输入信号的 $t_r=0$，$t_f=0$。

设加于如图 3-40(a)所示电路的输入信号仍如图 3-40(b)的前 3 行所示；为明晰起见，

重画于图3-40(c)的前3行。输入信号A在$t=t_0$时,由1变0。由于G_1有传输延迟t_{pd},故X由0变1的时间为t_0+t_{pd},即延迟了t_{pd}。同理,Y由0变1的时间也延迟了t_{pd},如图3-40(c)的第4、5行所示。又由于G_2的延迟,使Z由1变0的时间发生在t_0+2t_{pd}。注意,在t_0+t_{pd}到t_0+2t_{pd}的时间间隔内,$Y=Z=1$,所以由$F_1=\overline{YZ}$,并考虑到G_4的延迟,使F_1在t_0+2t_{pd}到t_0+3t_{pd}的时间间隔内,逻辑电平为0。在这一段时间间隔内$D_1=D_0=1$,因为$F_1=D_1A+D_0\overline{A}$,故$F_1=A+\overline{A}$,应恒为1。但在考虑门电路延迟的情况下,F_1出现了宽度为t_{pd}的瞬时的负向错误输出。这一错误输出,即为所说的险象或毛刺。因险象的极性为负,故称为0型险象。

由图3-40(c)可见,当A由1变0时,一方面经t_{pd}后,使Y由0变1,另一方面经t_{pd}使X由0变1。当X由0变1后再经t_{pd}才使Z由1变0。所以,出现了在A由1变0后,由t_0+t_{pd}到t_0+2t_{pd}之间的一段时间内Y与Z均为1,从而使F_1在$t_0+2t_{pd}\sim t_0+3t_{pd}$之间为0,产生了错误输出。由此可见,这一险象起因是由于输入信号A的变化。

在如图3-40(a)所示电路中,变量D_0和D_1的变化均只能沿一条路径到达输出端。可以验证,它们的变化是不会引起逻辑竞争的。A的变化虽将引起逻辑竞争,但逻辑竞争不一定都会引起险象,例如,在$t=t_1$时A由0变1的变化并未产生险象,如图3-40(c)所示。不产生险象的竞争叫非临界竞争,可产生险象的竞争叫临界竞争。

又如图3-41(a)所示是一个或非门构成的电路,$F_2=(A+\overline{C})(B+C)$。当$A=B=0$时,$F_2=\overline{C}\cdot C$,故不论$C$为何值,在逻辑上$F_2$应恒为0,但当变量$C$发生由0到1的变化时,$F_2$将产生正向毛刺,如图3-41(b)所示。同样,在该电路中A、B的变化不会引起竞争。当$A=B=0$时,C由0到1的变化引起的是临界竞争,由1到0的变化引起的是非临界竞争。

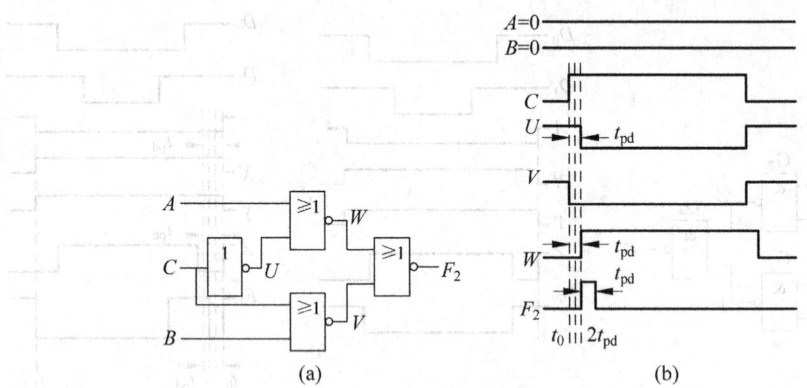

图3-41　1型逻辑险象

1. 逻辑竞争的判别

判断组合逻辑电路中是否有可能产生险象的方法有两种:代数法和卡诺图法。

由上可知,逻辑冒险是由于一个变量发生变化引起的。在$F_1=D_1A+D_0\overline{A}$中的D_0和D_1,在式$F_2=(A+\overline{C})(B+C)$中的$A$和$B$,均仅以原变量的形式出现,它们的变化都未引起临界竞争。所以,当某输入变量在二级与-或(或-与)表达式F中仅以原变量或仅以反变量的形式出现时,该变量的变化将不会引起逻辑竞争。而当某输入变量在表达式F中既以原变量又以反变量的形式出现(例如,F_1 中的 $\overline{A}$ 及 A, F_2 中的 C 及 $\overline{C}$)时,则该变量的变化将引起逻辑竞争。设 X 是能引起逻辑竞争的变量。若对表达式中的其他变量赋以特定的值(0 或 1)可使表达式简化为 $F=X+\overline{X}$(或 $F=X\cdot\overline{X}$),则当其他变量取这一特定值时,X 的变化将可能引起临界竞争,产生 0 型(或 1 型)险象。

例 3-16　试判别函数 $F_1=BC+\overline{A}B+\overline{B}\overline{C}$ 是否会产生险象。

由表达式可知,A 的变化不会产生逻辑竞争,但 B、C 的变化将会引起逻辑竞争。且有

AC	F	AB	F
00	$B+\overline{B}$	00	$\overline{C}$
01	B	01	1
10	$\overline{B}$	10	$\overline{C}$
11	B	11	C

所以,该电路在 $A=C=0$ 时,B 的变化可能会产生 0 型险象;当 C 变化时,虽存在逻辑竞争,但不会引起险象。

另外,利用卡诺图来判别临界竞争是既直观又方便的方法。上例的卡诺图如图 3-42(a)所示。该函数的两个最小项 m_0 和 m_2 是相邻的,它们分别被两个相切的卡诺圈 $\overline{B}\overline{C}$ 及 $\overline{A}B$ 包含。当 $A=C=0$ 时,函数 F 表达式将简化为 $B+\overline{B}$,表明 $A=C=0$ 时将出现临界竞争。由此,如果在卡诺图中存在有两个相邻最小项,它们分别被两个相切卡诺圈包含,而未同时被同一个卡诺圈包含,则输入信号在与这两个最小项对应的组合间变换时将出现临界竞争。同样的结论也可以推广到最大项的情况。

例 3-17　已知由或非门构成的组合电路的逻辑表达式为

$$F=(A+\overline{D})(\overline{B}+\overline{C})(\overline{A}+B)$$

试判别其是否存在临界竞争。

由上式可画出卡诺图如图 3-43(a)所示。卡诺圈①和②、②和③分别相切。由图 3-43 可见有 4 对相邻的最大项未包含在同一个卡诺圈内,它们是 M_{15} 和 M_{11}、M_{14} 和 M_{10}。M_1 和 M_9 以及 M_3 和 M_{11}。在 $A=C=1$ 时,$F=\overline{B}\cdot B$;在 $B=0$,$D=1$ 时,$F=\overline{A}\cdot A$。由此,当 $A=C=1$,B 由 0 变 1 时以及当 $B=0$、$D=1$,A 由 0 变 1 时均存在临界竞争,产生 1 型险象。

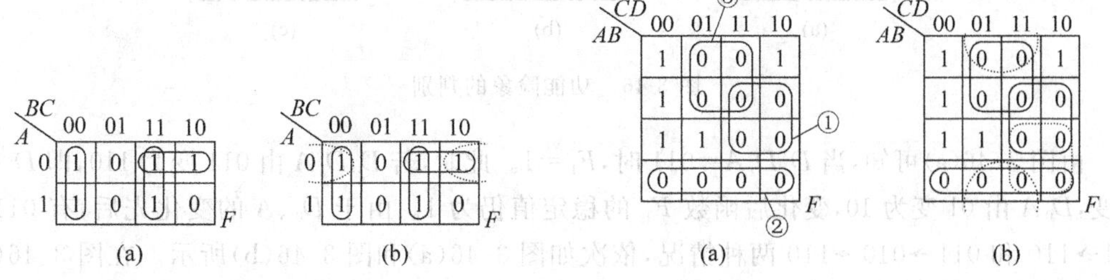

图 3-42　例 3-16 的卡诺图　　图 3-43　例 3-17 的卡诺图

2. 逻辑险象的消除

根据上述判别逻辑险象的方法可知,如果在表达式中添加冗余项,使未被同一卡诺圈包含的相邻最小(大)项被与这一冗余项对应的卡诺圈包含,那么,逻辑险象即可消除。为此,

在例3-16中可增加冗余项$\overline{A}\overline{C}$,相应的卡诺圈如图3-42(b)中的虚线所示。在例3-17中增加$(B+\overline{D})(\overline{A}+\overline{C})$,相应的卡诺圈如图3-43(b)中的虚线所示。

3.4.4 功能险象

设待考察电路受信号发生器激励,如图3-44所示。信号ABC现欲由101变化为000,即信号A和C欲同时变为0,由于信号发生器内部的延迟及其他工程上的原因,A与C是必然不能严格地同时变化的,而可能A先于C,从而由101先变化为001再变化为000;也可能会C先于A。从而由101先变化为100,再变化为000,其变化顺序是难以事先预测的。研究这种激励信号变化的先后对待考察电路工作的影响。为简单化,不考虑待考察电路内部的延迟。

设待考察电路如图3-40(a)所示,且$D_0D_1A=101$,这时,$F_1=1$。若D_0A欲由01变为10,由于D_0、A的变化有先有后,所以将会出现图3-45所示的两种情况。图3-45(a)中由01经11为10,未出现险象;图3-45(b)中D_0A由01经00变为10,出现了0型险象。这种由输入信号变化的先后引起的险象称为功能险象。

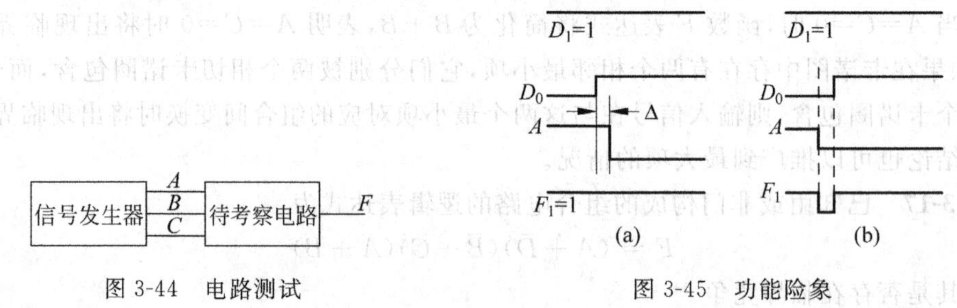

图3-44 电路测试　　图3-45 功能险象

功能险象易于用卡诺图来判别。如图3-40所示电路的卡诺图如图3-46(a)所示。

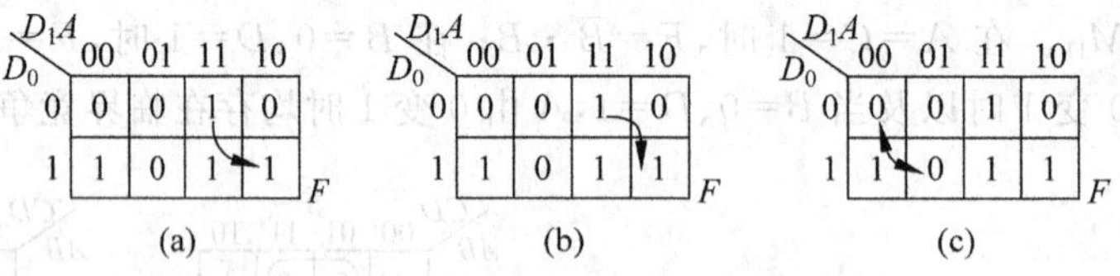

图3-46 功能险象的判别

由图3-46(a)可知,当$D_0D_1A=011$时,$F_1=1$。此时,若D_0D_1A由011变为110,即$D_1=1$不变,D_0A由01变为10,变化后函数F_1的稳定值仍为1。由于D_0、A的变化先后,有011→111→110和011→010→110两种情况,依次如图3-46(a)和图3-46(b)所示。在图3-46(b)中,当信号变化过程中途径010时,$F_1=0$,出现了上述的功能险象。如果输入信号在初始组合作用下的输出与最终组合作用下的输出有相同的值,但在信号变化过程中的输出值与此不同,则将产生功能险象。图3-46(c)给出了另两种产生功能险象的情况:D_0D_1A由000→100→101和由101→100→000。读者还可列出其他产生功能险象的情况。

例3-18 试判断如图3-47(a)所示电路中的功能险象。

这是一个多输出函数。F_0、F_1、F_2和F_3的卡诺图如图3-47(b)所示。可见,当A_1A_0由

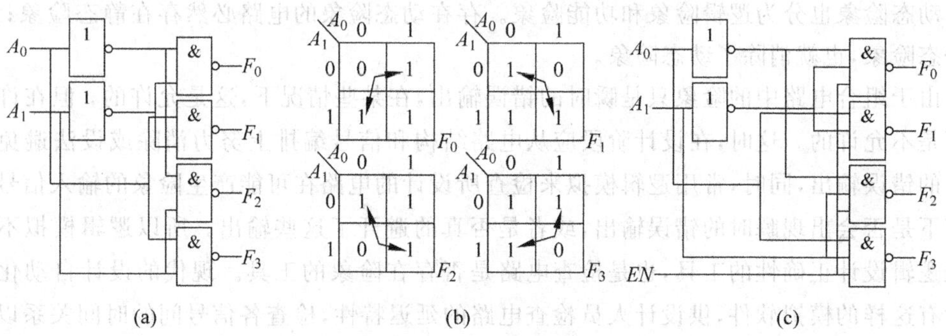

图 3-47　例 3-18 电路图及卡诺图

10↔01 时，F_0 及 F_3 可能产生功能险象；00↔11 时，F_1 和 F_2 可能产生功能险象。对应的卡诺图上给出了导致功能险象的输入信号变化的路径。

可能读者也会发现，如图 3-47(a)所示是一个 2 线-4 线译码器，所以译码器是一种有功能险象的电路。在这种电路中，由于输入信号的变化引起的瞬时错误输出称为译码噪声。在如图 3-47(c)所示的电路中，加入了使能信号 EN。当 $EN=0$ 时，$F_0=F_1=F_2=F_3=1$。若在输入信号 A_1A_0 发生变化之前，先令 $EN=0$，当 A_1A_0 的变化完成后，再令 $EN=1$，将可以有效地消除译码噪声。

功能险象是不能从逻辑上消除的，除了利用使能信号“掩盖”险象外，还可以利用选通信号避开险象，提取正确信号。图 3-48 所示电路是在如图 3-40(a)所示电路的基础上加了一个选通信号 ST，ST 仅在输入信号变化引起的过渡过程结束后才由 0 变 1，F 输出一次正确的结果。

由于到险象都是持续时间很短的脉冲信号，它包含了丰富的高频分量，在电路的输出端加一电容，如图 3-49 所示，它将可滤去这些高频分量，减少毛刺的幅度，这个电容称为滤波电容。

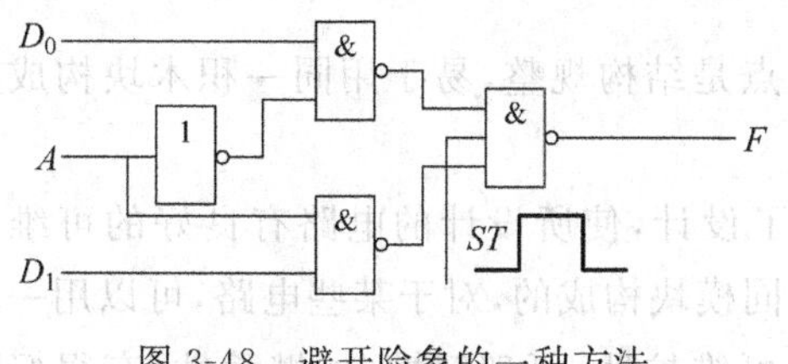

图 3-48　避开险象的一种方法

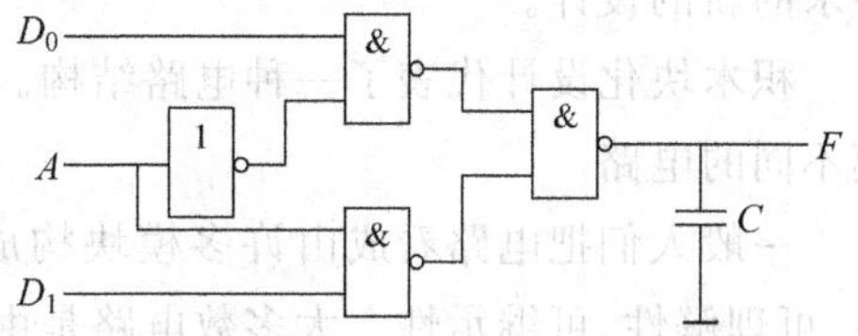

图 3-49　用滤波电容消除险象

3.4.5　动态险象

上述所讨论的险象都属于静态险象，根据险象分类，还存在动态险象。对于如图 3-40(a)所示的电路，其卡诺图如图 3-46(a)所示。当 D_0D_1A 由 000 变至 111 时，由于 3 个信号的变化先后不一，设按 D_0、A、D_1 的顺序依次发生变化，即 $D_0D_1A=000\to100\to101\to111$，相应的输出 $F=0\to1\to0\to1$，如图 3-50 所示，产生了动态险象。

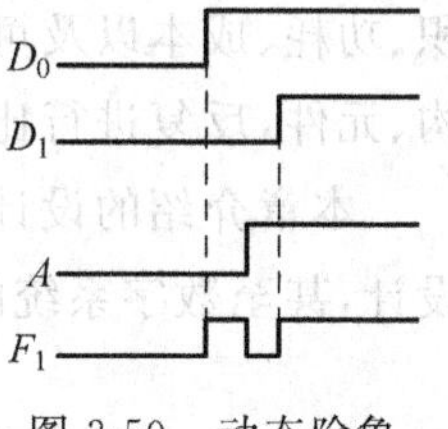

图 3-50　动态险象

动态险象也分为逻辑险象和功能险象。存在动态险象的电路必然存在静态险象；消除了静态险象,也就消除了动态险象。

由于组合电路中的险象只是瞬时的错误输出,在某些情况下,这是允许的；但在许多情况下是不允许的。这时,在设计阶段应从电路结构和信号编排上努力消除或设法避免这些瞬时的错误输出,同时,常用逻辑模拟来检查所设计的电路在可能产生险象的输入信号序列作用下是否会出现瞬时的错误输出,或者是否真的避开了这些输出。所以逻辑模拟不仅是验证逻辑设计正确性的工具,也是检查电路是否存在险象的工具。现代的设计自动化工具都含有这样的模拟软件,供设计人员检查电路的延迟特性,检查各信号间的时间关系以及是否存在有险象。这些检查统称为时序分析。

本章由介绍数字集成电路的主要电气特性和常用标准模块的逻辑功能开始,讨论了组合电路的各种设计方法、设计思想以及在逻辑设计阶段应考虑的部分非逻辑因素。

并且,通过几个例子给出了自上而下的设计方法的概念,这是一种基于模块的层次设计方法。它大致由这几个层次构成：

(1) 用户要求是最高层次,称为系统描述。

(2) 经设计师算法设计后得到可实现上一层描述的算法描述。

(3) 根据算法描述导出逻辑框图,规定各功能块的逻辑功能。这种描述有时称为功能块级的描述。

(4) 根据各功能块的逻辑功能,选择合适的标准模块或用门电路实现；如果该功能块尚很复杂,不能用标准模块或门实现,则仍用上述各步设计该功能块。

在设计的各层次间转换时,应进行逻辑模拟,验证转换的正确性,缩短设计周期。在门级或功能块级时,还要检查是否存在险象,或是否已避开险象。

同时,还介绍了自下而上的设计方法。现代的设计自动化工具中都具有保存已有设计结果的库。设计师可以调用该库中的若干个设计结果,进行比较、修改,构成满足当前逻辑要求的新的设计。

积木块化设计代表了一种电路结构。它的优点是结构规整,易于用同一积木块构成规模不同的电路。

一般人们把电路看成由许多模块构成,简化了设计,使所设计的电路有良好的可维护性、可理解性、可继承性。大多数电路是由许多不同模块构成的,对于某些电路,可以用一种模块构成。这种只有一种模块的电路将有更好的可维护性、可理解性、可继承性,有很好的可扩展性。逻辑设计的基本依据是用户提出的逻辑功能,使设计达到这种基本要求的同时,采用好的设计方法和电路结构也是十分重要的。

用户要求中,往往还包括一些非逻辑因素。例如系统的工作速度、允许占有的面积或体积、功耗、成本以及可靠性等。设计师在逻辑设计过程中,一般要对各种不同的算法、电路结构、元件,反复进行比较和权衡,选择一个比较满意的结果。

本章介绍的设计思想和设计方法虽然是由组合电路设计展开的,也适合于时序电路的设计,甚至数字系统的设计。

习题 3

3.1　根据图 3-2,列出 AHC、TTL、AHCT、3.3V ALVT、2.5V ALVT 的 V_{OH}、V_{OL}、V_{IH}、V_{IL},计算它们的 V_{NH} 及 V_{NL}。

3.2　某集成电路具有如下电气特性:

① $V_{OL}=0.4V$,并可以注入 10mA 电流;

② $V_{OH}=2.4V$,并可以流出 800μA 电流;

③ $V_{IL}=0.8V$,$V_{IH}=1.8V$;

④ $I_{IL}=1.2mA$,$I_{IH}=100\mu A$。

试问:

① 该电路扇出系数为多少?

② 分别计算 V_{NH}和 V_{NL}。

3.3　74S00 是四 2 输入与非门,其 $I_{OL}=20mA$,$I_{OH}=1mA$,$I_{IL}=2mA$,$I_{IH}=50\mu A$,7410 则为三 3 输入与非门,其 $I_{OL}=16mA$,$I_{OH}=400\mu A$,$I_{IL}=1.6mA$,$I_{IH}=40\mu A$。理论上,一个 74S00 的输出端可以驱动几个 7410 的输入端?一个 7410 的输出端可以驱动几个 74S00 的输入端?

3.4　CMOS 与或非门,不使用的输入端应如何连接?

3.5　两个 TTL 门电路 G_1 和 G_2,测得它们的输出高电平和输出低电平都相同。但是,它们的输入电平却不一样,G_1 门电路的 $U_{iLmax}=0.9V$,$U_{iHmin}=1.8V$;G_2 门电路的 $U_{iLmax}=1.1V$,$U_{iHmin}=1.5V$。试问,在这两个门电路中,哪一个门电路的性能较好?为什么?

3.6　现欲用如图 3-51 所示的逻辑图,实现函数 $F=AB+CD$,采用的元件有下列几组,试判别可否实现该函数,如可,引线 X 和 Y 处的 V_{NH}和 V_{NL}为何值?

① G_1:74AHC 00/4,G_2:74AHC 00/4,G_3:74AHC 00/4;

② G_1:74LS 00/4,G_2:74LS 00/4,G_3:74AHC 00/4;

③ G_1:74AHC 00/4,G_2:74AHC 00/4,G_3:74S 00/4。

3.7　电路如图 3-51 所示,各门电路均为 74LS00,试给出在下列情况下,X、Y 和 F 的电平值的变化范围:

① $A=B=1$, $C=D=0$;

② $A=C=1$, $B=D=0$。

3.8　试画出如图 3-52 所示电路中各点在考虑门电路有延迟情况下的波形。各逻辑门的平均传输延迟为 10ns。输入信号 A 的周期为 100ns。

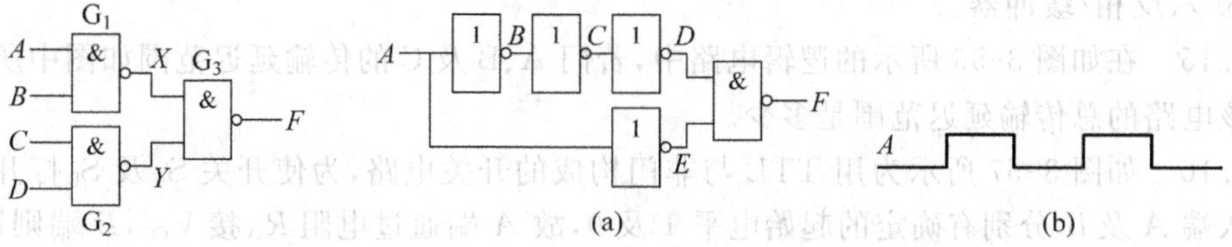

图 3-51　逻辑图　　图 3-52　逻辑图及输入波形

3.9　写出如图 3-53 所示各电路的逻辑表达式。

3.10　试在表 3-4 中选用一片适当的集成芯片，实现$(\overline{A}+\overline{B})(\overline{B}+\overline{C})(\overline{C}+\overline{D}+\overline{E})\overline{F}$。

3.11　试写出如图 3-54 所示电路的逻辑表达式，计算该电路的最大传输延迟时间。全部与非门均为 74S10。

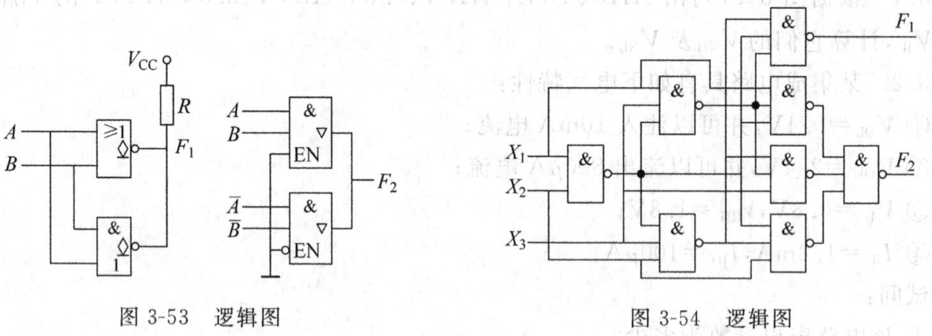

图 3-53　逻辑图　　　　图 3-54　逻辑图

3.12　试写出如图 3-55 所示各逻辑电路的表达式或功能表。

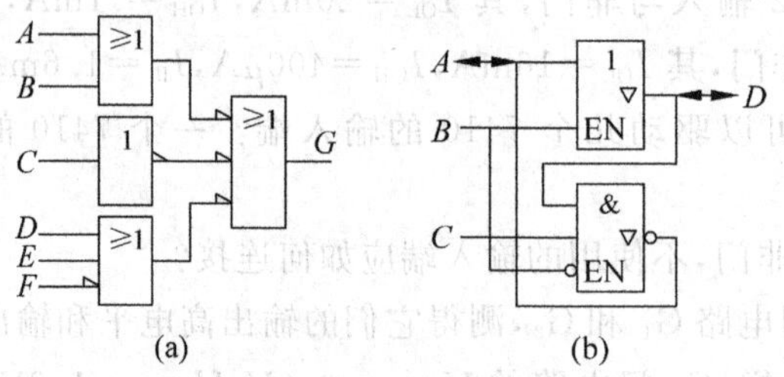

图 3-55　逻辑图

3.13　任意一种逻辑门电路，例如与门、或门和异或门，在使用时经常有多余的输入端，一般处置这种多余输入端有以下几种方法，试说明它们各适用于何种逻辑器件：

① 将多余输入端任其开路；

② 将多余输入端通过一个电阻接到点源的高电平；

③ 将多余输入端接地或接低电平；

④ 将多余输入端与使用的输入端并接。

3.14　试画出下列各种门电路的逻辑符号：

① 三 3 输入与非门；

② 四 2 输入与非门(OC)；

③ 4-3-2-2 与或非门；

④ 四 2 输入异或门(OC)；

⑤ 六反相/缓冲器。

3.15　在如图 3-56 所示的逻辑电路中，若门 A、B 及 C 的传输延迟范围如图中所注，试决定该电路的总传输延迟范围是多少。

3.16　如图 3-57 所示为用 TTL 与非门构成的开关电路，为使开关 S_A 及 S_B 打开时，门的输入端 A 及 B 分别有确定的起始电平 1 及 0，故 A 端通过电阻 R_A 接 V_{CC}，B 端则通过电阻 R_B 接地。试决定电阻 R_A和 R_B值，门输入特性的有关参数已注在该图中。

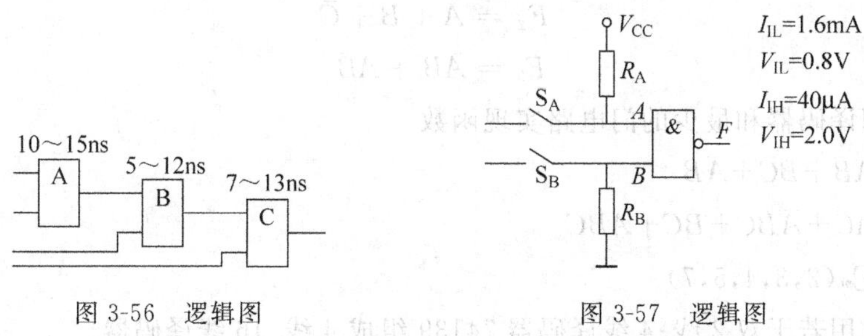

图 3-56 逻辑图　　　　图 3-57 逻辑图

3.17 已知下列各 2 输入门的输入波形 A 及 B，如图 3-58 所示，试画出该门输出的信号 C 的波形：

① 与非门；

② 或非门；

③ 异或门；

④ 非门(3S，A 为使能信号，低电平有效)。

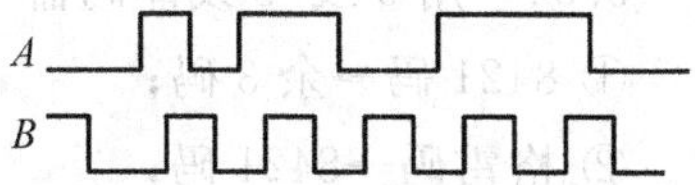

A

B

图 3-58 逻辑图

3.18 试画出下列逻辑门的国际图形符号：

① 三 3 输入与非门(OC)；

② 双 2-2-3 输入与或非门；

③ 六总线驱动器(3S，原码输出，共用控制端)；

④ 四异或非门(OC)。

3.19 试用两个 2 输入 OC 输出的或门实现表达式 $F=\bar{A}B+AD+BD$(允许双轨输入)。

3.20 试用全加器和半加器构成一个 1 位 8421 码加法器。该加法器具有从低位来的进位输入 C_I和向高位的进位输出 C_O。

3.21 试用 4 位二进制并行加法器设计一个余 3 码表示的 1 位十进制加法器。

3.22 试用 74283 构成 16 位二进制加法器。

3.23 试用 74283 辅以适当门电路构成 4×2 乘法器 $A\times B$，其中 $A=a_3a_2a_1a_0$，$B=b_1b_0$。

3.24 用两个 4 位二进制加法器及适当的门电路构成 1 位余 3 码加法器。

3.25 试用 4 位加法器构成 $y=(3x) \bmod 8$ 电路。x 和 y 都是 3 位二进制数。

3.26 利用 4 位全加器 7483 将两位 8421 BCD 码转换成二进制数。

3.27 试用 7485 构成 16 位无符号数的比较器。

3.28 试用 7485 再辅以适当门电路构成字符分选电路。当输入为字符 A、B、C、D、E、F、G 的 7 位 ASCII 码时，分选电路输出 $Z=0$，否则输出 $Z=1$。

3.29 A 和 B 是两个 4 位用原码表示的带符号二进制数。试用 7485 辅以适当门电路构成比较器，当 $A>B$ 时，比较器输出 $Z=1$；反之，$Z=0$。

3.30 用两片 7485 及最少的门电路实现 9 位二进制数的比较，若数 A 大于 B，则 $F_{A>B}$ 输出端为 1；若 $A=B$，则 $F_{A=B}$ 输出端为 1；若 $A<B$，则 $F_{A<B}$ 输出端为 1。

3.31 用 3 线-8 线译码器 74138 和与非门实现下列多输出函数：

$$F_1 = AB + \overline{\overline{A}\overline{B}C}$$

$$F_2 = A + B + \overline{C}$$

$$F_3 = \overline{A}B + A\overline{B}$$

3.32　用译码器和最少的门电路实现函数

① $F_1 = A\overline{B} + B\overline{C} + \overline{A}B$

② $F_2 = A\overline{C} + \overline{A}BC + \overline{B}C + A\overline{B}C$

③ $F_3 = \sum_m(2,3,4,5,7)$

3.33　试用若干双2线-4线译码器74139组成4线-16线译码器。

3.34　利用一片74138译码器和"与非"门,设计一个全减器。

3.35　用3线-8线译码器74138分别设计出完成下述BCD码制转换的电路:

① 8421码→余3码;

② 格雷码→8421码;

③ 5421码→8421码;

④ 余3码→5421码。

3.36　试用一片4选1数据选择器设计一个判断电路。该电路的输入为8421 BCD码,当输入的数字大于1小于6时,输出为1,否则输出为0。

3.37　试用8选1数据选择器和少量的"与非"门设计一个多功能电路,要求实现如表3-16所示的4种逻辑功能,表中 G_1 和 G_0 为功能选择变量,X 和 Z 为输入变量,F 为逻辑电路的输出。

表3-16　题3.37的功能表

G_1	G_0	F
0	0	$X \oplus Z$
0	1	$\overline{X \oplus Z}$
1	0	$X \cdot Z$
1	1	$X + Z$

3.38　试用3线-8线译码器和8线-3线优先编码器构成 $y=(3x) \bmod 8$ 电路,x 和 y 都是3位二进制数。8线-3线优先编码器的逻辑符号如图3-59所示。

3.39　写出如图3-60所示电路的逻辑方程,并改用最小与-或电路实现之。

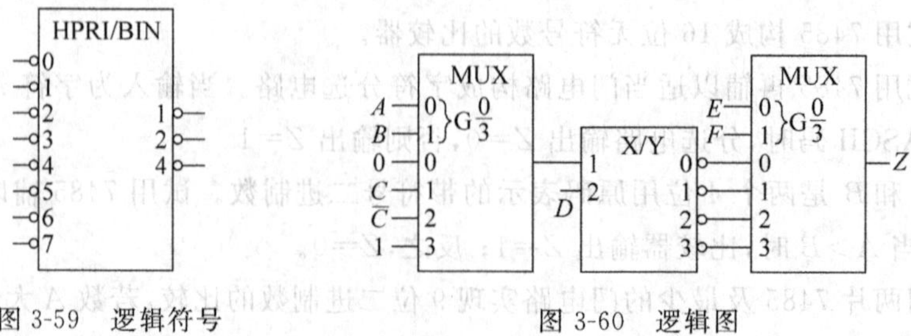

图3-59　逻辑符号　　　　图3-60　逻辑图

3.40　如图3-61所示是8线-3线优先编码器74148的逻辑符号,其功能表如表3-17所示。试用以构成一个16线-4线优先编码器。

表 3-17　8 线-3 线优先编码器的功能表

输入									输出				
$\overline{ST}$	$\overline{IN_0}$	$\overline{IN_1}$	$\overline{IN_2}$	$\overline{IN_3}$	$\overline{IN_4}$	$\overline{IN_5}$	$\overline{IN_6}$	$\overline{IN_7}$	$\overline{Y}_2$	$\overline{Y}_1$	$\overline{Y}_0$	$\overline{Y}_{EX}$	Y_S
1	×	×	×	×	×	1	1	1	1	1	1	1	1
0	1	1	×	×	×	1	1	1	1	1	1	1	0
1	×	×	×	×	×	×	×	0	0	0	0	0	1
0	×	×	×	×	×	×	0	1	0	0	1	0	1
0	×	×	×	×	×	0	1	1	0	1	0	0	1
0	×	×	×	×	0	1	1	1	0	1	1	0	1
0	×	×	×	0	0	1	1	1	1	0	0	0	1
0	×	×	0	0	1	1	1	1	1	0	1	0	1
0	×	0	1	1	1	1	1	1	1	1	0	0	1
0	0	1	1	1	1	1	1	1	1	1	1	0	1

3.41　试构成一个字符识别电路，它可以识别 A、B、C、D、E、F、G 7 个字符的 7 位 ASCII 码，并指出为何字符。

3.42　计算机的各外部设备有一个地址。中央处理器地址总线给出地址码并通过地址译码器对这些外部设备进行管理。如图 3-62 所示的 U_1、U_2 是受管理的两个设备，当$\overline{CS_1}$（或$\overline{CS_2}$）为 0 时，设备 U_1（或 U_2）占用数据总线，图中设备 U_1 和 U_2 的地址为多少？

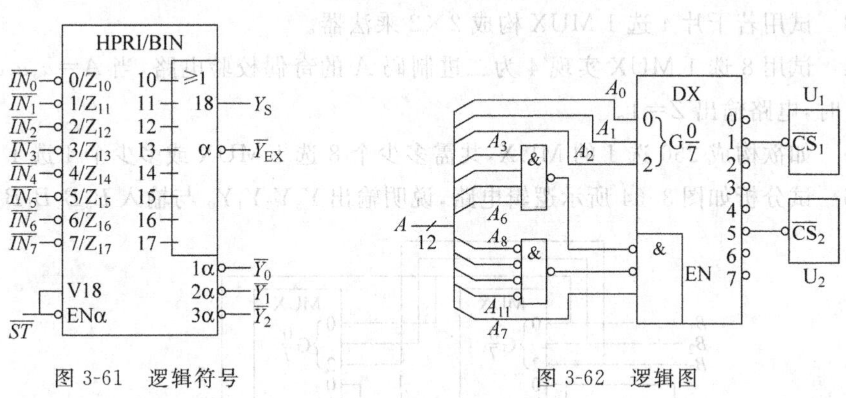

图 3-61　逻辑符号　　　　图 3-62　逻辑图

3.43　用 2 选 1 MUX 74157 分别实现下列基本逻辑运算：

① $F=A+B$；② $F=AB$；③ $F=\overline{A}$；④ $F=\overline{AB}$；⑤ $F=\overline{A+B}$；⑥ $F=A\oplus B$。

3.44　电路的输出 F 与输入 A、B、C 的关系如图 3-63 所示，试用一片 8 选 1 MUX 74151 实现。

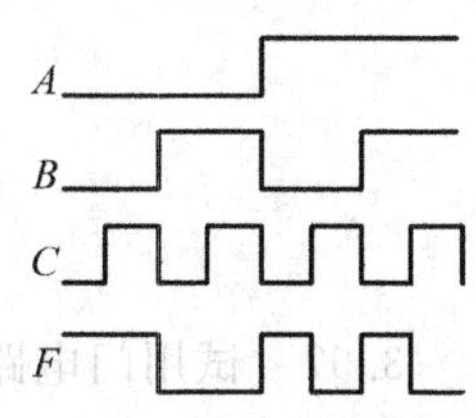

图 3-63　波形图

3.45　用 4 选 1 MUX 74153 实现下列函数：

① $F(A,B,C)=\sum_m(1,3,4,6,7)$；

② $F(A,B,C)=\sum_m(0,2,4\sim 7)$；

③ $F(A,B,C,D)=\sum_m(0,1,3,5,6,8,9,11\sim 13)$；

④ $F(A,B,C,D)=\sum_m(0,1,3,5,10,13,14)+\sum d(9,11,15)$；

⑤ $F(A,B,C,D,E)=\sum_m(0\sim4,8,9,11\sim14,18\sim21,25,26,29\sim31)$。

3.46 分别用 8 选 1 MUX 74151 和与非门实现函数 $F(A,B,C,D)=\sum_m(0,3,5,6,9,12,15)$。

3.47 试用 8 选 1 数据选择器实现下列函数：

① $F=AB+BC+AC$

② $F=A\oplus B\oplus AC\oplus BC$

③ $F(A,B,C)=\sum_m(0,2,3,6,7)$

④ $F(A,B,C,D)=\sum_m(0,4,5,8,12,13,14)$

⑤ $F(A,B,C,D)=\sum_m(0,3,5,8,11,14)+\sum_d(1,6,12,13)$

3.48 试用 8 选 1 数据选择器构成 1 个 16 选 1 数据选择器，并把输入的并行码 1101010001110010 转换为串行码输出。

3.49 用数据选择器组成 2 位全加器。

3.50 设计一个数 π=3.1415927(8 位)的发生器。其输入为从 000 开始依次递增的 3 位二进制数，其相应的输出依次为 3、1、4、…数的 8421 BCD 码。

3.51 设 A、B、C 为 3 个互不相等的 4 位二进制数。试用 4 位数字比较器和 2 选 1 MUX，设计一个能在 A、B、C 中选出最大数的逻辑电路。

3.52 设计一个电路，要求输出为输入十进制数的 5 倍，且输入和输出均为 8421 BCD 码，输入数不超过 9，试用最少芯片实现。

3.53 试用若干片 4 选 1 MUX 构成 2×2 乘法器。

3.54 试用 8 选 1 MUX 实现 4 为二进制码 A 的奇偶校验电路，当 $A=a_3a_2a_1a_0$ 含有奇数个 1 时，电路输出 $Z=1$。

3.55 如欲构成 256 选 1 的 MUX，共需多少个 8 选 1 MUX 或多少个 4 选 1 MUX？

3.56 试分析如图 3-64 所示逻辑电路，说明输出 $Y_3Y_2Y_1Y_0$ 与输入 $B_3B_2B_1B_0$ 的关系。

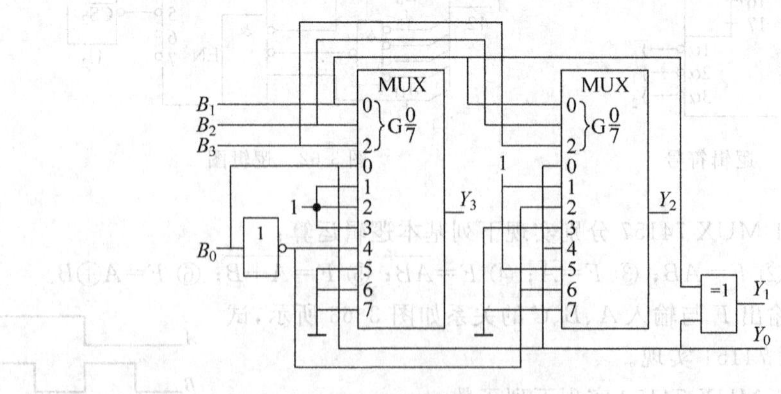

图 3-64 逻辑图

3.57 试用门电路构成一个 9 的补码发生器。

3.58 现欲设计一个 8421 码到 2421 码的转换器，试选用尽可能少的 SSI 芯片实现。

3.59 A、B、C 是 3 个 4 位二进制有符号数，试设计一个数据分选电路，该电路的输出是 A、B 和 C 中的最大者。

3.60 A 和 B 是两个 4 位无符号二进制数，试设计一个大数减小数电路，当 $A>B$ 时，输出 $A-B$；当 $A\leqslant B$ 时，输出 $B-A$。

3.61 现欲构成一个并行二进制原码 A 到它的补码 B 的转换电路。该电路采用了如下算法：

① 设置 flag＝0；

② 当 flag＝1 时，$b_i=\overline{a_i}$，且 flag 保持为 1；

③ 当 flag＝0 时，$b_i=a_i$，若 $a_i=1$，则令 flag＝1。

试设计一个积木块，并用以构成上述转换电路。

3.62 试设计一个并行信号检测器，被检测信号为 16 位，当被检测信号中含有连续 3 个 1 时，检测器的输出 $z=1$；否则 $z=0$。

3.63 已知 9 位奇偶产生器/校验器 74180 的逻辑符号及其内部逻辑图如图 3-65 所示，试列出其功能表。

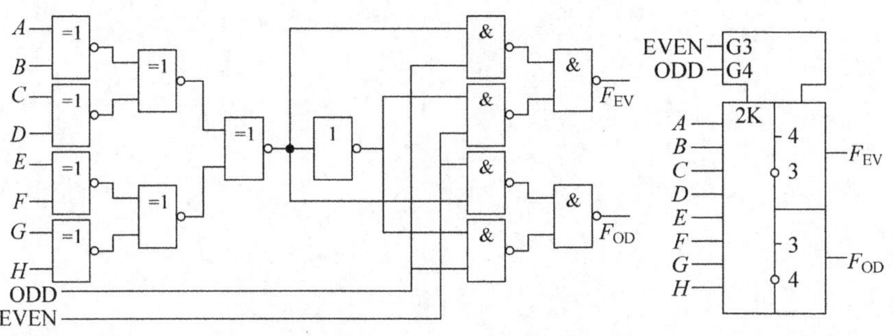

图 3-65 逻辑图及逻辑符号

3.64 现如图 3-66 所示的 5 位二进制数 $B=b_4b_3b_2b_1b_0$ 到 8421 BCD 码 $D=d_{11}d_{08}d_{04}d_{02}d_{01}$ 的 B/BCD 转换器。其中，$B<(10100)_2$，d_{11} 为 8421 码十位数的最低位，$d_{08}d_{04}d_{02}d_{01}$ 位 8421 码的个位。显然，$d_{01}=b_0$。试导出 B/BCD 的真值表和逻辑方程。

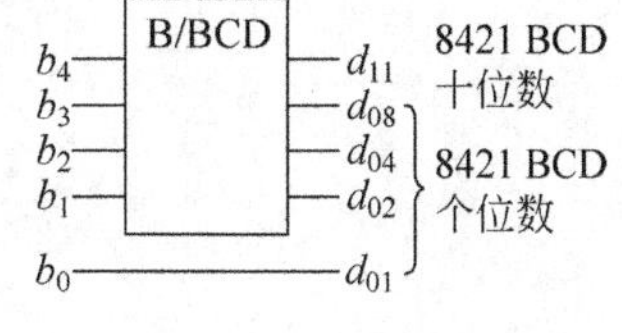

图 3-66 方框图

3.65 下列各函数相等，试找出其中无逻辑险象的函数式：

① $F_1=\overline{A}C+AB+\overline{B}\overline{C}$

② $F_1=\overline{A}C+AB+\overline{B}\overline{C}+A\overline{C}$

③ $F_1=\overline{A}C+AB+\overline{B}\overline{C}+BC$

④ $F_1=\overline{A}C+AB+\overline{B}\overline{C}+\overline{A}\overline{B}$

⑤ $F_1=\overline{A}C+AB+\overline{B}\overline{C}+\overline{A}\overline{B}+BC+A\overline{C}$

⑥ $F_6=(A+\overline{B}+C)(\overline{A}+B+\overline{C})$

3.66 判断下列函数是否可能发生竞争？竞争结果是否会产生险象？在什么情况下产生险象？若可能产生险象，试用增加冗余项的方法消除。

① $F_1=AB+A\overline{C}+\overline{C}D$

② $F_2=AB+\overline{A}CD+BC$

③ $F_3=(A+\overline{B})(\overline{A}+\overline{C})S$

3.67　某逻辑函数的卡诺图如图3-67所示，当输入变量取值按照递减规律变化时，实现该函数的电路是否可能存在功能冒险？若有功能冒险，它会发生在哪些情况下？

CD \ AB	00	01	11	10
00	0	0	1	0
01	0	1	1	1
11	1	1	0	0
10	1	1	1	1

图3-67　题3.67的卡诺图

3.68　用无险象的两级与非门电路实现下列函数：

① $F(A,B,C,D)=\sum_m(1,3,5,7\sim12)$；

② $F(A,B,C,D)=\sum_m(0\sim3,5,8,10,12,13,14)$。

3.69　已知函数 $F(A,B,C,D)=\sum_m(2,6\sim9,12\sim15)$，试判断当输入变量按自然二进制码的顺序变化时，是否存在静态功能险象。若存在，请用选通脉冲法消除。画出用与非门实现的逻辑电路图。

第4章 时序电路基础

前面介绍了各种集成逻辑门以及由它们组成的各种逻辑电路。这一类电路有一个共同的特点：电路的输出仅与当前的输入有关，与过去的输入无关，即没有记忆保持功能。

在数字系统中，常常需要存储一些数字信息。触发器是一种常用的记忆元件，是能存储数字信息的最常用的一种基本单元电路。触发器种类有很多，本章将首先介绍各种触发器的功能及其应用，随后讨论时序电路的结构、基本描述方法和分析方法，进而引入常用的几种标准时序逻辑模块。

4.1 集成触发器

本节将讨论各种触发器的外部逻辑功能及其触发方式，学习如何理解并使用触发器。

4.1.1 基本 RS 触发器

基本 RS 触发器是最简单的触发器，也是构成其他各种触发器的组成部分，因此基本 RS 触发器是最基本的触发器，故称作基本 RS 触发器。

基本 RS 触发器有多种构成方式，既可以由与非门构成，也可以由或非门构成。

由与非门构成的基本 RS 触发器电路如图 4-1 所示，它由两个交叉耦合的与非门构成。它的逻辑符号如图 4-2 所示，其中输入端的小圆圈表示低电平或负脉冲有效。它与组合电路的根本区别在于，电路中有反馈线。

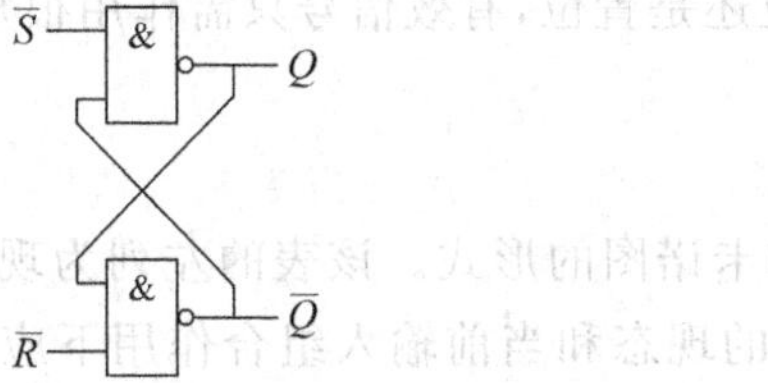

图 4-1 与非门构成的基本 RS 触发器

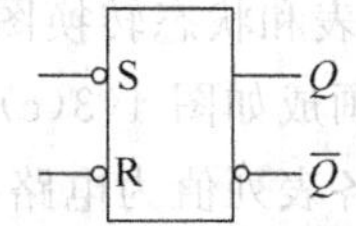

图 4-2 基本 RS 触发器的逻辑符号

1. 工作原理

图 4-1 是由与非门构成的基本 RS 触发器，要求 Q 和 $\overline{Q}$ 的逻辑值是互补的。定义：

(1) 当 $Q=1,\overline{Q}=0$ 时，称触发器状态为 1；

(2) 当 $Q=0,\overline{Q}=1$ 时，称触发器状态为 0。

触发器有两个输入端，输入信号 $\overline{S}$ 和 $\overline{R}$。根据与非门的逻辑特性，不难得出：

① 当$\bar{R}=0$、$\bar{S}=1$时,$Q=0$,$\bar{Q}=1$,称为触发器置0或复位;

② 当$\bar{R}=1$、$\bar{S}=0$时,$Q=1$,$\bar{Q}=0$,称为触发器置1或置位;

③ 当$\bar{R}=1$、$\bar{S}=1$时,Q和$\bar{Q}$将保持原状态不变,触发器具有保持功能;

④ 当$\bar{R}=0$、$\bar{S}=0$时,Q和$\bar{Q}$将均被置为1。这种情况是不允许出现的。

这是因为:一方面,Q与$\bar{Q}$同为1,违背了Q与$\bar{Q}$必须互补的规定;另一方面,由于两个与非门的传输延时(t_{pd})总略有差别,因此,当$\bar{R}$和$\bar{S}$同时由0变为1时,触发器的状态既可能稳定在0,又可能稳定在1。最终状态不能确定,这是不允许的。因此,在使用这种触发器时应避免出现$\bar{R}$和$\bar{S}$同为0的情况。

2. 功能描述

1) 状态真值表

为了表明触发器在输入信号作用下,触发器下一稳定状态(即次态)Q^{n+1}与触发器的原稳定状态(即现态)Q^n,输入信号之间的关系,可以将上述对触发器分析的结论用表格的形式来描述,如表4-1所示,该表称为触发器状态转移真值表。

表4-1　基本RS触发器的状态转移真值表

$\bar{R}$	$\bar{S}$	Q^{n+1}
0	0	(1)禁用
0	1	0
1	0	1
1	1	Q^n(保持)

可见,触发器的次态Q^{n+1}不仅与输入状态有关,也与触发器原现态(或初态)Q^n有关。由表可见基本RS触发器的几个特点:

(1) 有两个互补的输出端,有两个稳态。

(2) 有复位($Q=0$)、置位($Q=1$)、保持原状态3种功能。

(3) $\bar{R}$为复位输入端,$\bar{S}$为置位输入端,该电路为低电平有效。

(4) 由于反馈线的存在,无论是复位还是置位,有效信号只需作用很短的一段时间。即“一触即发”。

2) 状态转换表和状态转换图

表4-1可以画成如图4-3(c)所示的卡诺图的形式。该表的左列为现态,上方为各种可能的输入组合。各表列值为电路在相应的现态和当前输入组合作用下应到达的状态,即次态。这种表格也称为状态转换表或状态表。

图4-3(b)所示为状态表的图形描述方式,称为状态转换图或状态图。图中,圆圈及其中的数码代表状态,指向线表示状态转换的方向,指向线一侧的数码为对应的输入组合。每一根指向线都描述了一种或数种输入组合下的状态转换,即电路在某一现态和某一输入组合作用下应达到的状态。例如,当现态为0时,若输入$\overline{R}\overline{S}$为01或11,则次态仍为0;若输入$\overline{R}\overline{S}$为10,则次态为1。

3) 特征方程(次态方程)和激励表

由以上分析可见,电路的次态是由现态和输入共同决定的。换句话说,电路的次态应是

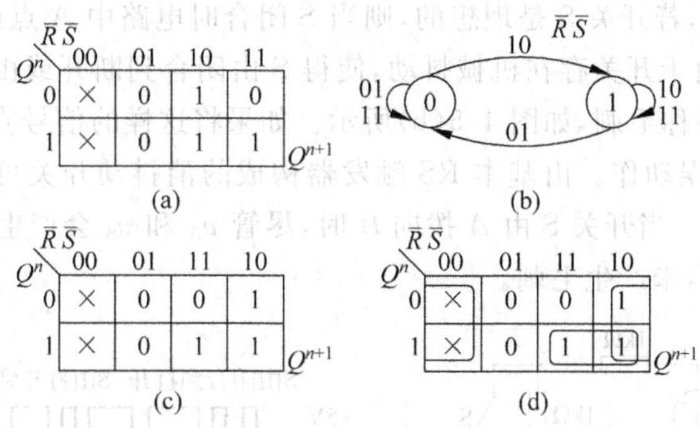

图 4-3　基本 RS 触发器的状态表及状态图

现态和输入的函数。为此,常将如图 4-3(a)所示的状态表改画成如图 4-3(c)所示的卡诺图形式,并可由图 4-3(d)得到次态函数

$$
\begin{aligned}
Q^{n+1} &= \overline{S} + Q^n\overline{R} \\
\overline{R} + \overline{S} &= 1
\end{aligned}
\qquad (4\text{-}1)
$$

式(4-1)称为由与非门构成的基本 RS 触发器的次态方程或特征方程。$\overline{R}+\overline{S}=1$ 称为上述基本 RS 触发器的约束方程,它表示 $\overline{R}$ 与 $\overline{S}$ 不能同时为 0。

由图 4-3(b)可以很方便地列出表 4-2。表 4-2 表示了触发器由当前状态 Q^n 转移至所要求的下一状态 Q^{n+1} 时,对输入信号的要求。因此称表 4-2 为触发器的激励表或驱动表。它实质上是表 4-1 状态转移真值表的派生表。表 4-2 的第 2 行表明,若触发器的现态 $Q^n=0$,且欲令其次态为 1,则 $\overline{R}$ 必须为 1,$\overline{S}$ 必须为 0。其余各行的含义与此类似。

表 4-2　基本 RS 触发器的激励表

Q^n	Q^{n+1}	$\overline{R}$	$\overline{S}$
0	0	×	1
0	1	1	0
1	0	0	1
1	1	1	×

触发器的真值表、状态表、状态图,次态方程以及激励表都是以不同的形式、从不同的角度描述了触发器的功能。因此,尽管它们形式上有所不同,但本质上却是一致的。可从其中任一种描述形式推导出其他各种描述形式。

图 4-4 给出了由与非门构成的基本 RS 触发器的 Q 和 $\overline{Q}$ 随 $\overline{R}$ 和 $\overline{S}$ 变化的波形图,其中阴影部分表示 Q 及 $\overline{Q}$ 的状态不确定,可能为 0,也可能为 1。

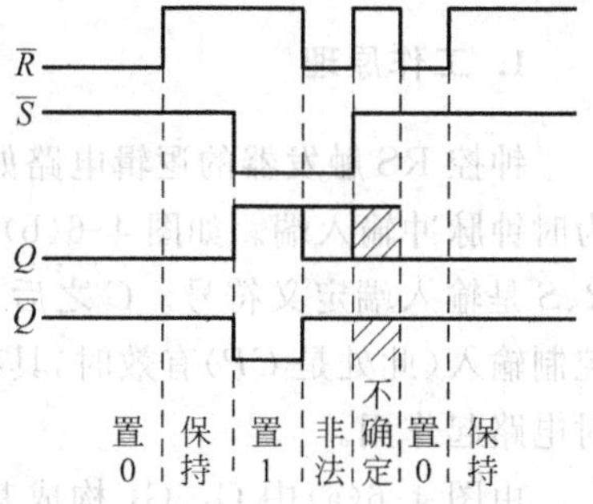

图 4-4　基本 RS 触发器的工作波形

3. 应用举例

由于基本 RS 触发器具有置 0、置 1 功能,它将成为后面讨论的各种触发器的基本构件。RS 触发器也可单独应用于一些数字设备中。例如,可用它消除机械开关中的抖动现象。

如图4-5(a)所示,若开关S是理想的,则当S闭合时电路中A点的电位$v_A=0V$,开关断开时$v_A=5V$。但由于开关存在机械抖动,使得S由闭合到断开或由断开到闭合时v_A将产生不应有的颤动,俗称毛刺,如图4-5(b)所示。如果将这样的信号直接作用于数字电路,则有可能引起电路的误动作。由基本RS触发器构成的消抖动开关可以消除上述毛刺,其电路如图4-5(c)所示。当开关S由A拨向B时,尽管v_A和v_B会产生毛刺,但Q和$\overline{Q}$的波形却如图4-5(d)所示,未产生毛刺。

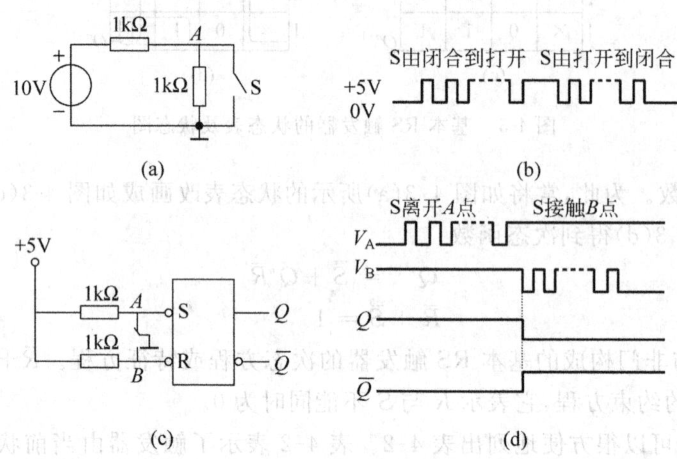

图4-5　消抖动开关

4.1.2　钟控RS触发器

由两个门电路交叉耦合构成的基本RS触发器,只要输入信号发生变化时,触发器的状态就会根据其逻辑功能发生相应变化。但在许多实际电路中,触发器的工作状态不仅要由R、S端的信号来决定,而且还希望触发器按一定的节拍翻转。为此,给触发器加一个时钟控制端CP,只有在CP端上出现时钟脉冲时,触发器的状态才能根据当时的输入激励条件发生相应的状态转移,这就构成了时钟控制的触发器。

1. 工作原理

钟控RS触发器的逻辑电路如图4-6(a)所示。其中R与S分别为置0和置1端,CP为时钟脉冲输入端。如图4-6(b)所示为钟控RS触发器的逻辑符号,其中C控制关联符,R、S是输入端定义符号。C之后、R和S之前均有关联对象号m(此处是1)其含义是仅当控制输入(此处是CP)有效时,具有对应关联号码(此处是1)的输入信号(此处是R、S)才能对电路起作用。

由图4-6(a)中G_1、G_2构成基本RS触发器,G_3、G_4为触发引导电路。由图4-6(a)可见,当$CP=0$时,G_3、G_4的输出均为1,由基本RS触发器功能可知,触发器保持原状态不变。当$CP=1$时,R、S被反相后加于G_1、G_2。因此可得上下述结果:

① 当$CP=0$时,触发器保持原状态不变;

② 当$CP=1$时,触发器的状态将随R、S而变化。

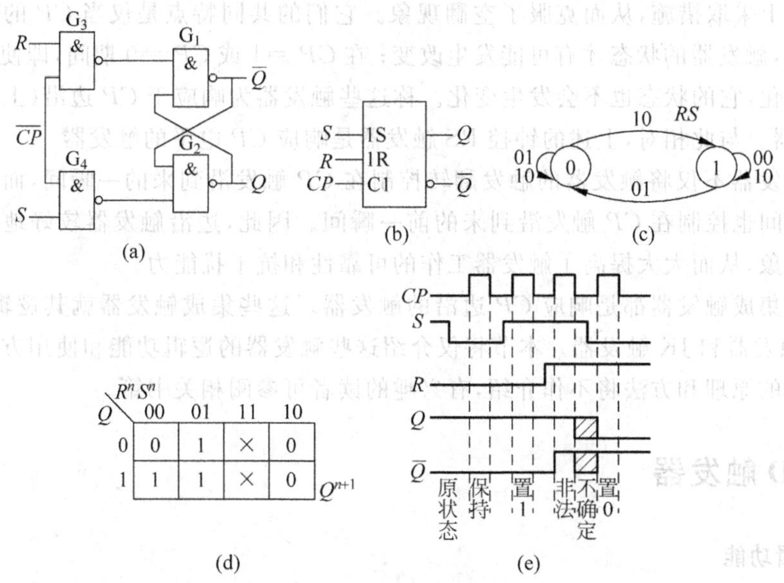

图 4-6　钟控 RS 触发器

根据基本触发器的状态方程式(4-1),可以得到当 $CP=1$ 时

$$\begin{cases} Q^{n+1}=S+\overline{R}Q^{n} \\ R\cdot S=0 \end{cases} \tag{4-2}$$

式(4-2)称为钟控 RS 触发器的状态方程,其中 $R\cdot S=0$ 是约束条件。它表明在 $CP=1$ 时,触发器状态按式(4-2)的描述发生转移。

图 4-6(c)和图 4-6(d)分别表示的是钟控 RS 触发器的状态转换图和状态转换表,如图 4-6(e)所示是在不同 R、S 作用下触发器的输出波形。如表 4-3 所示为钟控 RS 触发器的状态转移真值表。

表 4-3　时钟 RS 触发器的状态转移真值表

R	S	Q^{n+1}
0	0	Q^n(不变)
0	1	1
1	0	0
1	1	1(不允许)

2. 钟控触发器存在的问题——空翻

在一个时钟周期的整个高电平期间或整个低电平期间都能接收输入信号并改变状态的触发方式称为电平触发。由此引起的在一个时钟脉冲周期中,触发器发生多次翻转的现象叫作空翻。例如当 CP 脉冲为高电平期间,Q 由 0 变为 1,又由 1 变为 0 再变为 1,触发器发生了多次翻转,这就是空翻。空翻是一种有害的现象,它降低了电路的抗干扰能力,使得时序电路不能按时钟节拍工作,造成系统的误动作。

造成空翻现象的原因是同步触发器结构的不完善,下面将讨论的几种无空翻的触发器,都是从结构上采取措施,从而克服了空翻现象。它们的共同特点是仅当 CP 的上升沿或下降沿到来时,触发器的状态才有可能发生改变;在 $CP=1$ 或 $CP=0$ 期间,即使触发器的输入发生了变化,它的状态也不会发生变化。称这些触发器为响应于 CP 边沿(上升沿或下降沿)的触发器。与此相对,上述的钟控 RS 触发器是响应 CP 电平的触发器。

边沿触发器不仅将触发器的触发翻转控制在 CP 触发沿到来的一瞬间,而且将接收输入信号的时间也控制在 CP 触发沿到来的前一瞬间。因此,边沿触发器较好地解决了触发器的空翻现象,从而大大提高了触发器工作的可靠性和抗干扰能力。

大多数集成触发器都是响应 CP 边沿的触发器。这些集成触发器就其逻辑功能而言,可分为 D 触发器和 JK 触发器。本节将仅介绍这些触发器的逻辑功能和使用方法。对触发器防止空翻的原理和方法将不作介绍,有兴趣的读者可参阅相关书籍。

4.1.3 D 触发器

1. 逻辑功能

上升沿触发的 D 触发器的逻辑符号如图 4-7(a)所示。其中,符号中">"表示该触发器为边沿触发器,说明该触发器响应加于该输入端的 CP 信号的边沿。D 触发器的信号输入端(激励端)只有一个 D;此外 D 触发器还有两个异步输入端,即直接置 0 端$\overline{R}_D$ 和直接置 1 端$\overline{S}_D$。这两个异步输入端都为低电平有效。$\overline{R}_D$ 和$\overline{S}_D$ 信号不受时钟信号 CP 的制约,具有最高的优先级。在图形符号中,异步输入端的小圆圈表示低电平有效,若无小圆圈则表示高电平有效;CP 端无小圆圈表示上升沿触发,若有小圆圈则表示下降沿触发。

当异步输入端都无效($\overline{R}_D=\overline{S}_D=1$)时,D 触发器的功能如图 4-7(b)和图 4-7(c)的状态图及状态表以及如下状态方程所示:

$$Q^{n+1}=D \tag{4-3}$$

也就是说;在 CP 脉冲的上升沿到来时,激励端 D 的输入信号将置入触发器。7474 的逻辑符号如图 4-7(d)所示。

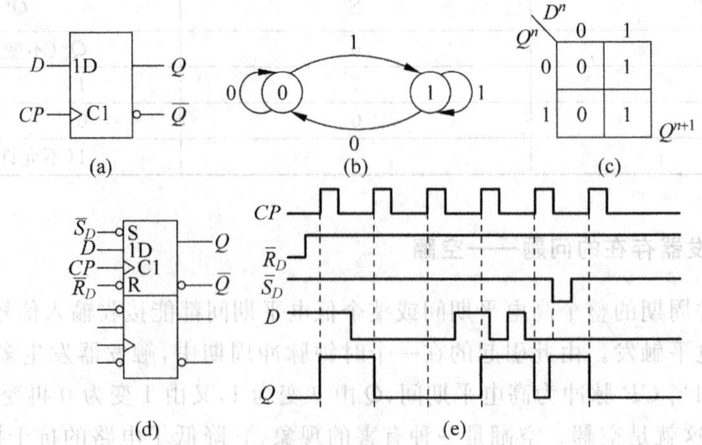

图 4-7 D 触发器

图 4-7(e)给出了该触发器在一系列输入信号作用下的输出波形。由该波形图可以看出，$\overline{R}_D$ 和$\overline{S}_D$ 的作用主要是用来给触发器设置初始状态，或对触发器的状态进行特殊的控制。在使用时要注意，任何时刻，$\overline{R}_D$ 和$\overline{S}_D$ 这两个输入端只能一个信号有效，不能同时有效。

2. 脉冲工作特性

触发器是由门电路构成的，由于门电路存在传输延迟时间，为使触发器能正确地变换到预定的状态，输入信号与时钟脉冲之间应满足一定的时间关系，这就是触发器的脉冲工作特性。

脉冲工作特性主要包括建立时间 t_{set}，保持时间 t_h，时钟高电平持续时间 T_{WH}，时钟低电平持续时间 T_{WL} 以及最高工作频率等。在上升沿触发的情况下，前 4 个指标的含义如图 4-8 所示。这些指标为设计各信号间的时间关系及时钟的主要参数提供了依据。

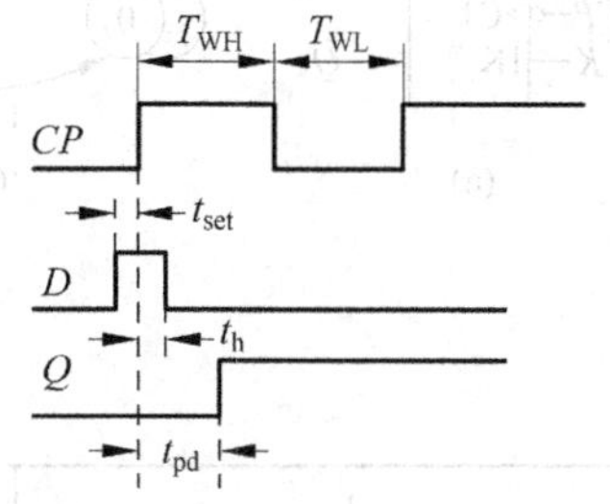

图 4-8　D 触发器的脉冲工作特性

1）输入信号的建立时间和保持时间

（1）建立时间 t_{set}。

在有些时钟触发器中，输入信号必须先于 *CP* 信号建立起来，电路才能可靠地翻转，而输入信号必须提前建立的这段时间就称为建立时间 t_{set}，如图 4-8 所示。

（2）保持时间 t_h。

为了保证触发器可靠翻转，输入信号的状态在 *CP* 信号到来后还必须保持足够长的时间不变，这段时间叫作保持时间，用 t_h 表示，如图 4-8 所示。

如图 4-8 所示是接收信号 $D=1$ 时的情况，*D* 信号先于 *CP* 上升沿建立起来（由 0 跳变到 1）时的时间不得小于建立时间 t_{set}，而在 *CP* 上升沿到来后 *D* 仍保持 1 的时间不得小于保持时间 t_h。只有这样，边沿 D 触发器才能可靠地翻转。实际的边沿 D 触发器，其 t_{set}，t_h 均在 10ns 左右，极短。

2）时钟触发器的传输延迟时间

从 *CP* 触发沿到达开始，到输出 Q，$\overline{Q}$ 完成状态改变为止，所经历的时间叫作传输延迟时间。通常输出端由高电平变为低电平的传输延迟时间 t_{phl} 要比从低电平变为高电平的传输延迟时间 t_{plh} 大，所以，一般只给出平均传输延迟时间 t_{pd}，即 $t_{pd}=\dfrac{t_{phl}+t_{plh}}{2}$，如图 4-9 所示。

3）时钟触发器的最高时钟频率

由于时钟触发器中每一级门电路都有传输延迟，因此电路状态改变总是需要一定时间才能完成。当时钟信号频率升高到一定程度后，触发器就来不及翻转了。显然，在保证触发器正常翻转条件下，时钟信号的频率有一个上限值，该上限值就是触发器的最高时钟频率，用 f_{max} 表示。

4.1.4　JK 触发器

逻辑功能

下降沿触发的 JK 触发器的逻辑符号如图 4-9(a)所示。它有 *J* 和 *K* 两个输入端（或称激励端)。CP 端处的小圈表示 JK 触发器是在 CP 脉冲的下降沿(负跳变)作用下改变状态的。它的逻辑功能由如图 4-9(b)、图 4-9(c)所示的状态图、状态表及如表 4-4 所示的真值表表述,其特征方程为

$$Q^{n+1} = J\bar{Q}^n + \bar{K}Q^n \tag{4-4}$$

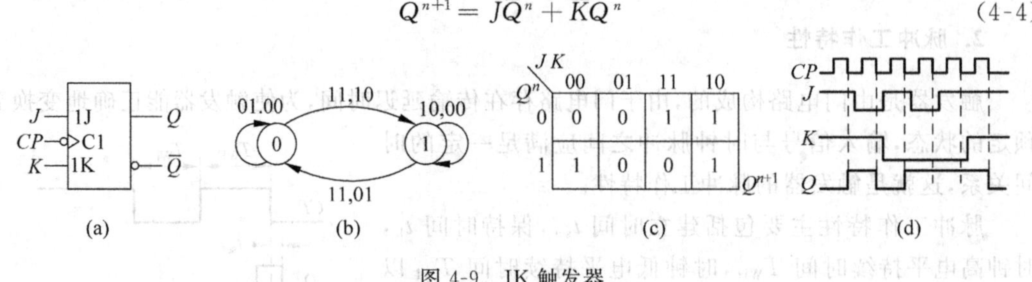

图 4-9　JK 触发器

表 4-4　JK 触发器真值表

J	K	Q^{n+1}
0	0	Q^n
0	1	0
1	0	1
1	1	$\bar{Q}^n$

图 4-9(d)给出了边沿型 JK 触发器在不同 J、K 信号作用下的输出波形。表 4-5 列出了常用的 JK 触发器。

表 4-5　常用的 JK 触发器

型　号	触发器数	结　构	J	K	输　出
7472	1	主从	$J_1 \cdot J_2 \cdot J_3$	$K_1 \cdot K_2 \cdot K_3$	$Q,\bar{Q}$
74109	2	边沿	J	K	$Q,\bar{Q}$
74111	2	主从	J	K	$Q,\bar{Q}$
74276	4	边沿	J	K	Q
74376	4	边沿	J	K	Q
CD4027	2	主从	J	K	$Q,\bar{Q}$

4.2　触发器的应用

4.2.1　D 触发器的应用

1. 移位寄存器

D 触发器可用以构成一种被称为移位寄存器的逻辑电路。由 4 个 D 触发器构成的 4 位移位寄存器如图 4-10(a)所示。它的工作过程可用图 4-10(b)来说明。

首先在$\overline{CR}$脉冲作用下,各触发器均预置为 0,称$\overline{CR}$脉冲为清 0 脉冲。设加在 D_1 端的输入信号如图 4-10(b)的第 3 行所示。它在 t_1 时刻由 0 变为 1。在 t_2 时刻,CP 的上升沿到

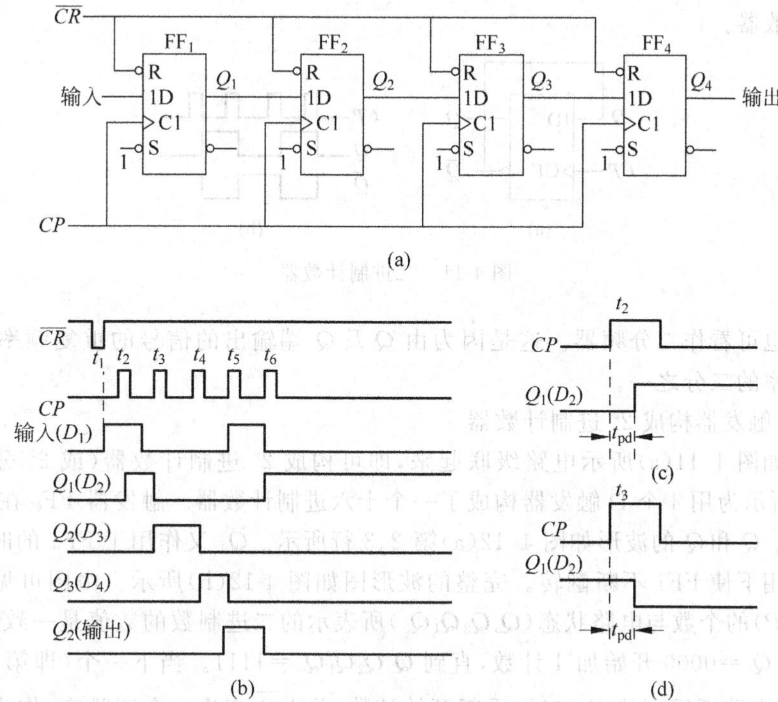

图 4-10　D 触发器构成的移位寄存器

来，这时对触发器 FF_1 而言，由于 $D_1=1$，所以在此上升沿作用下，Q_1 由 0 变 1。现在的问题是对触发器 FF_2 来说，在 t_2 时刻，D_2(也就是 Q_1)是 1 还是 0？这在如图 4-10(b)所示的波形图中似乎难以确定。考虑到触发器的固有延迟时间 t_{pd}，如把 $Q_1(D_2)$的波形的时间坐标轴放大，便会呈现如图 4-10(c)所示的情形。由此可清楚地看到，在 t_2 时刻 $D_2=0$，故 Q_2，应保持 0 不变。在 t_3 时刻，$D_1=0$，故 Q_1 由 1 变 0，且由图 4-10(d)可见，$D_2=1$，故 Q_2 由 0 变 1。以此类推，可画出 Q_1 和 Q_2 在此后的几个时刻的波形。同理可得 Q_3 和 Q_4 的波形。由图 4-10(b)可以看出该电路有如下两个特点：

(1) 加于 D_1 端的输入信号，在 CP 脉冲作用下，向右移位。若没有 CP 脉冲，则信号就保存在触发器中不动，所以称该电路为移位寄存器，CP 脉冲为移位脉冲。由于数码是向右移动，故称其为右移的移位寄存器。如果数码向左移动，则称为左移的移位寄存器。如果数码既可左移，又可右移，则称为双向移位寄存器。

(2) 移位脉冲同时加到各触发器的 CP 端，各触发器的状态在此脉冲的作用下同时变化，故称这种电路为同步时序电路。

2. 计数器

计数器是一种用以累加所收到的时钟脉冲(计数脉冲)的个数的逻辑电路。用 D 触发器可以很方便地构成这种电路。

1) 用 D 触发器构成模 2 计数器

将触发器的 $\overline{Q}$ 连接到输入端 D，如图 4-11(a)所示电路，有 $D_1=\overline{Q}$，则根据触发器的次态方程，有 $Q^{n+1}=\overline{Q^n}$，每当 CP 上升沿到来时，触发器的状态就要翻转一次。因此，在系列 CP 脉冲的作用下，触发器将不断地翻转，如图 4-11(b)所示，这种电路称作二进制计数器，也称模2计数器。

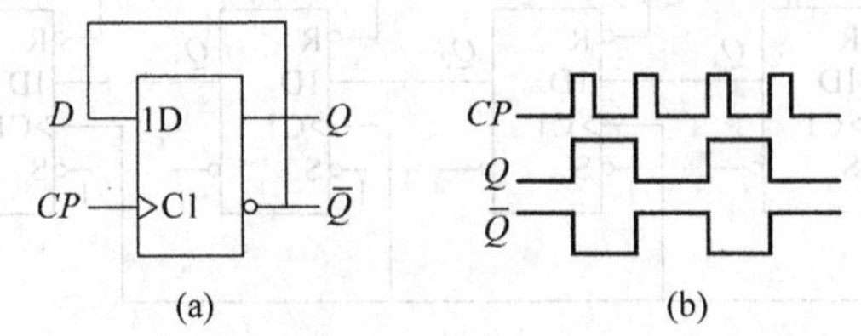

图 4-11　二进制计数器

该电路也可看作二分频器。这是因为由 Q 及 $\bar{Q}$ 端输出的信号的重复频率为输入 CP 脉冲重复频率的二分之一。

2）用D触发器构成 2^k 进制计数器

将 k 个如图4-11(a)所示电路级联起来，即可构成 2^k 进制计数器(或 2^k 分频器)。如图4-12(a)所示为用4个D触发器构成了一个十六进制计数器。触发器 FF_0 在 CP 作用下不断地翻转。Q 和 $\bar{Q}$ 的波形如图4-12(a)第2、3行所示。$\bar{Q}_0$ 又作用于FF1的时钟端，在它的上升沿作用下使FF1不断翻转。完整的波形图如图4-12(b)所示。由图可见，它收到的计数脉冲(CP)的个数与电路状态($Q_3Q_2Q_1Q_0$)所表示的二进制数的数值是一致的。该计数器由 $Q_3Q_2Q_1Q_0=0000$ 开始加1计数，直到 $Q_3Q_2Q_1Q_0=1111$。当下一个(即第16个)计数脉冲到来时，电路返回到状态0000，重新开始计数，并由 $\overline{Q_3}$ 产生一个正跳变，作为进位信号。由于该计数器采用的是加1计数的方式，故称其为加法计数器；若计数器采用减1计数的方式，则称为减法计数器；若计数器的计数方式既可加又可减，则称为加/减计数器。

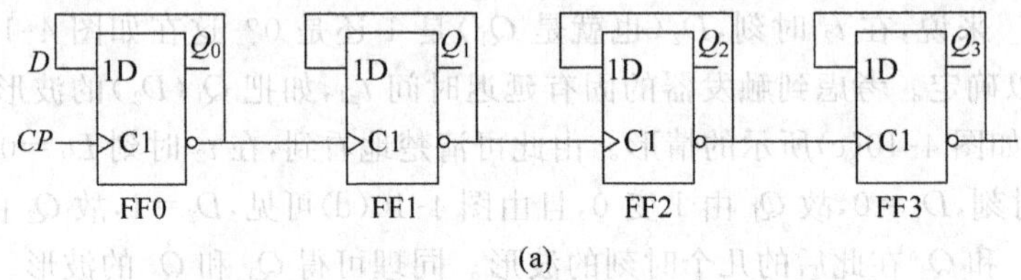

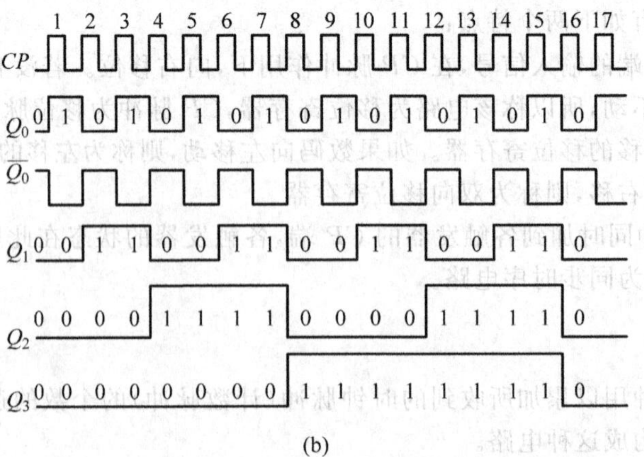

图 4-12　十六进制加法计数器

在如图4-12(a)所示的电路中，各触发器的 CP 端并非受同一个脉冲信号控制，它们的状态变化不是同时发生的。这种电路被称为异步时序电路，这种计数器称为异步计数器。

4.2.2　JK 触发器的应用

JK 触发器与 D 触发器一样,也可很方便地构成异步计数器。在如图 4-13(a)所示的触发器中,$J=K=1$ 使得 CP 端每收到一个负跳变;触发器的状态便会翻转一次,如图 4-13(b)所示。显然该电路是一个模 2 计数器。将 4 个这样的 JK 触发器以如图 4-14(a)所示的方式级联,在一系列 CP 脉冲作用下各触发器 Q 端的波形如图 4-14(b)所示。不难看出,这是一个模 16 减法计数器($\overline{Q}_3$ 端的负跳变为借位信号)。

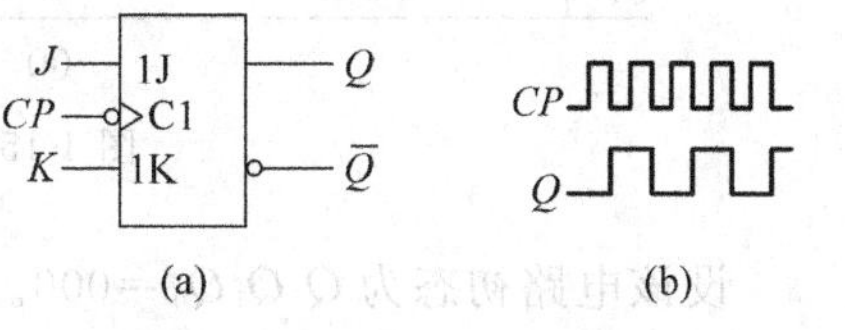

图 4-13　二进制计数器

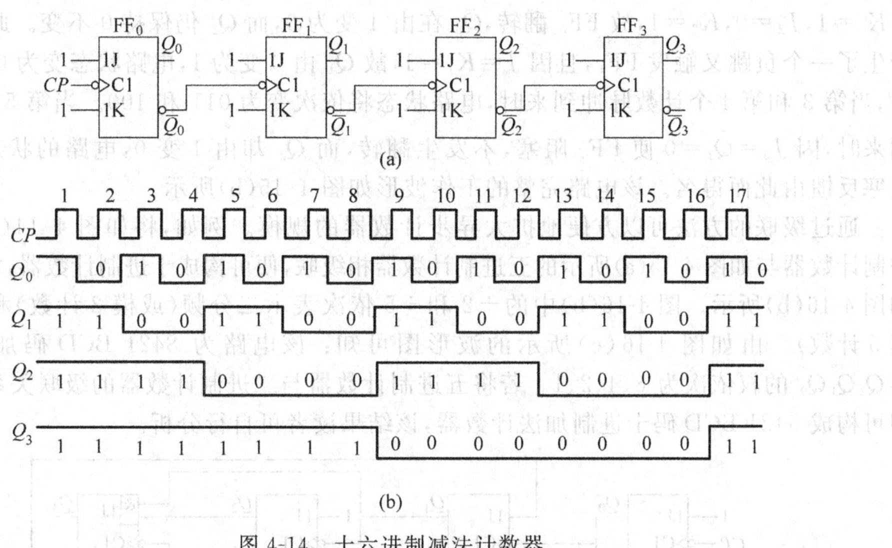

图 4-14　十六进制减法计数器

4.2.3　异步计数器

1. 异步 2^k 进制计数器级间连接规律

由图 4-12 和图 4-14 可见,异步 2^k 进制计数器级间连接十分简单,高位触发器的时钟脉冲就是低位触发器的输出,连接规律如表 4-6 所示。

表 4-6　异步 2^k 进制计数器的结构

计数规律 \ 触发方式	上 升 沿	下 降 沿
加法	$CP_i=\overline{Q}_{i-1}$	$CP_i=Q_{i-1}$
减法	$CP_i=Q_{i-1}$	$CP_i=\overline{Q}_{i-1}$

2. 异步非 2^k 进制计数器

对 2^k 进制计数器作适当修改,即可构成非 2^k 进制的计数器。如图 4-15(a)所示为阻塞反馈型的异步五进制计数器。

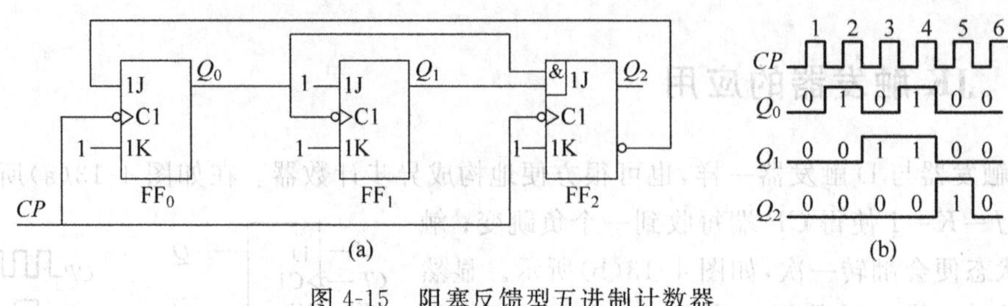

图 4-15　阻塞反馈型五进制计数器

设该电路初态为 $Q_2Q_1Q_0=000$。计数脉冲加于 FF_0 和 FF_2 的 CP 端。在第 1 个计数脉冲的负跳变到来时，由于 $J_0=\bar{Q}_2=1, K_0=1, J_2=Q_1Q_0=0, K_2=1$，故 FF_0 翻转，Q_0 由 0 变 1，而 FF_2 的状态仍为 0。此时因 Q_0 端未出现负跳变，故 FF_1 未被触发，因此电路状态 $Q_2Q_1Q_0$ 变为 001，表示收到了一个计数脉冲。在第 2 个计数脉冲的负跳变到来时，因 $J_0=1, K_0=1, J_2=0, K_2=1$，故 FF_0 翻转，$\bar{Q}_0$ 在由 1 变为 0，而 Q_2 仍保持 0 不变。此时因 Q_0 端产生了一个负跳又触发 FF_1，且因 $J=K_1=1$，故 Q_1 由 0 变为 1，电路状态变为 010。不难推出，当第 3 和第 4 个计数脉冲到来时，电路状态将依次变为 011 和 100。当第 5 个计数脉冲到来时，因 $J_0=\overline{Q}_2=0$ 使 FF_0 阻塞，不发生翻转，而 Q_2 却由 1 变 0，电路的状态回到 000。阻塞反馈由此而得名。该电路完整的工作波形如图 4-15(b)所示。

通过级联的方法可以方便地扩大异步计数器的规模。例如，将如图 4-14(a)所示的二进制计数器与如图 4-15(a)所示的五进制计数器相级联，便可构成十进制计数器，如图 4-16(a)和图 4-16(b)所示。图 4-16(b)中的÷2 和÷5 依次表示二分频(或模 2 计数)和五分频(或模 5 计数)。由如图 4-16(c)所示的波形图可知：该电路为 8421 BCD 码加法计数器，$Q_3Q_2Q_1Q_0$ 的权依次为 8、4、2、1。若将五进制计数器与二进制计数器的级联关系颠倒一下，即可构成 5421 BCD 码十进制加法计数器，该结果读者可自行分析。

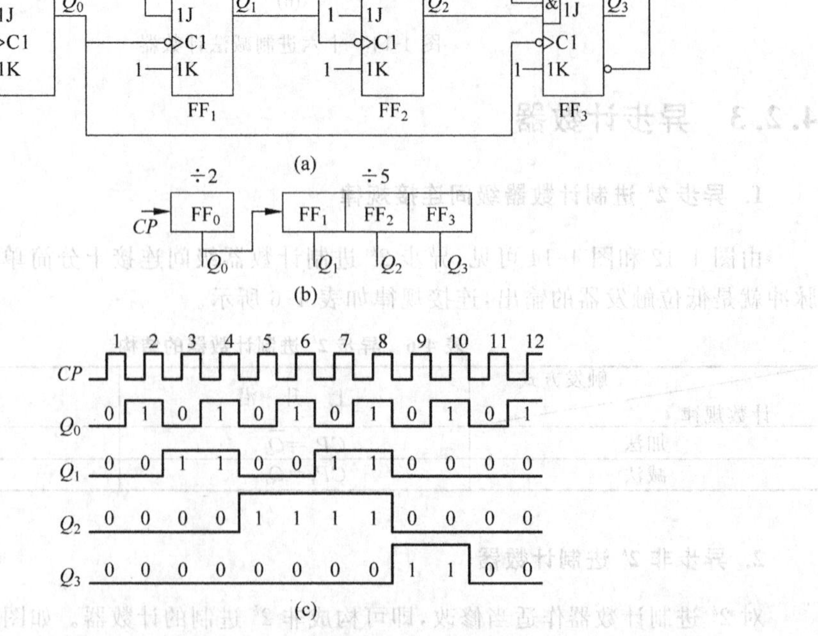

图 4-16　计数器级联

和同步计数器相比,异步计数器具有结构简单的优点。但异步计数器也存在两个明显的缺点：一是工作频率比较低,因为异步计数器的各级触发器是以串行进位方式连接的；二是在电路状态译码时存在竞争-冒险现象。

4.3　同步时序逻辑电路

时序逻辑电路简称时序电路,与组合逻辑电路并驾齐驱,是数字电路的两大重要分支之一。本章首先介绍同步时序逻辑电路的基本概念、特点及同步时序逻辑电路的一般分析方法。然后重点讨论典型时序逻辑部件计数器和寄存器的工作原理、逻辑功能、集成芯片及其使用方法及典型应用。最后简要介绍同步时序逻辑电路的设计方法。

4.3.1　时序逻辑电路的基本概念

1. 时序逻辑电路的结构及特点

时序逻辑电路的任何一个时刻的输出状态不仅取决于当时的输入信号,还与电路的原状态有关。时序电路中必须含有具有记忆能力的存储器件。存储器件的种类很多,如触发器、延迟线、磁性器件等,但最常用的是触发器。

由触发器作存储器件的时序电路的基本结构框图如图4-17所示,一般来说,它由组合电路和触发器两部分组成。

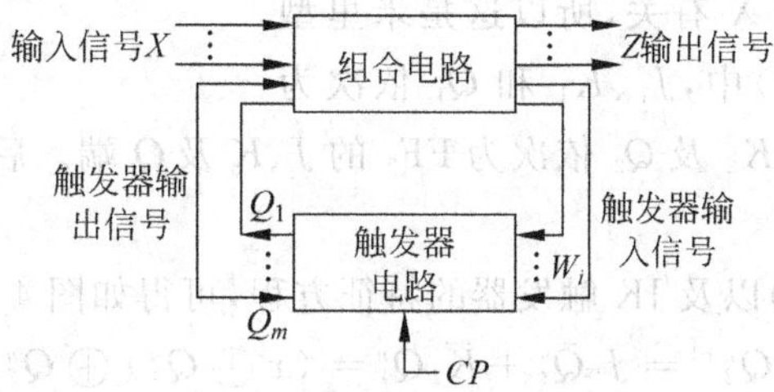

图4-17　时序逻辑电路框图

2. 时序逻辑电路的分类

按照电路状态转换情况不同,时序电路分为同步时序电路和异步时序电路两大类。

按照电路中输出变量是否和输入变量直接相关,时序电路又分为米里(Mealy)型电路和莫尔(Moore)型电路。米里型电路的外部输出 Z 既与触发器的状态 Q^n 有关,又与外部输入 X 有关。而莫尔型电路的外部输出 Z 仅与触发器的状态 Q^n 有关,而与外部输入 X 无关。

3. 分析时序逻辑电路的一般步骤

(1) 根据给定的时序电路图写出下列各逻辑方程式：

① 各触发器的时钟方程；

② 时序电路的输出方程；

③ 各触发器的驱动方程。

(2) 将驱动方程代入相应触发器的特性方程，求得各触发器的次态方程，也就是时序逻辑电路的状态方程。

(3) 根据状态方程和输出方程，列出该时序电路的状态表，画出状态图或时序图。

(4) 根据电路的状态表或状态图说明给定时序逻辑电路的逻辑功能。

下面举例说明时序逻辑电路的具体分析方法。

4.3.2 米里型电路的分析举例

例 4-1　分析如图 4-18 所示的同步时序电路。

解：图中的两个触发器都接至同一个时钟脉冲源 CP，所以该电路为同步时序电路。根据分析时序逻辑电路的一般步骤，写出各级触发器的激励方程为

$$J_2 = K_2 = x \oplus Q_1^n \tag{4-5}$$

$$J_1 = K_1 = 1 \tag{4-6}$$

写出时序电路的输出方程为

$$z = Q_2^n Q_1^n \bar{x} + \bar{Q}_2^n \bar{Q}_1^n x \tag{4-7}$$

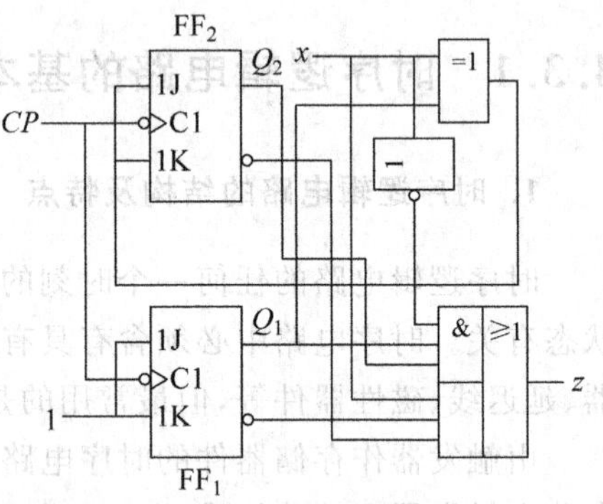

图 4-18　例 4-3 的逻辑电路图

由式(4-7)可见，电路输出不仅与触发器输出 Q 有关，而且与电路的外输出 X 有关，所以这是米里型电路。式(4-5)和式(4-6)中，J_1、K_1 和 Q_1 依次为 FF_1 的 J、K 及 Q 端；J_2、K_2 及 Q_2 依次为 FF_2 的 J、K 及 Q 端。后面如不加说明，将采用这一约定。

由式(4-5)和式(4-6)以及 JK 触发器的特征方程，可得如图 4-18 所示电路的次态方程

$$Q_2^{n+1} = J_2\bar{Q}_2^n + \bar{K}_2 Q_2^n = (x \oplus Q_1^n) \oplus Q_2^n \tag{4-8}$$

$$Q_1^{n+1} = J_1\bar{Q}_1^n + \bar{K}_1 Q_1^n = \bar{Q}_1^n \tag{4-9}$$

式(4-8)、式(4-9)和式(4-7)以代数形式描述了如图 4-18 所示电路的功能。

对于米里型电路，其空白的状态表如图 4-19(a)所示。状态表的水平方向给出了外输入变量的各种取值组合，垂直方向是电路的现态。表中斜杠上方的表列值为次态。下方为当前输入和现态下的输出。

由此得出该电路对应的卡诺图如图 4-19(b)所示。由图 4-19(b)可见，若现态 $Q_2Q_1 = 00$，且 $x=0$，则输出 z 应为 0，且在时钟作用下，次态 $Q_2^{n+1}Q_1^{n+1}$ 应为 01。由此可得图 4-19(c)上角内各表列值。同法可导出完整的状态表。

由该状态表可画出状态图如图 4-19(d)所示。其中，圆圈及其中的数码代表电路的状态。指向线上除标明输入组合外，还标出了由现态及该输入组合所确定的电路的输出，两者由斜杠分开，分别位于斜杠的上方和下方。该状态图的右上角给出了表示信号名及其排列顺序的图例。

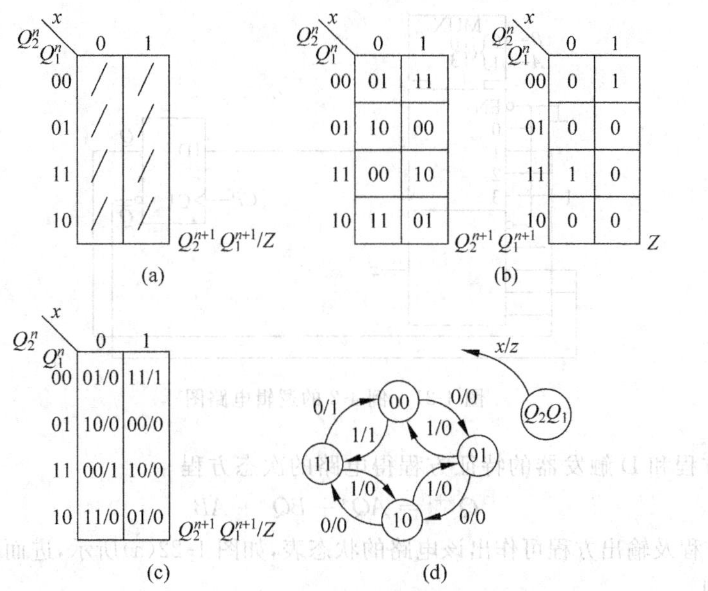

图 4-19 导出状态表及状态图的过程

波形图也可以非常直观地描述时序电路的工作过程。对于如图 4-20 所示的电路，假定 Q_2Q_1 的初态为 00，CP 及 x 的波形如图 4-20 第 1、2 行所示。由如图 4-19(c)或图 4-19(d)所示的状态表可一步步画出 Q_1、Q_2 和 z 的波形，如图 4-20 的后 3 行所示。

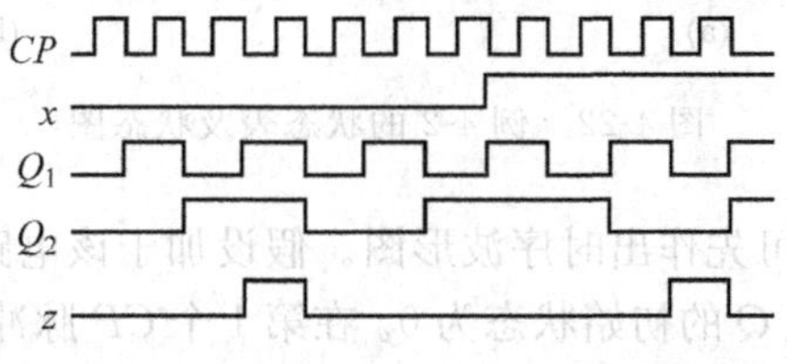

图 4-20 时序电路波形图

由状态表、状态图或波形图可见，当 $x=0$ 时，在一串 CP 脉冲的作用下，电路状态变化规律为 00→01→10→11→00→……它实现了一个模 4 加法计数器的功能。当 $x=1$ 时，在一串 CP 脉冲作用下，电路状态将由 11→10→01→00→11→……这是一个模 4 减法计数器的计数过程。电路的输出 z 的下降沿为进/借位信号。因此该电路是一个同步模 4 加/减计数器。

例 4-2 已知电路如图 4-21 所示，试导出它的激励方程、输出方程、次态方程、状态表、状态图，并分析其逻辑功能。

解：由逻辑图得激励方程及输出方程为

$$D = \overline{A}BQ^n + A\overline{B}Q^n + AB = AQ^n + BQ^n + AB \tag{4-10}$$

$$Z = (\overline{A}\overline{B} + AB)Q^n + (\overline{A}B + A\overline{B})\overline{Q^n} = A \oplus B \oplus Q^n \tag{4-11}$$

由式(4-11)可知，电路的输出不仅与触发器输入有关，而且与外输入 A、B 有关，所以该电路为米里型电路。

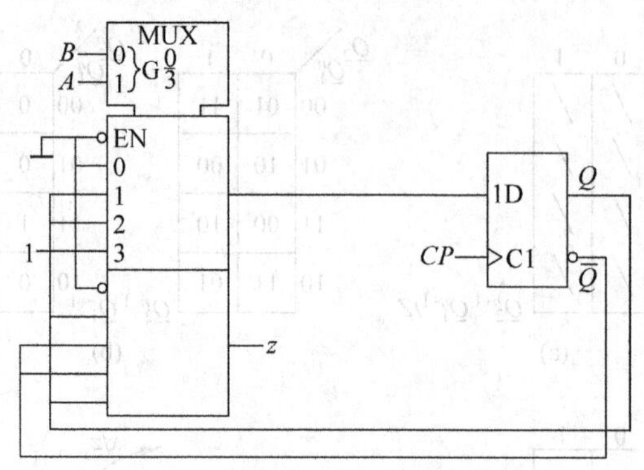

图 4-21　例 4-2 的逻辑电路图

由激励方程和 D 触发器的特征方程得电路的次态方程

$$Q^{n+1}=AQ^{n}+BQ^{n}+AB \tag{4-12}$$

由次态方程及输出方程可作出该电路的状态表,如图 4-22(a)所示,进而画出如图 4-22(b)所示的状态图。

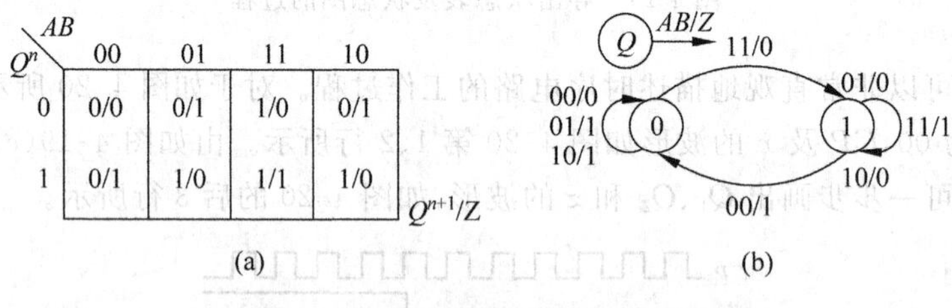

Q^n \ AB	00	01	11	10
0	0/0	0/1	1/0	0/1
1	0/1	1/0	1/1	1/0

Q^{n+1}/Z

(a)

图 4-22　例 4-2 的状态表及状态图

为分析该电路的功能,可先作出时序波形图。假设加于该电路的 CP 及输入 A、B 的信号如图 4-23 的前 3 行所示,且 Q 的初始状态为 0。在第 1 个 CP 脉冲上升沿到来前,因 $AB=00$,$Q=0$,由状态表或状态图可知,输出 $Z=0$。当第 1 个 CP 脉冲上升沿到来时,因 $AB=00$,$Q^n=0$,故 $Q^{n+1}=0$。在第 1 个上升沿与第 2 个上升沿之间,因 $AB=01$,$Q^n=0$,故 $Z=1$。当第 2 个 CP 脉冲上升沿到来时,因 $AB=01$,$Q^n=0$,故 $Q^{n+1}=0$。在 CP 脉冲的第 2 与第 3 个上升沿之间,AB 为 10,因 $Q=0$,由状态表知 Z 仍为 1。同理可作出 Q 及 Z 的后续波形,如图 4-23 的后 2 行所示。

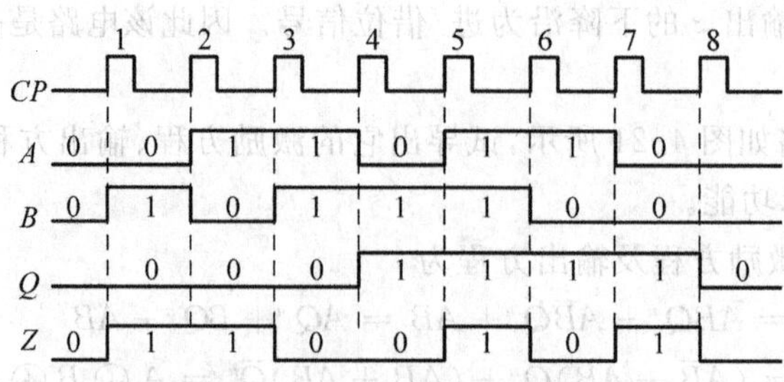

图 4-23　例 4-4 的波形图

若将 A、B 看作低位在前、串行输入的两个二进制数,$A=01101100$,$B=00111010$,并将其运算结果 Z 也看作低位在前、串行输出的二进制数,$Z=10100110$,则 Z 恰好为 A 与 B 相

加的结果,即

$$\begin{array}{r} 01101100 \\ +\,00111010 \\ \hline 10100110 \end{array}$$

在由低位向高位逐位相加的过程中,各位相加所得的进位信号被保存在 Q 之中,并参与高一位的相加运算。这一点不难由 Q 在各个脉冲作用下的状态推知。因此,图 4-21 所示电路为串行加法器。

4.3.3　莫尔型电路分析举例

例 4-3　已知电路如图 4-24 所示,试导出它的激励方程、输出方程、次态方程、状态表、状态图,并分析其逻辑功能。

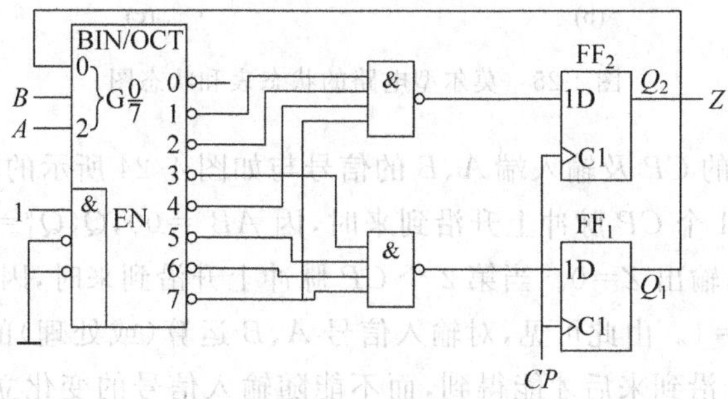

图 4-24　例 4-3 时序电路图

解:根据分析时序逻辑电路的一般步骤,写出各级触发器的激励方程和输出方程分别为

$$D_2(A,B,Q_1^n) = \sum_m(1,2,4,7) \tag{4-13}$$

$$D_1(A,B,Q_1^n) = \sum_m(3,5,6,7) \tag{4-14}$$

$$Z = Q_2^n \tag{4-15}$$

由式(4-15)可知,电路的输出仅与触发器输出 Q 有关,而与外输入 A、B 无关,所以该电路为莫尔型。

将激励方程式(4-13)和(4-14)代入 D 触发器的特征方程,得次态方程

$$Q_2^{n+1} = \overline{A}\,\overline{B}Q_1^n + \overline{A}B\overline{Q}_1^n + A\overline{B}\overline{Q}_1^n + ABQ_1^n \tag{4-16}$$

$$Q_1^{n+1} = \overline{A}BQ_1^n + A\overline{B}Q_1^n + AB\overline{Q}_1^n + ABQ_1^n \tag{4-17}$$

式(4-16)、式(4-17)与式(4-15)是图 4-31 电路功能的代数描述。

由于莫尔型电路的输出仅与电路的现态有关,因此其空白状态表画成如图 4-25(a)所示的形式。电路的输出部分列在状态表的右侧。将该电路的次态方程式(4-16)、式(4-17)和输出方程式(4-9)填入空白状态表,即得电路的状态表,如图 4-25(b)所示。

莫尔型电路的状态图与米里型也有所不同。圆圈中除了表示电路状态的数码外,还有与状态相伴随的输出,两者由斜杠分开,斜杠上方为状态,斜杠下方为输出。指向线的一侧仅标出输入组合。由如图 4-25(b)所示的状态表可很容易地画出该电路的状态图,如图 4-25(c)所示。

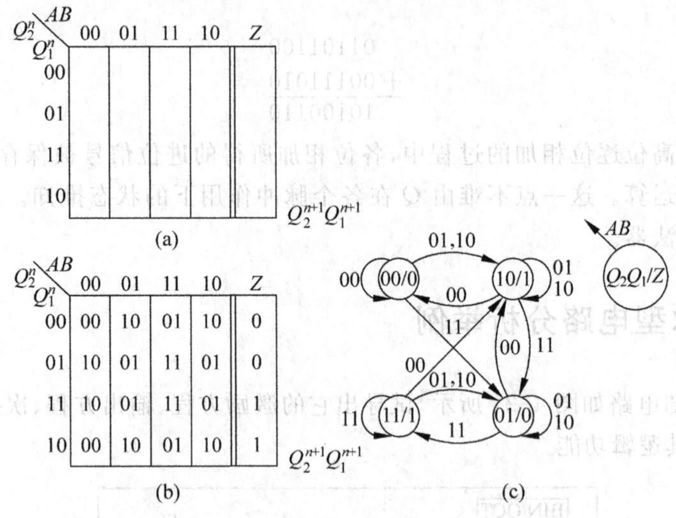

图 4-25　莫尔型电路的状态表和状态图

假设加于该电路的 CP 及输入端 A、B 的信号与如图 4-24 所示的相同，且令 Q_1Q_2 的初始状态均为 0。当第 1 个 CP 脉冲上升沿到来时，因 $AB=00$，$Q_2^nQ_1^n=00$，查状态表或状态图知，$Q_2^{n+1}Q_1^{n+1}=00$，输出 $Z=0$。当第 2 个 CP 脉冲上升沿到来时，因 $AB=01$，$Q_2^nQ_1^n=00$，得 $Q_2^{n+1}Q_1^{n+1}=10$，$Z=1$。由此可见，对输入信号 A、B 运算(或处理)的结果 Z 要滞后 A、B 一段时间，待 CP 上升沿到来后才能得到，而不能随输入信号的变化立即变化，这是莫尔型电路的工作特点。同理可得 $Q_2(Z)$、Q_1 在后几个 CP 周期内的波形，如图 4-26 所示。

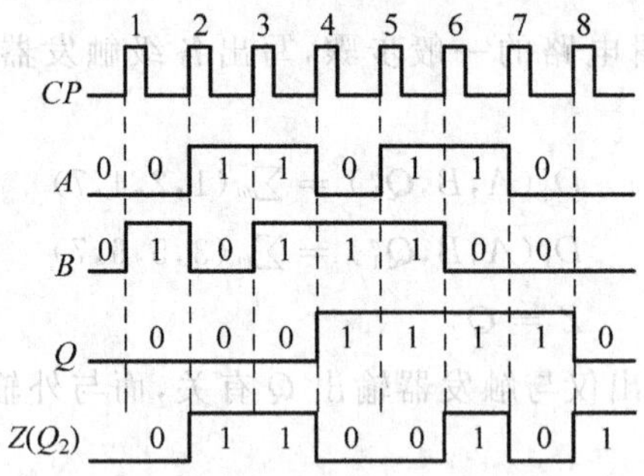

图 4-26　莫尔型电路的波形图

若仍将 A、B 看作低位在前、串行输入的两个二进制数，$A=01101100$，$B=00111010$，并将其运算结果 Z 看成滞后于 A、B 一个 CP 周期、低位在前、串行输出的二进制数，则 $Z=10100110$。显然，输出 Z 也是 A 与 B 相加的结果。Q_1 的作用与例 4-2 中的 Q 相同，用以保存各位的进位信息。$Q_2(Z)$则是将运算结果(和数)锁存以后的输出。

4.3.4　自启动

所谓自启动是指该电路一旦离开有效序列，在 CP 作用下仍可自行回到有效序列。检查电路能否自启动的方法是：不论电路从哪一个状态开始工作，在 CP 脉冲作用下，触发器输出的状态都会进入有效循环圈内，此电路就能够自启动；反之，则此电路不能自启动。

例 4-4　已知电路如图 4-27 所示，试导出其状态表和状态图，画出在初态 $Q_1Q_2Q_3Q_4=0000$ 时的波形图，并分析其逻辑功能。

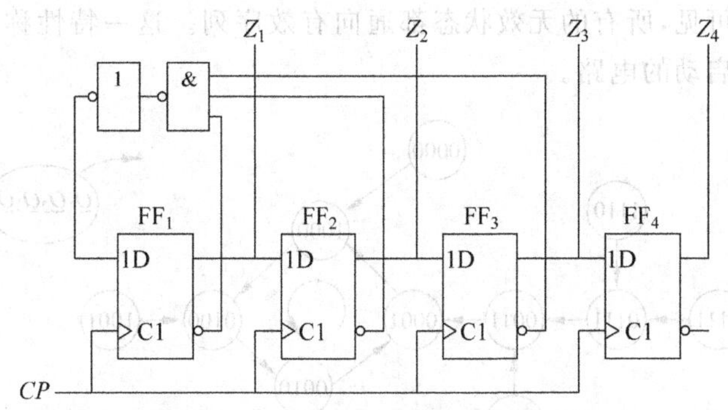

图 4-27　例 4-4 的逻辑电路图

解：这是一个莫尔型电路。由逻辑图得激励及输出方程为

$$D_1=\overline{\overline{\overline{Q_1^n}\,\overline{Q_2^n}\,\overline{Q_3^n}}}=\overline{Q_1^n}\,\overline{Q_2^n}\,\overline{Q_3^n},\quad D_2=Q_1^n,\quad D_3=Q_2^n,\quad D_4=Q_3^n \tag{4-18}$$

$$z_1=Q_1^n,\quad z_2=Q_2^n,\quad z_3=Q_3^n,\quad z_4=Q_4^n \tag{4-19}$$

由上述激励方程及 D 触发器的特征方程得电路的次态方程为

$$Q_1^{n+1}=\overline{Q_1^n}\,\overline{Q_2^n}\,\overline{Q_3^n},\quad Q_2^{n+1}=Q_1^n,\quad Q_3^{n+1}=Q_1^n,\quad Q_4^{n+1}=Q_3^n \tag{4-20}$$

由于该电路除时钟外；没有其他输入，故状态表的次态仅有一列。又因 $z_1=Q_1^n$，$z_2=Q_2^n$，$z_3=Q_3^n$，$z_4=Q_4^n$，故输出列与现态列完全相同，不必列出。从而该电路的状态表 4-7 的形式，并由次态方程逐个填入个次态。由状态表可作出该电路的状态图，如图 4-28(a)所示。

表 4-7　例 4-4 的状态表

Q_1^n	Q_2^n	Q_3^n	Q_4^n	Q_1^{n+1}	Q_2^{n+2}	Q_3^{n+3}	Q_4^{n+4}
0	0	0	0	1	0	0	0
0	0	0	1	1	0	0	0
0	0	1	0	0	0	0	1
0	0	1	1	0	0	0	1
0	1	0	0	0	0	1	0
0	1	0	1	0	0	1	0
0	1	1	0	0	0	1	1
1	1	1	1	0	0	1	1
1	0	0	0	0	1	0	0
1	0	0	1	0	1	0	0
1	0	1	0	0	1	0	1
1	0	1	1	0	1	0	1
1	1	0	0	0	1	1	0
1	1	0	1	0	1	1	0
1	1	1	0	0	1	1	1
1	1	1	1	0	1	1	1

由状态表可见,1000、0100、0010、0001这4个状态形成闭合的回路,成为有效状态,它们构成了有效序列。该电路正常工作时,总是按照这个序列循环转移的。1000→0100→0010→0001→1000→……如图4-28(b)所示。除了4个有效状态外,其他12个状态称为无效状态。由状态图可见,所有的无效状态都通向有效序列。这一特性称为自启动特性。这个电路也称为能自启动的电路。

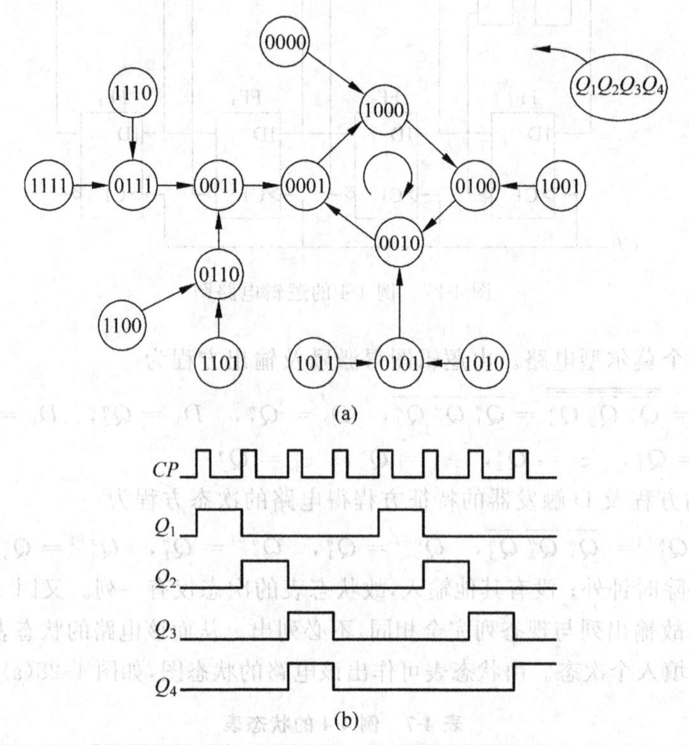

图4-28 例4-4的状态图及波形图

如果某电路具有如图4-29所示的状态图,它将不是自启动的。设000、001、010和100构成了有效序列。显然,在接通电源时,若电路的状态不在此有效序列内,则该电路将无法进入有效序列。改进的方法是在此电路内加入开机清0(或预置)电路,使接通电源后各触发器的状态均为0,即000,从而使电路正常工作。

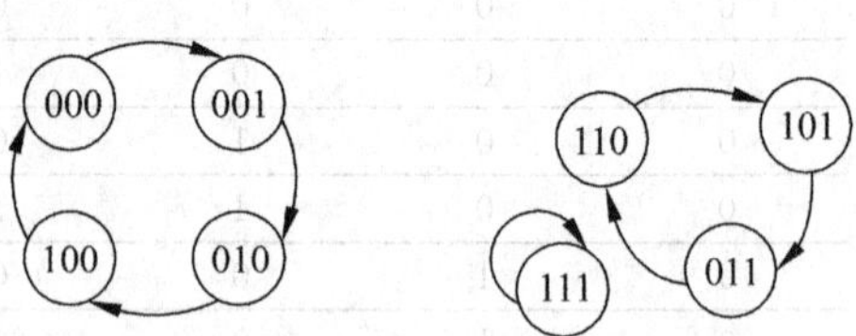

图4-29 无自启动功能的状态图

通常,对于所设计的时序电路应检查其自启动性能。对不具备自启动功能的电路,应采取相应措施或修改设计使其通电后能正常工作。

4.4 集成计数器及其应用

计数器是用来计算输入脉冲数目的时序逻辑电路。它是用电路的不同状态来表示输入脉冲的个数,计数器所能表示状态数目的最大值称为模。它是数字系统中用途最广泛的基本电路之一。本节介绍的中规模集成计数器一般用4个集成触发器和若干个门电路经内部连接集成在一块硅片上,它是技术功能比较完善并能扩展的逻辑电路。本节将介绍几种常用集成计数器的功能及其在数字系统中的应用。

4.4.1 集成计数器

目前TTL和MOS电路构成的中规模集成计数器品种较多,应用广泛。它们分同步和异步两种。其中各有模16和模10等不同进制的计数器,并且还分可逆与不可逆计数。另外,按预置清零功能还分同步预置、异步预置及同步清零、异步清零。这些计数器功能比较完善,而且还可以自扩展,通用型强。表4-8列出了部分常用的集成计数器。

表4-8 常用集成计数器

型号	计数方式	模及码制	计数规律	预置	复位	触发方式
7490	异步	2×5	加法	异步	异步	下降沿
7492	异步	2×6	加法		异步	下降沿
74160	同步	模10,8421码	加法	同步	异步	上升沿
74161	同步	模16,二进制	加法	同步	异步	上升沿
74162	同步	模10,8421码	加法	同步	同步	上升沿
74163	同步	模16,二进制	加法	同步	同步	上升沿
74190	同步	模10,8421码	单时钟,加/减	异步		上升沿
74191	同步	模16,二进制	单时钟,加/减	异步		上升沿
74192	同步	模10,8421码	双时钟,加/减	异步	异步	上升沿
74193	同步	模16,二进制	双时钟,加/减	异步	异步	上升沿
*CD*4020	异步	模2^{14},二进制	加法		异步	下降沿

1. 4位二进制同步计数器——74163

74163是一种4位二进制同步加法计数器。如图4-30(a)所示是74163的逻辑符号。如图4-30(b)所示是74163的简化逻辑符号。如图4-30(a)中总定性符TRDIV16表明,它是模16计数器或16分频器。时钟信号的关联符号为C5,上升沿有效。引线$\overline{CR}$是低电平有效,$5CT=0$表明,在$\overline{CR}$有效时,随着时钟的有效边沿到达,计数器将复位,这称为同步复位,$\overline{CR}$为同步复位端。引线$\overline{LD}$在不同电平下引入不同的工作方式M1和M2。当$\overline{LD}$为低电平($\overline{LD}=0$)时,处于工作方式1,即置数工作方式。D_0、D_1、D_2和D_3为预置数输入端。引线D_0处的1,5D表明,当时钟有效且为工作方式1时,D_0的状态将置入对应的触发器,使$Q_0=D_0$,故$\overline{LD}$为同步预置端。当$\overline{LD}=1$时,计数器处于工作方式2,即计数工作方式。CT_T和CF_P为两个与关联控制端,C5/2,3,4+表示当$\overline{LD}=1$(计数工作方式),且$CT_T=1$、$CT_P=1$时,计数器将进行加法计数。图4-30中的[1]、[2]、[4]和[8]依次表示各触发器输出端Q_0、Q_1、Q_2和Q_3的权分别为1、2、4和8。$3CT=15$表示,当CT_T有效($CT_T=1$)且计数器状态为$Q_3Q_2Q_1Q_0=1111$时,CO端输出高电平,即$CO=CT_T\cdot Q_0Q_1Q_2Q_3$。74163的上述功能可用如表4-9所示的功能表来描述。它的功能可以概括为响应时钟脉冲上升沿的有同步复位、同步预置功能的模16同步加法计数器。

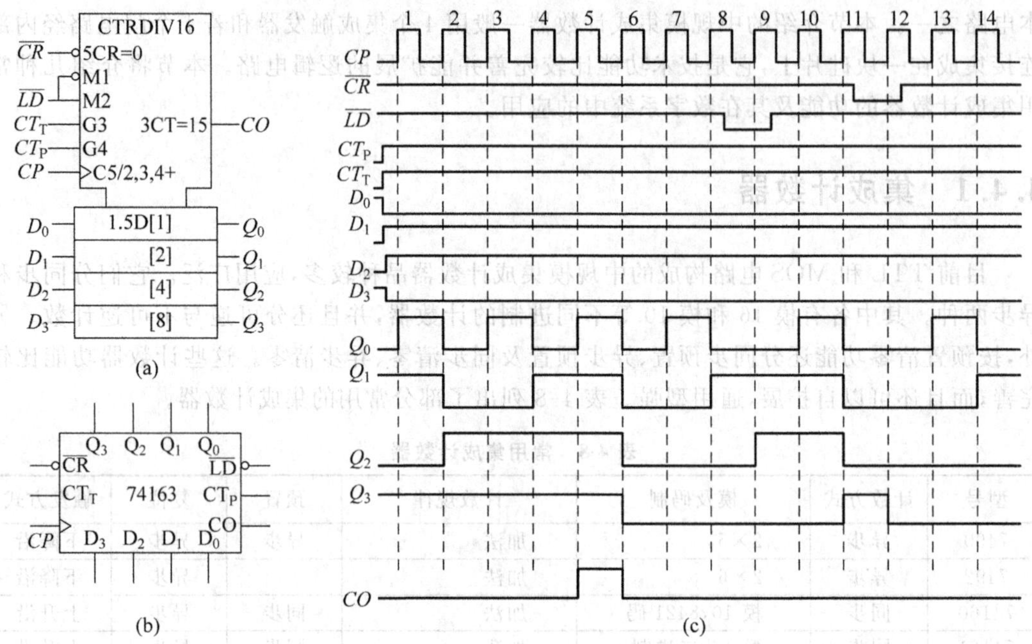

图 4-30　74163 的逻辑符号及波形图

如图 4-30(c)所示是 74163 在给定输入信号下的各点波形,表 4-9 是其功能表。其中,计数器初态 $Q_3Q_2Q_1Q_0=1010$,因而$LD=CT_P=CT_T=CR=1$,故在 CP 脉冲上升沿作用下进行加法计数。当 $Q_3Q_2Q_1Q_0=1111$ 时 $CO=1$。由图 4-30 可见,当$\overline{LD}=0$ 时,在第 9 个 CP 脉冲上升沿的作用下,预置数 $D_3D_2D_1D_0=0110$ 被置入该计数器。当$\overline{CR}=0$ 时,在第 12 个 CP 脉冲的上升沿作用下,计数器复位。

表 4-9　74163 的功能表

输入									输出			
CP	$\overline{CR}$	$\overline{LD}$	CT_P	CT_T	D_3	D_2	D_1	D_0	Q_3	Q_2	Q_1	Q_0
↑	0	×	×	×	×	×	×	×	0	0	0	0
↑	1	0	×	×	D_3	D_2	D_1	D_0	D_3	D_2	D_1	D_0
×	1	1	0	×	×	×	×	×	保持			
×	1	1	×	0	×	×	×	×	保持			
↑	1	1	1	1	×	×	×	×	计数			

2. 同步十进制加/减计数器——74192

74192 是一种十进制加/减计数器。它的逻辑符号及工作波形如图 4-31 所示。自左至右逐拍分析波形图并根据逻辑符号及各信号名的含义,可以归纳该计数器功能如下。

(1) 异步复位:CR 是异步复位端且高电平有效。

(2) 异步预置:$\overline{LD}$是异步预置端,低电平有效。

(3) 加法计数:当 $CP_D=1$ 时,计数器响应 CP_U 的上升沿进行加法计数,模为 10。$\overline{CO}$为进位输出端,低电平有效。当 $Q_3Q_2Q_1Q_0=1001$,且 $CP_U=0$ 时,$\overline{CO}=0$,即$\overline{CO}=\overline{Q_3\overline{Q_2}\,\overline{Q_1}Q_0\overline{CP_U}}$。

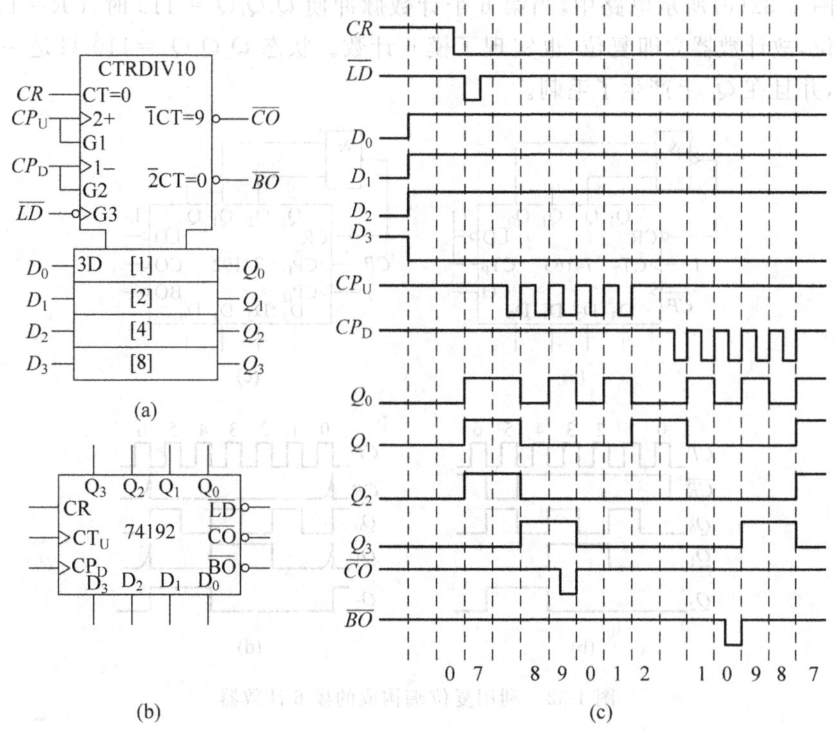

图 4-31　74192 的逻辑符号和波形图

(4) 减法计数：当 $CP_U=1$ 时，计数器响应 CP_D 的上升沿进行减法计数，模为 10。$\overline{BO}$为借位信号，低电平有效。当 $Q_3Q_2Q_1Q_0=0000$，且 $CP_D=0$ 时，$\overline{BO}=0$，即$\overline{BO}=\overline{\overline{Q_3}\,\overline{Q_2}\,\overline{Q_1}\,\overline{Q_0}\ \overline{CP_D}}$。

因此，74192 是异步复位、异步预置的双时钟同步十进制加/减计数器。

4.4.2　任意模计数器

市场上能买到的集成计数器一般为二进制和 8421 BCD 码十进制计数器，如果需要其他进制的计数器，可用现有的二进制或十进制计数器，利用其清零端或预置数端，外加适当的门电路连接而成。

1. 同步清零法

同步清零法适用于具有同步清零端的集成计数器。

如图 4-32(a)所示是用集成计数器 74163 的复位端和与非门组成的模 6 计数器，其工作波形如 4-32(b)所示。在如图 4-32(a)所示的电路中，第 5 个计数脉冲使计数器状态变为 $Q_2Q_1Q_0=101$，从而$\overline{CR}=0$，因 74163 具有同步复位功能，故在第 6 个计数脉冲到来后计数器才复位，实现模 6 计数。

2. 异步清零法

异步清零法适用于具有异步清零端的集成计数器。

在如图 4-32(c)所示电路中,当第 6 个计数脉冲使 $Q_2Q_1Q_0=110$ 时,$CR=1$,因 74192 是异步复位,故计数器立即复位,也实现了模 6 计数。状态 $Q_2Q_1Q_0=110$ 只是一个短暂的过渡状态,并且在 Q_1 上产生了毛刺。

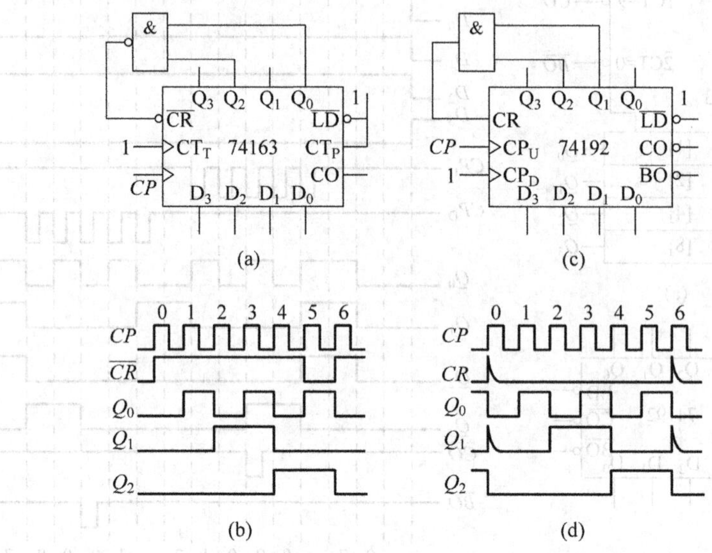

图 4-32　利用复位端构成的模 6 计数器

在利用复位端构成任意模计数器时,计数的起点必须为 0。若利用预置端构成任意模计数器,则计数的起点可为任意值。

3. 同步预置数法

同步预置数法适用于具有同步预置端的集成计数器。

如图 4-33(a)所示,利用 74163 的预置端构成的模 6 计数器。图中 74163 的计数起点和终点,分别为 0010 和 0111。在如图 4-33(a)所示的电路中,当计数器状态 $Q_3Q_2Q_1Q_0=0111$ 时,$\overline{LD}=0$。因 74163 具有同步预置功能,故在下一个 CP 脉冲作用下计数器才预置成 0010;其计数规律如图 4-33(b)所示。

4. 异步预置数法

异步预置数法适用于具有异步预置端的集成计数器。

在如图 4-33(c)所示的电路中,当 $Q_3Q_2Q_1Q_0=1000$ 时,$\overline{LD}=0$。由于 74192 是异步预置,故计数器的状态立即被设置成 0010,其计数规律如图 4-33(d)所示,状态 1000 只是一个十分短暂的过渡状态,在图 4-33(d)中以虚线框标明。

由图 4-32(d)和图 4-33(d)可见,在利用异步复位(或预置)端构成任意模计数器时都有一个短暂的过渡状态,从而有可能产生毛刺,这一毛刺又可能使系统产生误动作。这是在选用这种方法构成电路时必须注意的。

在利用预置端构成计数器时,有时可利用进位(或借位)端。此时。计数的终点将总是集成计数器的最大状态(或最小状态)。如图 4-34(a)所示是利用 74163 的同步预置端和进

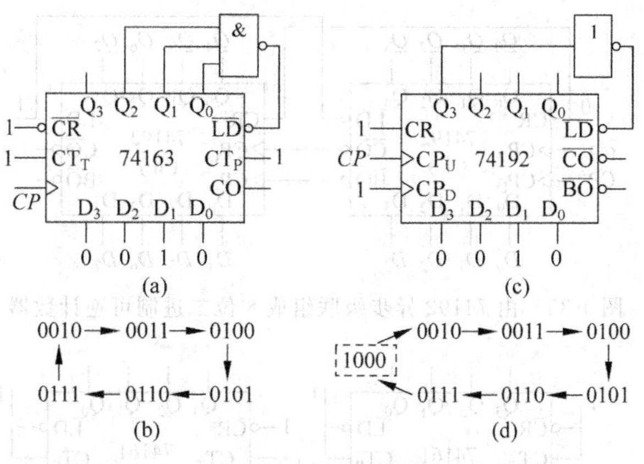

图 4-33　利用预置端构成的模 6 计数器

位输出端构成的另一种模 6 计数器，其计数规律如图 4-34(b)所示，计数的起点和终点分别为 1010 和 1111。

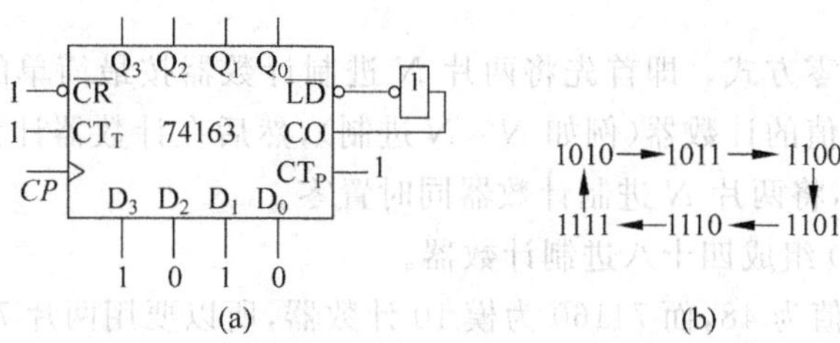

图 4-34　利用预置端和进位端构成的模 6 计数器

综上所述，改变集成计数器的模可用清零法，也可用预置数法。清零法比较简单，预置数法比较灵活。但不管用那种方法，都应首先搞清所用集成组件的清零端或预置端是异步还是同步工作方式，根据不同的工作方式选择合适的清零信号或预置信号。

4.4.3　计数器的扩展

前面介绍的中规模集成计数器，基本上都是模 10 或模 16 的计数器，如果要构成模大于模块本身的最大模值的任意进制计数器，可以先对中规模集成计数器的计数容量进行扩展，然后再用前述方法实现。扩展的方式分为异步级联和同步级联两种。

1. 异步级联

异步级联方式实质上就是将低位计数器的进位信号作为高位计数器的时钟输入信号。用两片 74192 采用异步级联方式构成的模 100 加/减计数器如图 4-35 所示。

2. 同步级联

同步级联实质上就是将低位计数器的进位输出信号作为高位计数器的工作状态控制信号(计数器的使能信号)，而两片计数器的 CP 输入端同时接计数输入信号。如图 4-36 所示为用两片 4 位二进制加法计数器 74161 采用同步级联方式构成的 8 位二进制同步加法计数器，模为 16×16＝256。

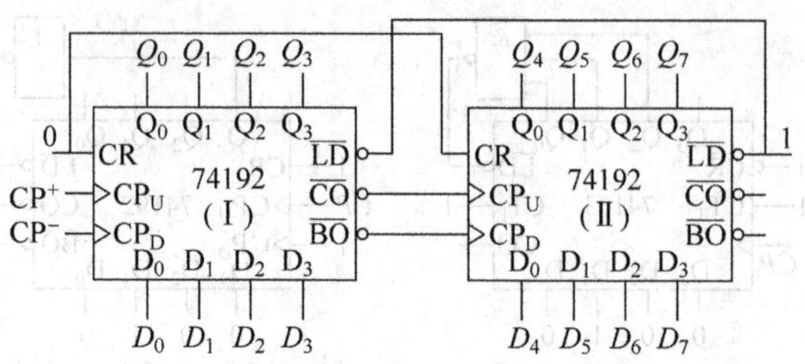

图4-35　由74192异步级联组成8位二进制可逆计数器

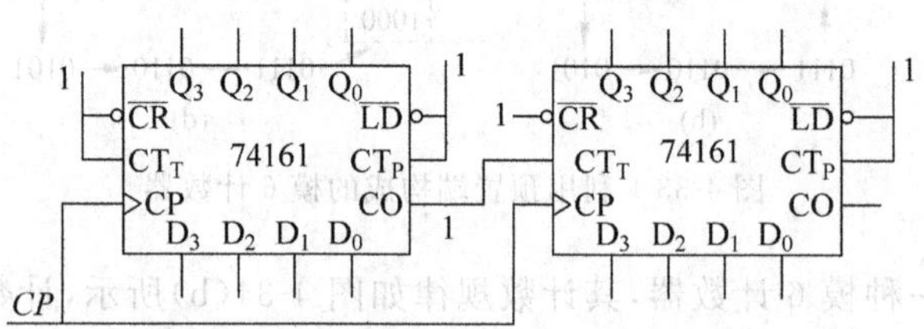

图4-36　由74161同步级联组成8位二进制加法计数器

也可采用整体置零方式。即首先将两片 N 进制计数器按最简单的方式接成一个计数模值大于所需要的模值的计数器(例如 $N\times N$ 进制),然后在计数器计为所需要模值时译出异步置零信号 $\overline{CR}=0$,将两片 N 进制计数器同时置零。

例4-5　用74160组成四十八进制计数器。

解:因为计数模值为48,而74160为模10计数器,所以要用两片74160构成此计数器。先将两芯片采用同步级联方式连接成一百进制计数器,然后再借助74160异步清零功能,在输入第48个计数脉冲后,计数器输出状态为0100 1000时,高位片(2)的 Q_2 和低位片(1)的 Q_3 同时为1,使与非门输出0,加到两芯片异步清零端上,使计数器立即返回0000 0000状态,状态0100 1000仅在极短的瞬间出现,为过渡状态,这样,就组成了四十八进制计数器,其逻辑电路如图4-37所示。

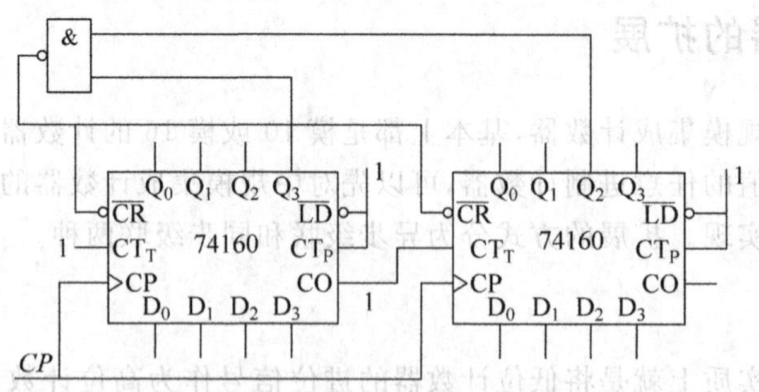

图4-37　例4-5的逻辑电路图

4.4.4　集成计数器应用举例

1. 可编程分频器

计数器可以对计数脉冲分频,改变计数器的模便可以改变分频比。根据这一原理,可用集成计数器构成分频比可变的分频器,称为可编程分频器。如图 4-38(a)所示为一种可编程分频器的电路。待分频脉冲信号 CP 加于十六进制计数器 74163 的 CP 端。分频比 M 与预置数之间的关系为:$M=16-N$。图示电路的分频比 $M=5$,预置数 $N=11$(即 1011)。由如图 4-38(b)所示的波形可见,进位输出 CO 即可作为分频输出。CO 的脉冲重复频率为 CP 的 1/5。改变预置数 N 即可改变分频比。

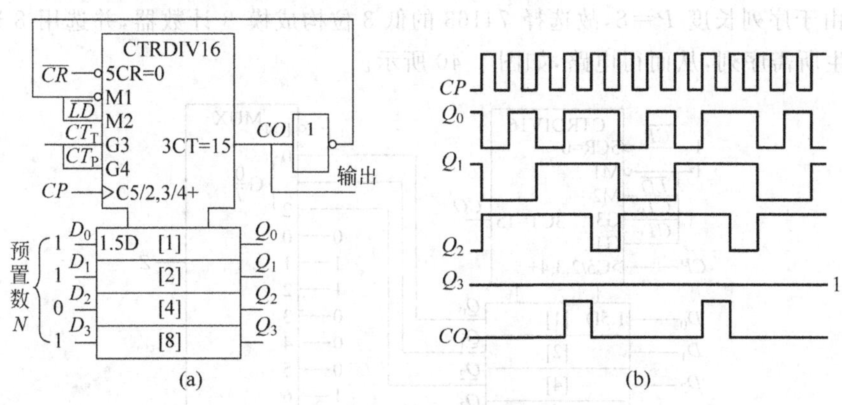

图 4-38 可编程分频器

2. 时标电路

在通信及测量设备中,通常需要多个具有不同频率的时标信号。用多级分频器级联和 MUX 选通的方法可构成一个多时标电路,如图 4-39 所示。3 个 74192 分别构成十分频器,将频率 1MHz 的外部信号分频成 100kHz、10kHz 和 1kHz。根据地址信号 A_1、A_0,经 4 选 1 从 4 种时标信号中选通一路输出。

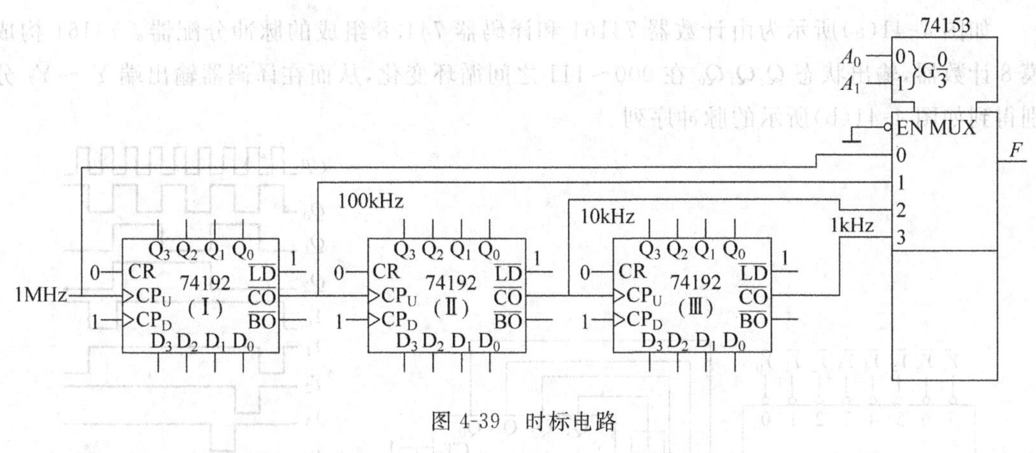

图 4-39 时标电路

3. 序列信号发生器

序列信号是在时钟脉冲作用下产生的一串周期性的二进制信号。序列信号的位数,称为序列长度 P。例如 1100111001…就是一个 11001 序列信号,且 $P=5$。

利用计数器在时钟脉冲作用下状态亦呈现周期性变化的特点,辅以数据选择器或适当的门电路,可以方便地构成各种序列发生器。构造方法如下(设序列长度为 P):

第一步，构成一个模 P 计数器；

第二步，选择适当的数据选择器，把欲产生的序列按规定的顺序加在数据选择器的数据输入端，把地址输入端与计数器的输出端适当地连接起来，数据选择器的输出端将产生所需的序列信号。

例 4-6　试设计一个 01100011 序列发生器。

解：由于序列长度 $P=8$，故选择 74163 的低 3 位构成模 8 计数器，并选用 8 选 1MUX 74151 产生所需序列，从而得电路，如图 4-40 所示。

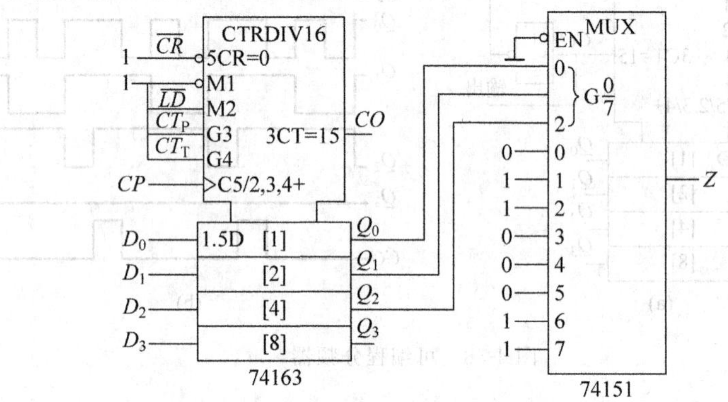

图 4-40　计数型序列信号发生器

4. 脉冲分配器

脉冲分配器是数字系统中定时部件的组成部分，它在时钟脉冲作用下，顺序地使每个输出端输出节拍脉冲，用以协调系统各部分的工作。

如图 4-41(a)所示为由计数器 74161 和译码器 74138 组成的脉冲分配器。74161 构成模 8 计数器，输出状态 $Q_2Q_1Q_0$ 在 000～111 之间循环变化，从而在译码器输出端 $\overline{Y}_0\sim\overline{Y}_7$ 分别得到如图 4-41(b)所示的脉冲序列。

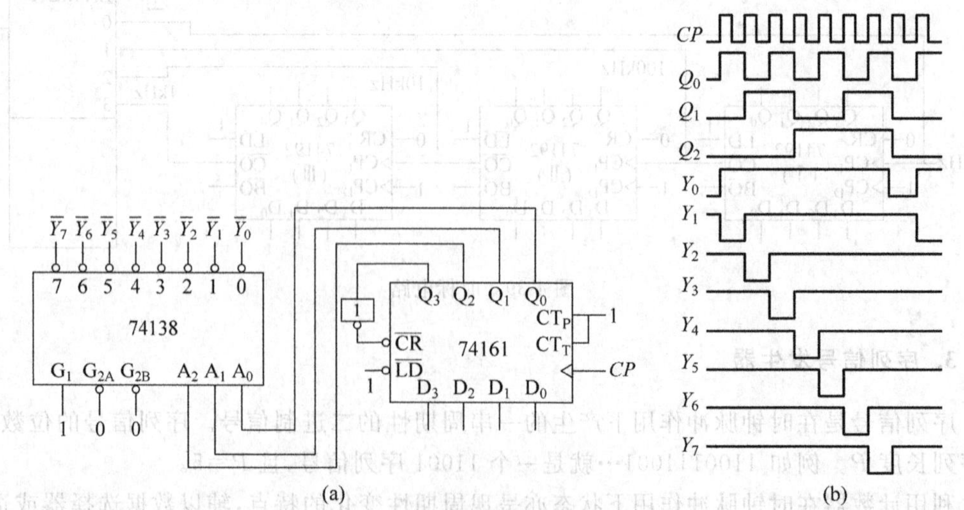

图 4-41　脉冲分配器

4.5 集成移位寄存器及其应用

移位寄存器是数字系统中的主要器件，不仅用来存放二进制数码或信息，还可将数码移位。本节将介绍常用集成移位寄存器的功能及其在数字系统中的应用。

4.5.1 集成移位寄存器

集成移位寄存器的品种繁多，表4-10给出了几种典型的移位寄存器及其基本特点。由表可见，集成移位寄存器的功能主要从位数、输入方式、输出方式以及移位方式来考察。现以两种典型器件为例来说明这些功能的含义。

表4-10 几种集成移位寄存器的动能

型号	位数	输入方式	串行输入数据	输出方式	移位方式
74164	8	串	$D=A\cdot B$	并，串	单向右移
74165	8	并，串	D	互补串行	单向右移
74166	8	并，串	D	串	单向右移
74194	4	并，串	$D_{SR}\cdot D_{SL}$	并、串	双向移位，可保持
74195	4	并、串	$D=J\bar{Q}_0+\bar{K}Q_0$	并、串	单向右移
CD4031	64	串	D	互补串行	单向右移

74194是一种功能很强的4位移位寄存器它包含有4个触发器。如图4-42所示为它的逻辑符号，SRG4表示4位移位寄存器。它的功能可用表4-11来描述。

表4-11 74194的功能表

输入										输出				实现的操作
$\overline{CR}$	M_1	M_0	CP	D_{SL}	D_{SR}	A	B	C	D	Q_A	Q_B	Q_C	Q_D	
0	×	×	×	×	×	×	×	×	×	0	0	0	0	复位
1	0	0	×	×	×	×	×	×	×	Q_A^n	Q_B^n	Q_C^n	Q_D^n	保持
1	0	1	↑	×	1	×	×	×	×	1	Q_A^n	Q_B^n	Q_C^n	右移，D_{SR}为串行输入，Q_D为串行输出
1	0	1	↑	×	0	×	×	×	×	0	Q_A^n	Q_B^n	Q_C^n	
1	1	0	↑	1	×	×	×	×	×	Q_B^n	Q_C^n	Q_D^n	1	左移，D_{SL}为串行输入，Q_A为串行输出
1	1	0	↑	0	×	×	×	×	×	Q_B^n	Q_C^n	Q_D^n	0	
1	1	1	↑	×	×	A	B	C	D	A	B	C	D	置数，即并行输入

(1) 异步复位，且响应$\overline{CR}$的低电平。

(2) M_1、M_0为控制输入。在$\overline{CR}=1$时，由M_1M_0可决定74194处于保持、右移、左移以及置数(同步预置)4种工作方式之一。

由此，称74194为4位双向移位寄存器。D_{SL}和D_{SR}分别是左移和右移串行输入端。A、B、C和D为置数时的并行输入端。Q_A、Q_B、Q_C和Q_D为并行输出端，且Q_A和Q_D分别兼作左移和右移时的串行输出端。

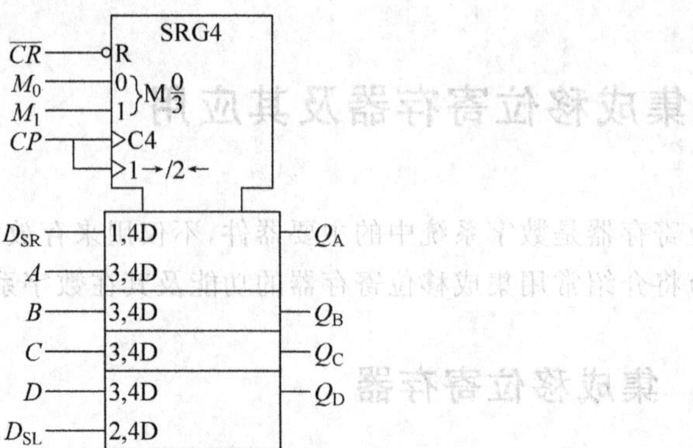

图 4-42 74194 的逻辑符号

4.5.2 移位型计数器

移位寄存器也可构成计数器,称为移位型计数器。它有两种结构:环形计数器和扭环形计数器。图 4-43(a)、图 4-43(b)分别给出了 4 位环形计数器的逻辑图和工作波形。

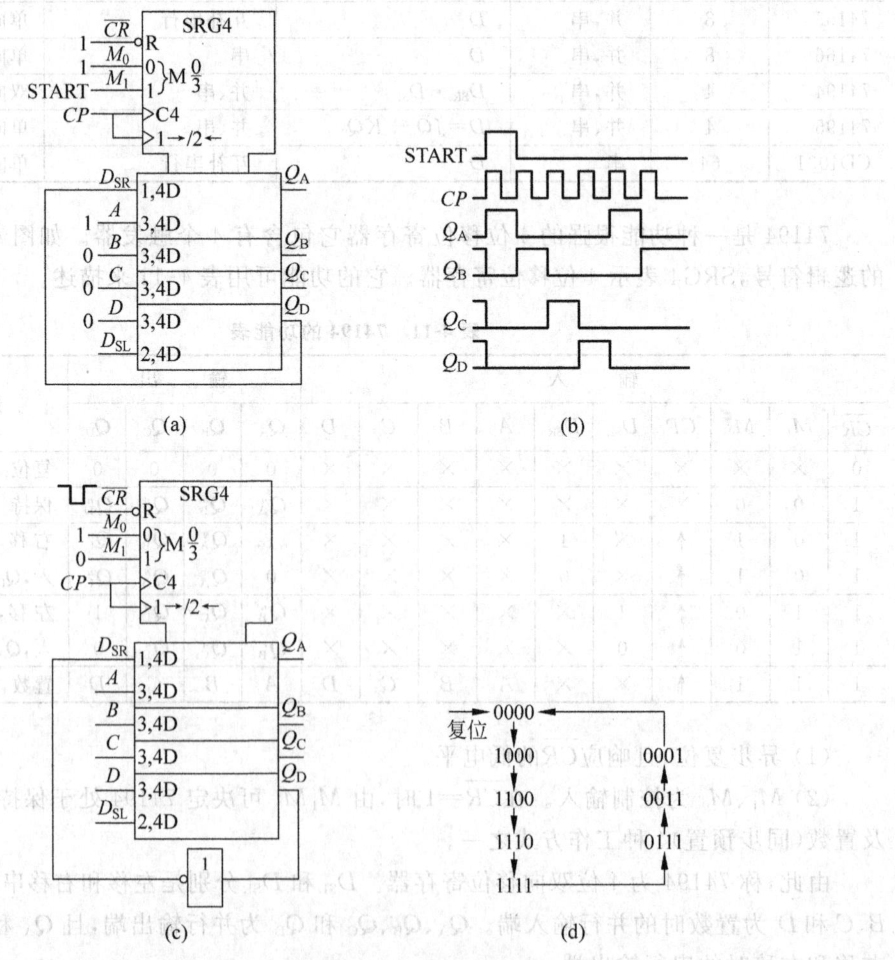

图 4-43 环形和扭环形计数器

在启动信号 START=1 期间，$M_1M_0=11$ 在 CP 作用下，无论 74194 初态如何，总是执行置数操作，使 $Q_AQ_BQ_CQ_D=1000$。当 START 由 1 变 0 之后，$M_1M_0=01$，在 CP 作用下 74194 进行右移操作。在第 4 个 CP 脉冲到来之前 $Q_AQ_BQ_CQ_D=0001$。这样在第 4 个 CP 脉冲到来时，由于 $D_{SR}=Q_D=1$，故 $Q_AQ_BQ_CQ_D$ 将变为 1000。这种计数器的电路十分简单，N 位移位寄存器可以实现模 N 计数器，且状态为 1 的输出端的序号即代表收到的计数脉冲的个数，通常不需要外加任何译码电路。

如图 4-43(c)所示是 4 位扭环形计数器的逻辑图。在复位信号作用下，$Q_AQ_BQ_CQ_D$ 变为 0000。然后在 CP 作用下，进行右移操作。因 $D_{SR}=\overline{Q_D}$，故 74194 的状态将按图 4-43(d)所示的规律变化。N 位移位寄存器构成的扭环形计数器可实现模 $2N$ 计数。

4.5.3　移位寄存器在数据转换中的应用

移位寄存器作数据转换是指数据由串行变并行传递或由并行变串行传递，这种变换在数字逻辑系统中占有重要地位。如计算机中外部设备与主机之间信息交换，运算器中半字交换，一些慢速数字设备与快速数字设备之间信息交换，都要进行数据交换，利用移位寄存器可以方便地实现这种转换。下面介绍一个带有标志位的串-并变换器和一个具有控制功能的并-串变换器。

1. 8 位串-并变换器

一种带有标志位的 8 位串-并变换器的电路如图 4-44 所示。设待变换的 8 位串行二进制码 $d_7d_6d_5d_4d_3d_2d_1d_0$ 低位在前加到 D 触发器的 D 端。变换完成后，并行数据从 $QQ'_AQ'_BQ'_CQ'_DQ''_AQ''_BQ''_C$ 输出，同时在 Q''_D 输出一个负脉冲作为一次变换已经完成的标志。为使逻辑图图面清晰，这些输出线未在图 4-44 中画出。

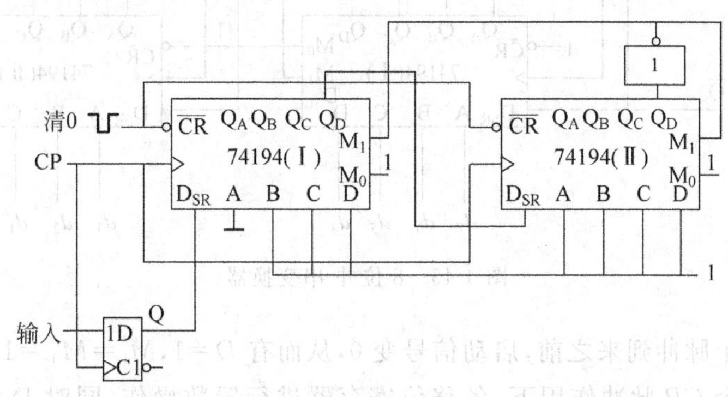

图 4-44　8 位串-并变换器

该电路在清 0 脉冲作用后。由于 $Q''_D=0$，使 $M'_1=M''_1=1$，因此，在第 1 个 CP 脉冲到来时，两片 74194 均进行置数操作。$Q'_AQ'_BQ'_CQ'_DQ''_AQ''_BQ''_CQ''_D$ 变成 01111111。同时，在此脉冲作用下，串行码的最低位 d_0 置入 D 触发器，$Q=d_0$。

此后，由于 $M'_1=M''_1=0$，而 $M'_0=M''_0=1$，使两片 74194 在第 2 个～第 8 个 CP 脉冲作用下，进行右移操作，其状态为

CP	Q	Q'_A	Q'_B	Q'_C	Q'_D	Q''_A	Q''_B	Q''_C	Q''_D
1	d_0	0	1	1	1	1	1	1	1
2	d_1	d_0	0	1	1	1	1	1	1
3	d_2	d_1	d_0	0	1	1	1	1	1
4	d_3	d_2	d_1	d_0	0	1	1	1	1
5	d_4	d_3	d_2	d_1	d_0	0	1	1	1
6	d_5	d_4	d_3	d_2	d_1	d_0	0	1	1
7	d_6	d_5	d_4	d_3	d_2	d_1	d_0	0	1
8	d_7	d_6	d_5	d_4	d_3	d_2	d_1	d_0	0

当第8个CP脉冲到来后,$Q''_D=0$它作为变换结束的输出标志,同时使$M'_1=M''_1=1$,开始新一轮的串-并变换。

2. 8位并-串变换器

具有控制功能的8位并-串变换器的电路如图4-45所示。待变换的8位并行数码$d_7d_6d_5d_4d_3d_2d_1d_0$加在两片74194的并行置数输入端$A'B'C'D'A''B''C''D''$。变换后的串行数码由Q''_D输出,其工作原理如下。

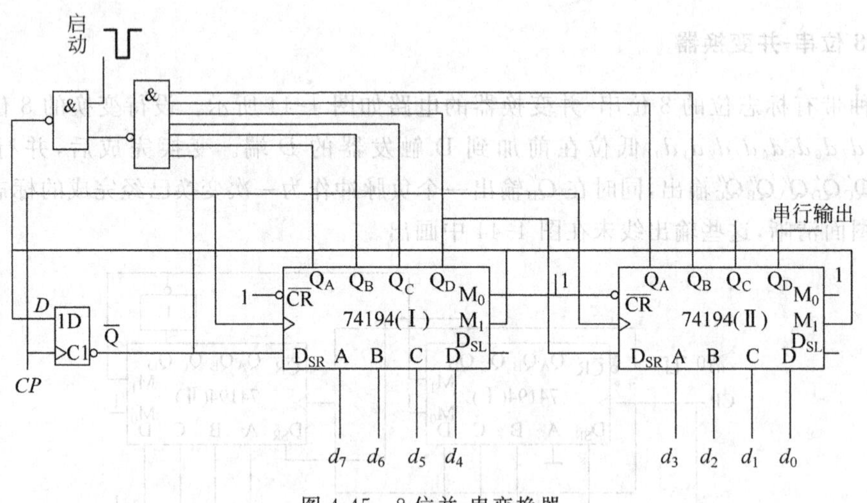

图4-45　8位并-串变换器

(1) 在第1个脉冲到来之前,启动信号变0,从而有$D=1$,$M'_1=M''_1=1$。

(2) 在第1个CP脉冲作用下,各移位寄存器进行置数操作,同时D触发器的$Q=1$,$D'_{SR}=\bar{Q}=0$。此时,串行输出$Q''_D=d_0$。

(3) 第2个CP脉冲到来之前启动信号变1,从而有$D=0$,$M'_1=M''_1=0$。

(4) 第2个~第8个CP脉冲作用下,各移位寄存器进行右移操作,D触发器的状态为0,从而有

CP	$\bar{Q}$	Q'_A	Q'_B	Q'_C	Q'_D	Q''_A	Q''_B	Q''_C	Q''_D	输出
2	1	0	d_7	d_6	d_5	d_4	d_3	d_2	d_1	d_1
3	1	1	0	d_7	d_6	d_5	d_4	d_3	d_2	d_2
4	1	1	1	0	d_7	d_6	d_5	d_4	d_3	d_3
5	1	1	1	1	0	d_7	d_6	d_5	d_4	d_4
6	1	1	1	1	1	0	d_7	d_6	d_5	d_5
7	1	1	1	1	1	1	0	d_7	d_6	d_6
8	1	1	1	1	1	1	1	0	d_7	d_7

(5) 第 8 个 CP 脉冲到来 $D=1$，$M'_1=M''_1=\bar{Q}Q'_AQ'_BQ'_CQ'_DQ''_AQ''_B=1$，从而在下一个 CP 脉冲作用下又进行置数操作，开始新一轮的变换。

上述两个电路在清 0/启动信号作用后，可以连续不断地进行变换。因此，清 0/启动信号也就是同步信号。

习题 4

4.1 试分析由或非门组成的基本 RS 触发器的逻辑功能，写出状态方程，写出状态方程，列出真值表。

4.2 加于由与非门构成的基本 RS 触发器的信号如图 4-46 所示，试画出 Q 及 $\bar{Q}$ 端的波形。

4.3 设如图 4-6(a)所示时钟 RS 触发器的初态为 0，当 R、S 和 CP 端加有如图 4-47 所示的波形时，试画出 Q 端的波形。

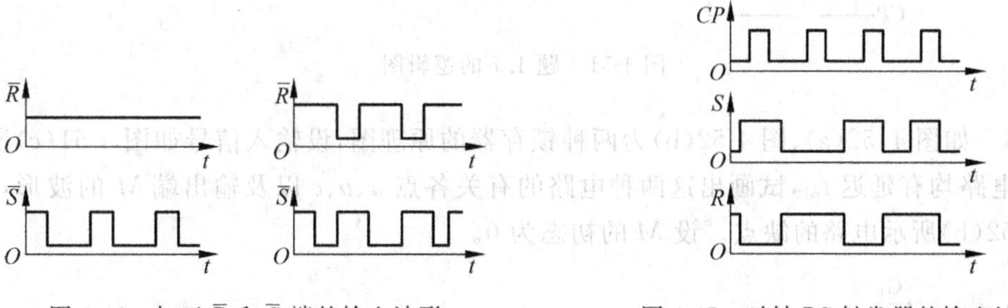

图 4-46 加于 $\bar{R}$ 和 $\bar{S}$ 端的输入波形

图 4-47 时钟 RS 触发器的输入波形

4.4 边沿触发型 RS 触发器构成的电路如图 4-48 所示，画出 Q 的波形，并分析电路功能。

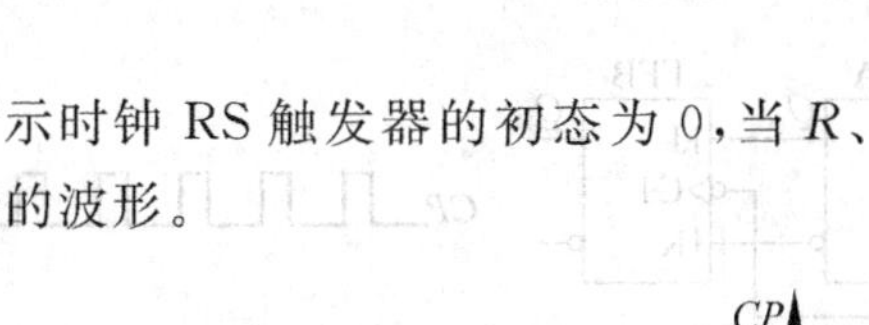

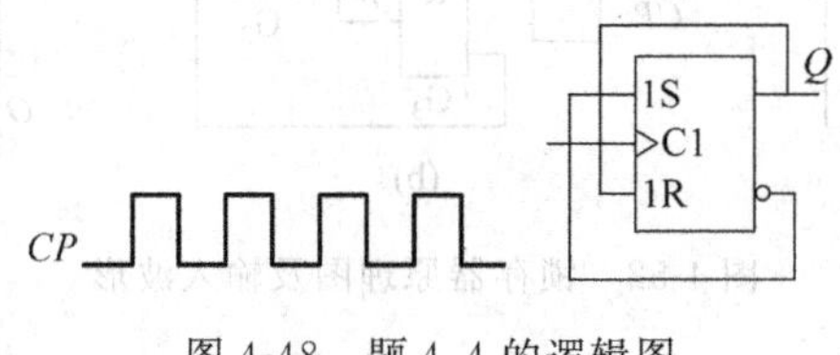

图 4-48 题 4.4 的逻辑图

4.5　设图 4-49 中各触发器初始状态均为 0，试画出各触发器在 CP 作用下 Q 端的波形。

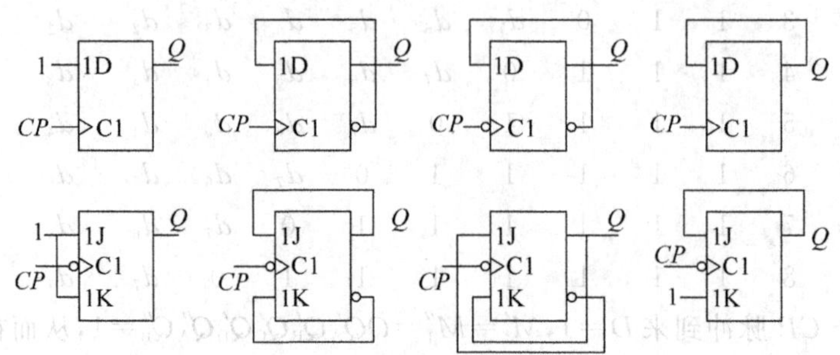

图 4-49　题 4.5 的逻辑图

4.6　试画出如图 4-50 所示主从型 JK 触发器的输出波形。设初态为 0。

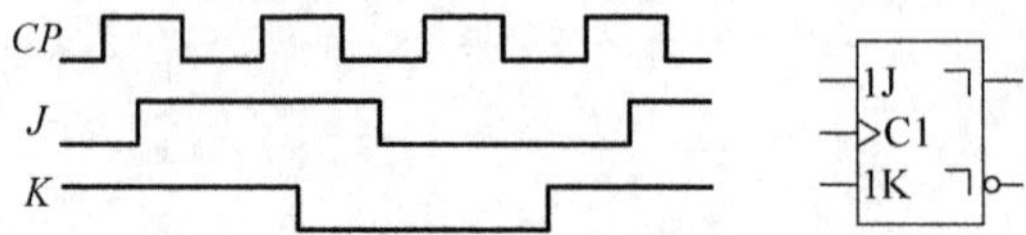

图 4-50　主从型 JK 触发器及其输入波形

4.7　如图 4-51 所示的电路中，触发器的 $t_{set}=20\text{ns}$，$t_h=0$，$t_{pd}=50\text{ns}$，试确定时钟信号最高工作频率，并画出 Q_A、Q_B 的波形。

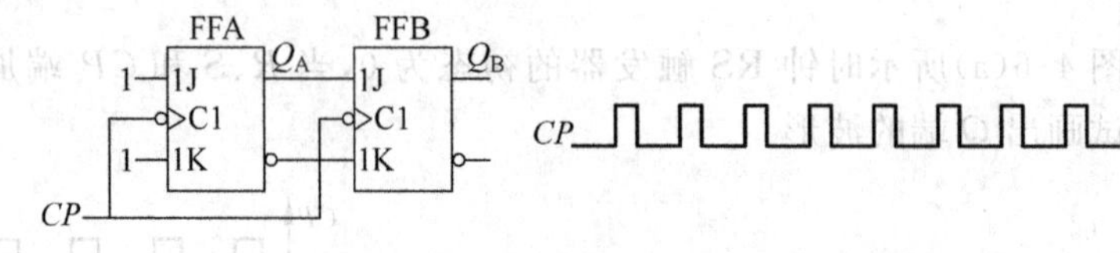

图 4-51　题 4.7 的逻辑图

4.8　如图 4-52(a)、图 4-52(b)为两种锁存器的原理图，设输入信号如图 4-51(c)所示，且各门电路均有延迟 t_{pd}，试画出这两种电路的有关各点 a、b、c 以及输出端 M 的波形，说明如图 4-52(b)所示电路的缺点。设 M 的初态为 0。

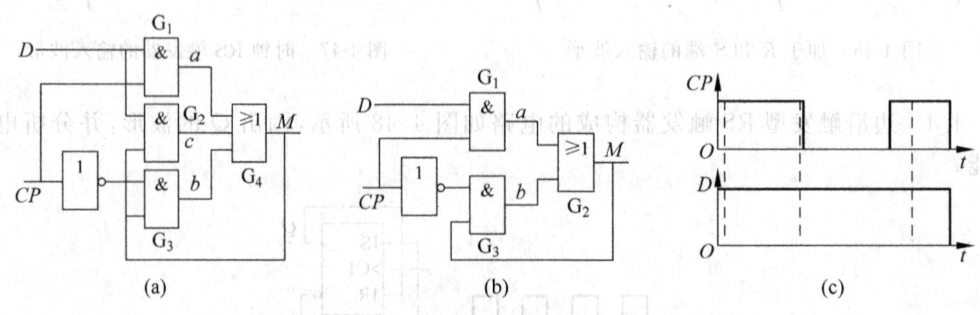

图 4-52　锁存器原理图及输入波形

4.9 画出如图 4-53 所示的电路在图示输入信号作用下 Q_1 和 Q_2 的波形。

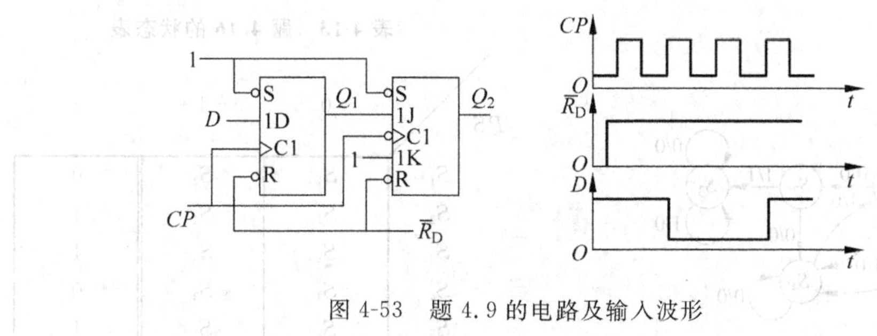

图 4-53 题 4.9 的电路及输入波形

4.10 试画出如图 4-54 所示的电路中 B 端的波形，并比较 A 和 B 的波形，说明此电路的功能。设各触发器初态为 0。

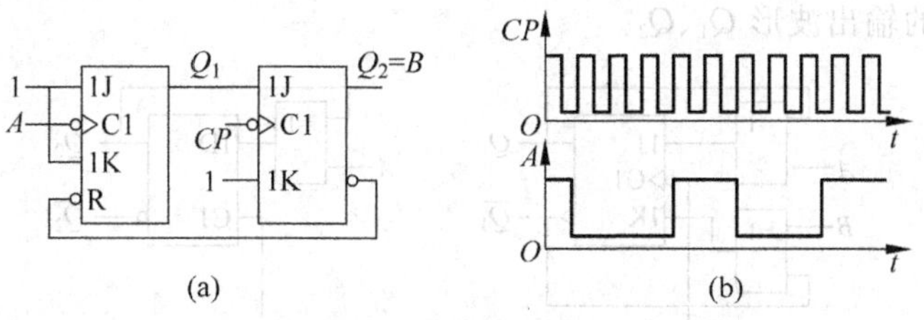

图 4-54 题 4.10 的逻辑图及输入波形

4.11 试用 D 触发器设计一个异步二进制模 8 加/减计数器。当控制信号 $x=0$ 时，计数器进行加法技术，反之做减法计数。

4.12 试用 JK 触发器设计上题的模 8 加/减计数器。

4.13 试把如表 4-12 所示的状态表变换成状态图。

表 4-12 题 4.13 状态表

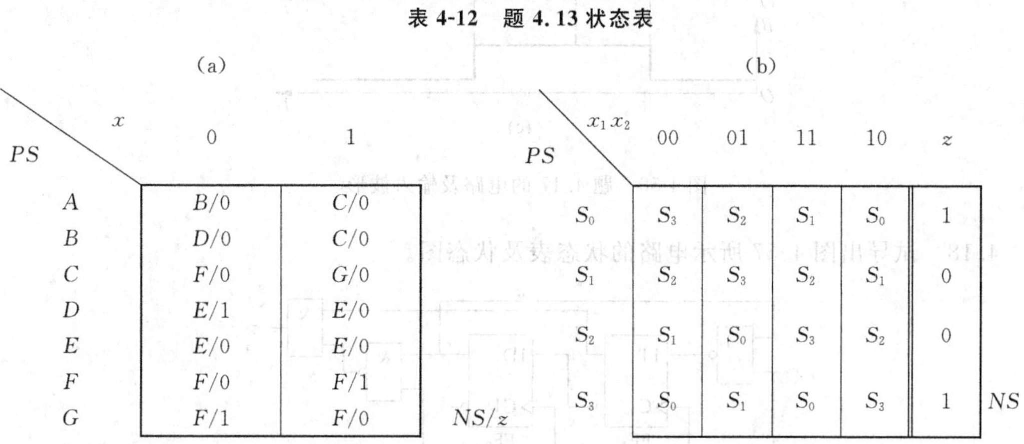

(a)

PS \ x	0	1
A	$B/0$	$C/0$
B	$D/0$	$C/0$
C	$F/0$	$G/0$
D	$E/1$	$E/0$
E	$E/0$	$E/0$
F	$F/0$	$F/1$
G	$F/1$	$F/0$

NS/z

(b)

PS \ x_1x_2	00	01	11	10	z
S_0	S_3	S_2	S_1	S_0	1
S_1	S_2	S_3	S_2	S_1	0
S_2	S_1	S_0	S_3	S_2	0
S_3	S_0	S_1	S_0	S_3	1

NS

4.14 某时序同步电路如表 4-12(a)所示。若电路的初始状态为 A，输入信号依次为 1、1、0、1，试列出它的状态变化过程及相应的输出。

4.15 已知状态图如图 4-55 所示，试画出它的状态表。

4.16 已知电路的状态表如表 4-13 所示。试画出它的状态图。如果电路的初态在

S_2,输入信号依次是 0、1、0、1、1、1、1,试列出状态变化过程及相应的输出。

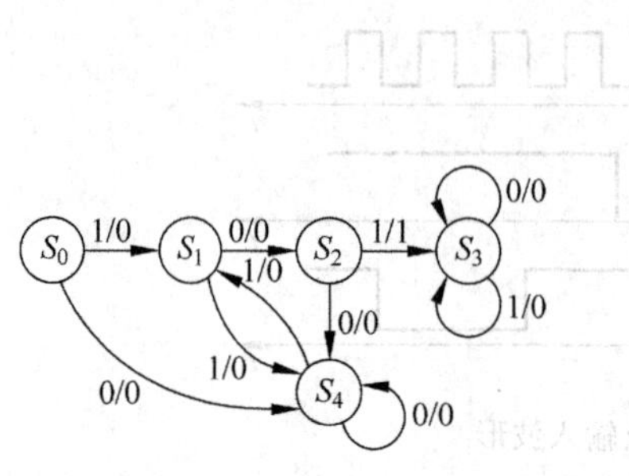

图 4-55 题 4.15 的状态图

表 4-13 题 4.16 的状态表

PS \ x	0	1	z
S_1	S_1	S_2	0
S_2	S_1	S_4	1
S_3	S_2	S_5	1
S_4	S_4	S_3	0
S_5	S_2	S_1	1
	NS		

4.17 如图 4-56(a)、图 4-56(b)所示为两个时序电路,其输入信号如图 4-56(c)所示。试分别画出相应的输出波形 Q_1、Q_2。

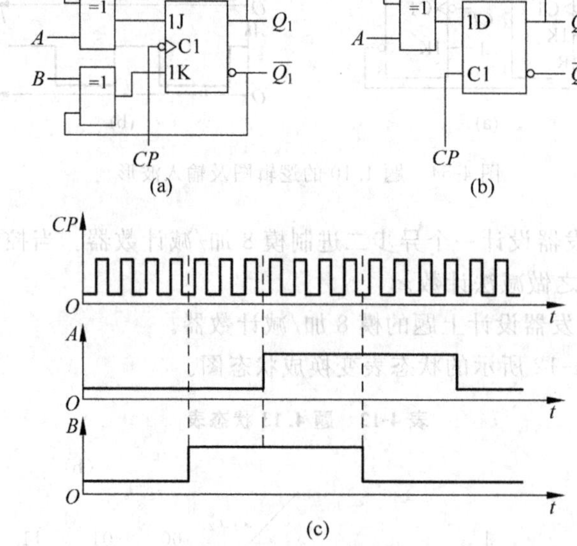

图 4-56 题 4.17 的电路及输入波形

4.18 试导出图 4-57 所示电路的状态表及状态图。

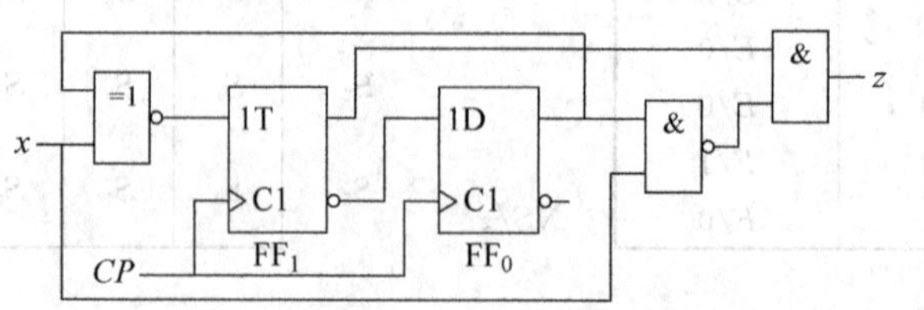

图 4-57 题 4.18 的电路及输入波形

4.19 试导出如图 4-58 所示电路的状态表及状态图。

4.20 分析如图 4-59 所示电路,简述其逻辑功能。

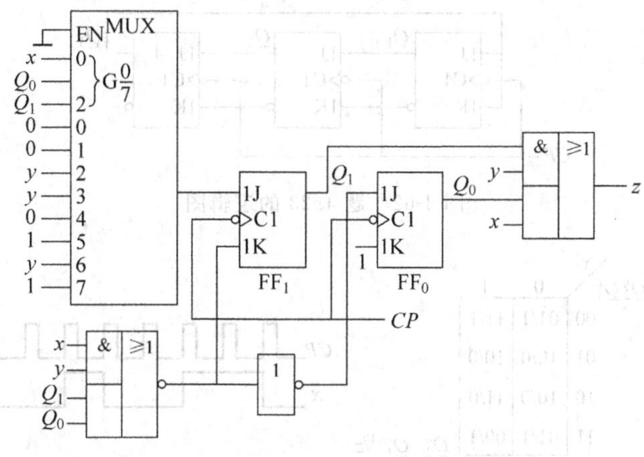

图 4-58　题 4.19 的逻辑图

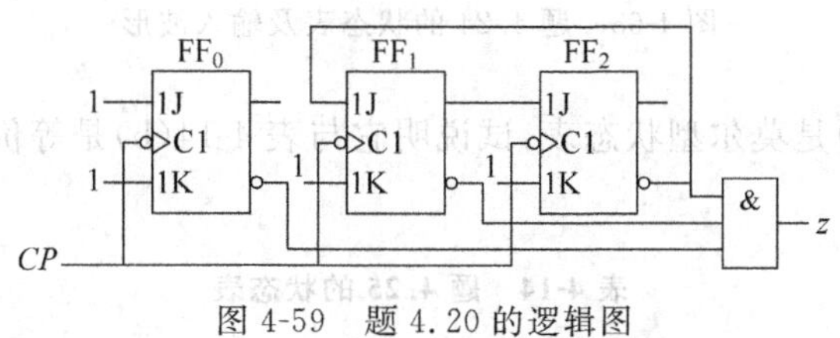

图 4-59　题 4.20 的逻辑图

4.21　如图 4-60 所示为一个环形计数器。如果电路的初始状态为 $Q_3Q_2Q_1Q_0=1000$，试画出在一系列 CP 脉冲作用下 Q_3、Q_2、Q_1 以及 Q_0 的波形。

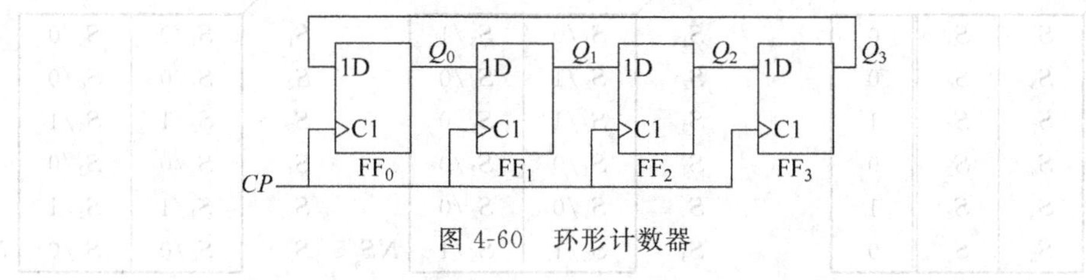

图 4-60　环形计数器

4.22　如图 4-61 所示为一个钮环形计数器。如果电路的初始状态为 $Q_3Q_2Q_1Q_0=0000$，试画出在一系列 CP 脉冲作用下 Q_3、Q_2、Q_1 和 Q_0 的波形。为什么说它是一个计数器？它的模是几？该电路是自启动的吗？

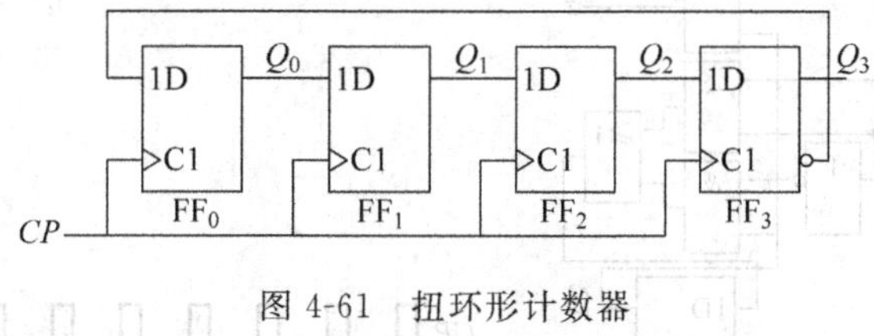

图 4-61　扭环形计数器

4.23　分析如图 4-62 所示电路，列出其状态表，画出其状态图，并分析电路中存在的问题。

4.24　已知状态表如图 4-63(a)所示，若电路的初态 $Q_2Q_1=00$，输入信号波形如图 4-63(b)所示，试画出 Q_1、Q_2 的波形（设触发器响应于负跳变）。

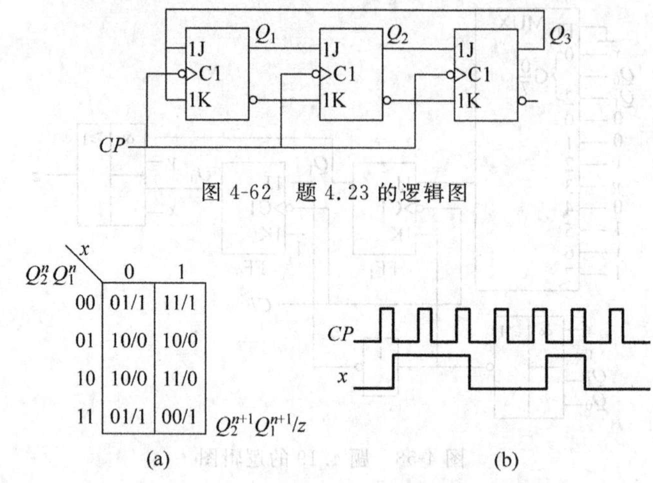

$Q_2^nQ_1^n$ \ x	0	1
00	01/1	11/1
01	10/0	10/0
10	10/0	11/0
11	01/1	00/1

$Q_2^{n+1}Q_1^{n+1}/z$

图 4-62 题 4.23 的逻辑图

图 4-63 题 4.24 的状态表及输入波形

4.25 表 4-14(a)是莫尔型状态表,试说明它与表 4-14(b)是等价的,而与表 4-14(c)不等价。

表 4-14 题 4.25 的状态表

(a)

PS \ x	0	1	z
S_1	S_1	S_3	0
S_2	S_3	S_6	0
S_3	S_3	S_6	1
S_4	S_4	S_2	0
S_5	S_4	S_2	1
S_6	S_3	S_5	0
	NS		

(b)

PS \ x	0	1
S_1	$S_1/0$	$S_3/1$
S_2	$S_3/1$	$S_6/0$
S_3	$S_3/1$	$S_6/0$
S_4	$S_4/0$	$S_2/0$
S_5	$S_4/0$	$S_2/0$
S_6	$S_3/1$	$S_5/1$
	NS/z	

(c)

PS \ x	0	1
S_1	$S_1/0$	$S_2/0$
S_2	$S_3/0$	$S_6/0$
S_3	$S_3/1$	$S_6/1$
S_4	$S_4/0$	$S_2/0$
S_5	$S_4/1$	$S_2/1$
S_6	$S_3/0$	$S_5/0$
	NS/z	

4.26 分析如图 4-64(a)所示同步时序电路。写出其激励方程及输出方程,画出状态图,列出状态表。如初始状态为 0,输入信号如图 4-64(b)所示,画出 D、Q、z 的波形图。

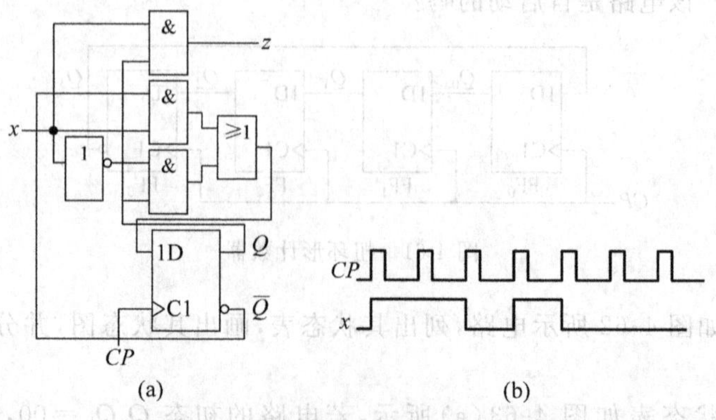

图 4-64 题 4.26 的电路图及输入波形

4.27 分析图4-65所示的同步时序电路,写出其激励方程组和输出方程,列出状态表。

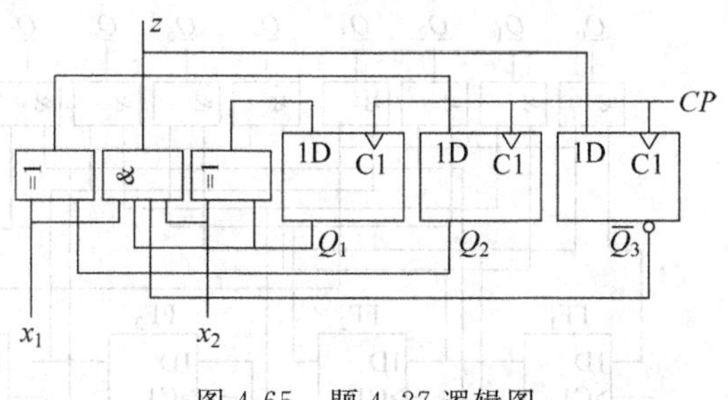

图4-65 题4.27逻辑图

4.28 电路如图4-66所示,试列出其状态表。设初始状态 $Q_1Q_2=00$,输入信号序列为001101110,试画出 J_1、K_1、J_2、K_2、Q_1、Q_2 以及 z 的波形。

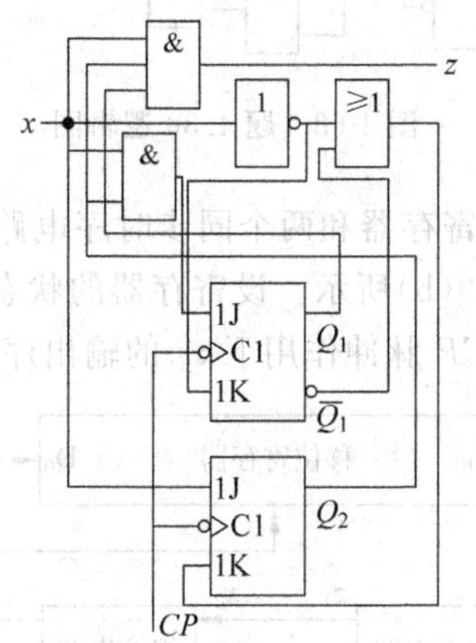

图4-66 题4.28逻辑图

4.29 电路如图4-67所示,试分析其逻辑功能,列出功能表。

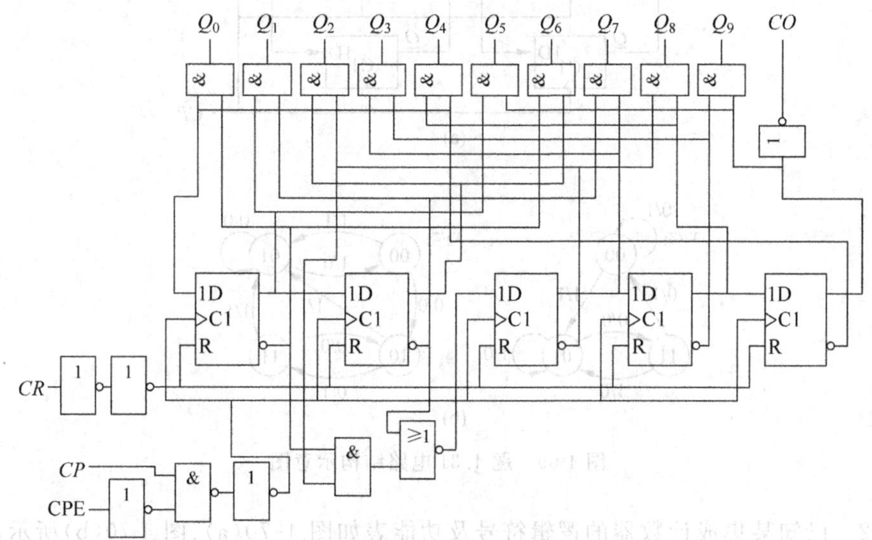

图4-67 题4.29逻辑图

4.30　电路如图4-68所示,试分析其逻辑功能,列出功能表。

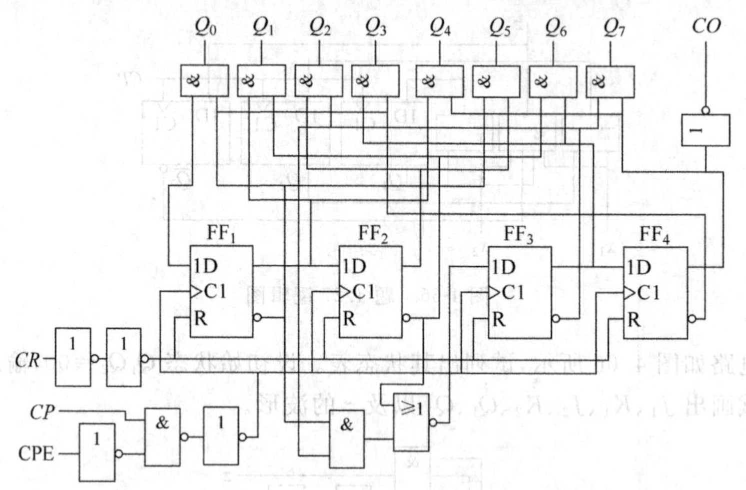

图4-68　题4.30逻辑图

4.31　一个11位左移移位寄存器和两个同步时序电路相连,如图4-69(a)所示。这两个同步时序电路的状态如图4-69(b)所示。设寄存器的状态为01101000100,两个时序电路均处于0状态,试确定在11个 CP 脉冲作用下 z_2 的输出序列。

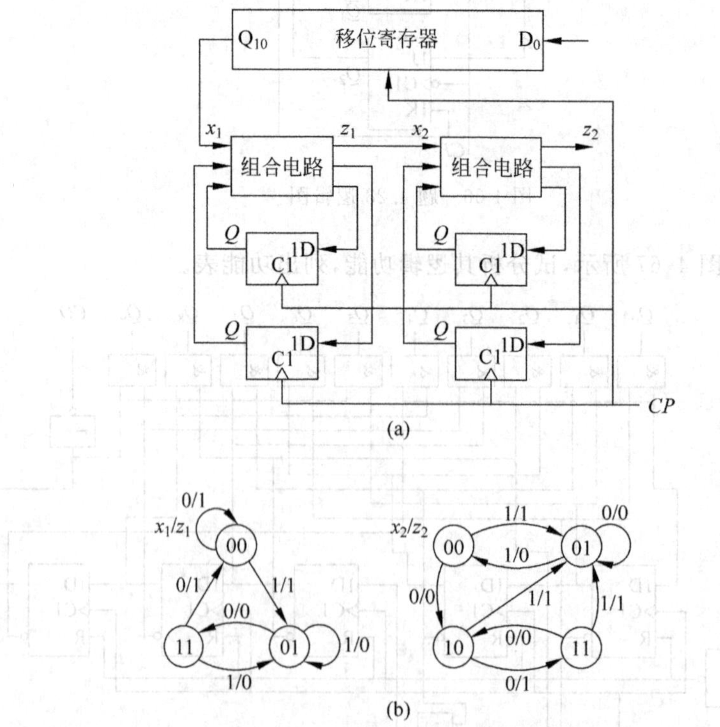

图4-69　题4.31电路结构示意图

4.32　已知某集成计数器的逻辑符号及功能表如图4-70(a)、图4-70(b)所示,试画出在如图4-70(c)所示的输入信号作用下 Q_0、Q_1、Q_2、Q_3 及 $\overline{CO}$ 的输出波形。

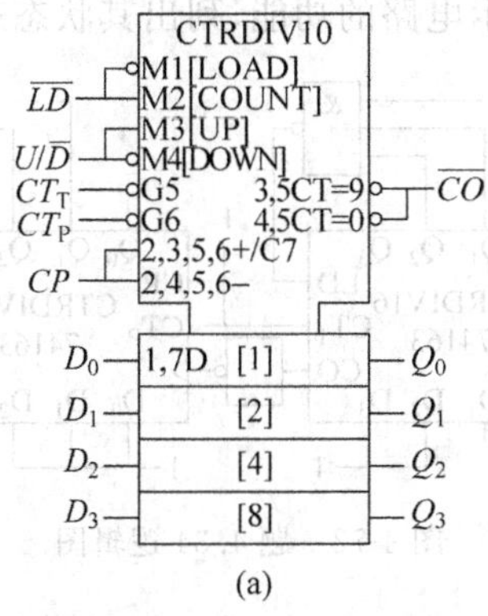

(a)

输入									输出			
$\overline{LD}$	CT_P	CT_T	$U/\overline{D}$	CP	D_3	D_2	D_1	D_0	Q_3	Q_2	Q_1	Q_0
0	×	×	×	↑	D_3	D_2	D_1	D_0	D_3	D_2	D_1	D_0
1	0	0	1	↑	×	×	×	×	加计数			
1	0	0	0	↑	×	×	×	×	减计数			
1	1	×	×	×	×	×	×	×	保持			
1	×	1	×	×	×	×	×	×	保持			

(b)

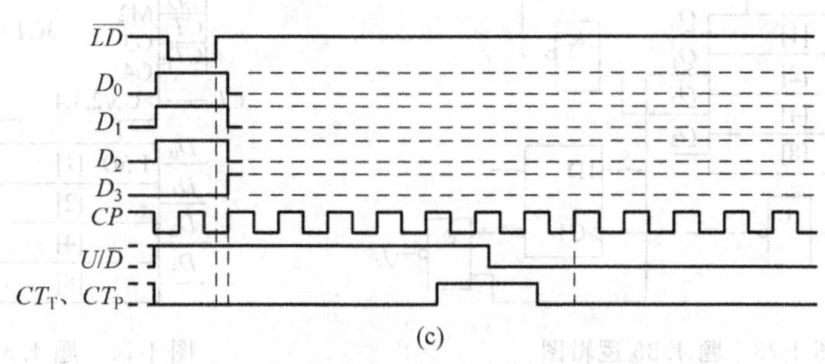

(c)

图 4-70　某集成计数器的功能表和波形图

4.33　如图 4-71 所示为由两片同步十六进制计数器组成的计数器，试说明它的模，画出在 20 个 CP 脉冲作用下各 Q 端的波形图。

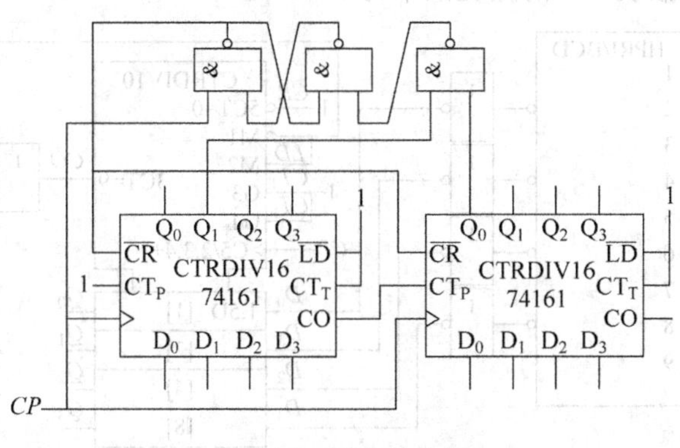

图 4-71　同步计数器

4.34　试分析如图 4-72 所示电路的功能，列出其状态表。

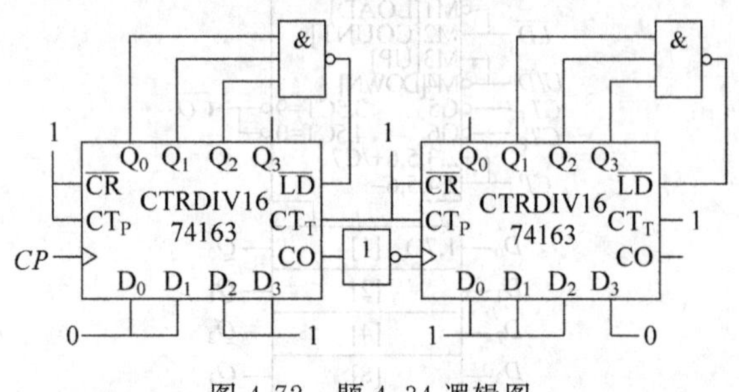

图 4-72　题 4.34 逻辑图

4.35　试分析如图 4-73 所示的电路的功能，画出在 CP 作用下 f_c 的波形。

4.36　试分析如图 4-74 所示的计数器的模。

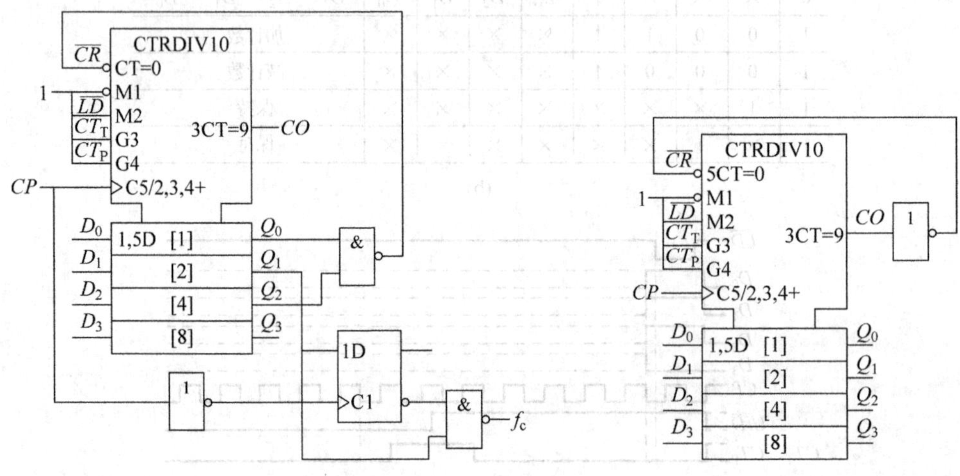

图 4-73　题 4.35 逻辑图　　　　图 4-74　题 4.36 逻辑图

4.37　如图 4-75 所示为由二-十进制编码器 74147 和同步十进制计数器 74162 组成的可控分频器。试说明输入信号 A、B、C、D、E、F、G、H、I 分别为低电平时，由 f 端输出的信号频率依次为多少。假设 CP 的重复频率为 10kHz。

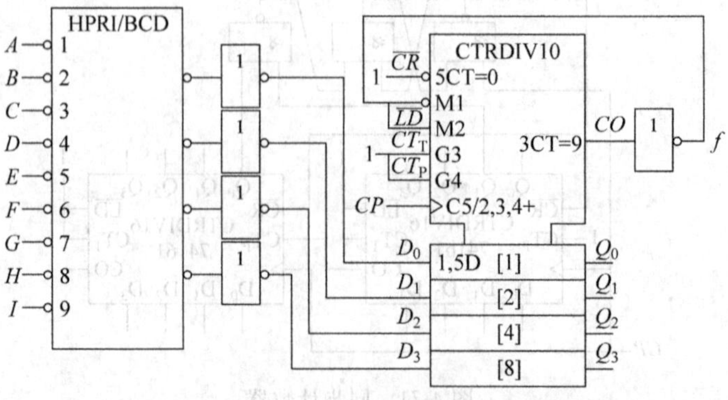

图 4-75　可控分频器逻辑图

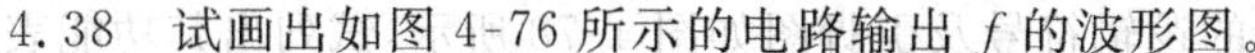

4.38　试画出如图4-76所示的电路输出 f 的波形图。

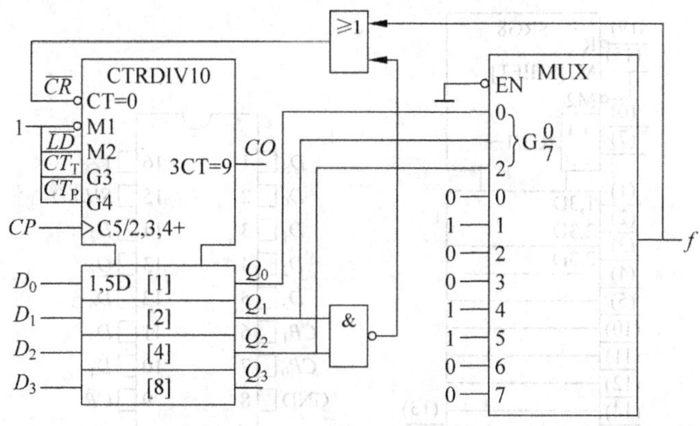

图4-76　题4.38逻辑图

4.39　用集成计数器74163并辅以少量门电路实现下列计数器：

① 计数规律1,2,3,4,9,10,11,12,13,14,15,0,1,…的计数器；

② 二进制模60计数器；

③ 8421 BCD码模60计数器。

4.40　用集成加/减计数器74192构成具有如下计数规律的计数器；

2,3,4,5,6,7,6,5,4,3,2,3,…

4.41　试选用集成计数器及组合电路构成010011000111序列信号发生器。

4.42　已知集成移位寄存器的逻辑符号功能表如图4-77(a)、图4-77(b)所示，试画出在图4-77(c)所示信号作用下 Q_7、$\overline{Q}_7$ 的输出波形。

输入				内部输出	输出
$SH/\overline{LD}$	CP_1+CP_0	D_S	$D_0 \cdots D_7$	$Q_0 \cdots Q_6$	Q_7
L	×	×	$d_0 \cdots d_7$	d_0　d_6	d_7
H	L	×	×	Q_0^n　Q_6^n	Q_7^n
H	↑	H	×	H　Q_5^n	Q_6^n
H	↑	L	×	L　Q_5^n	Q_6^n
H	H	×	×	Q_0^n　Q_6^n	Q_7^n

(b)

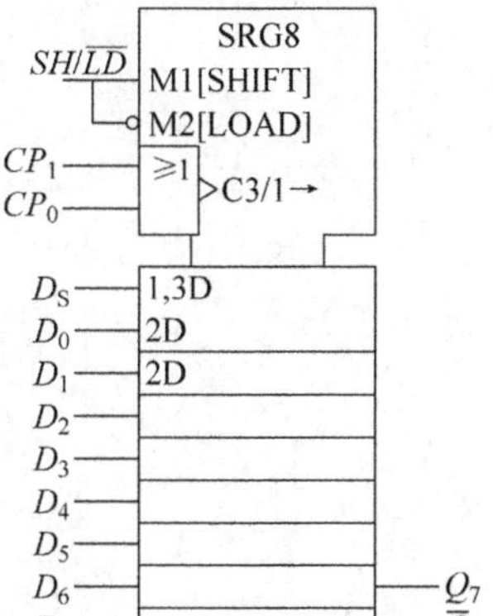

(a) 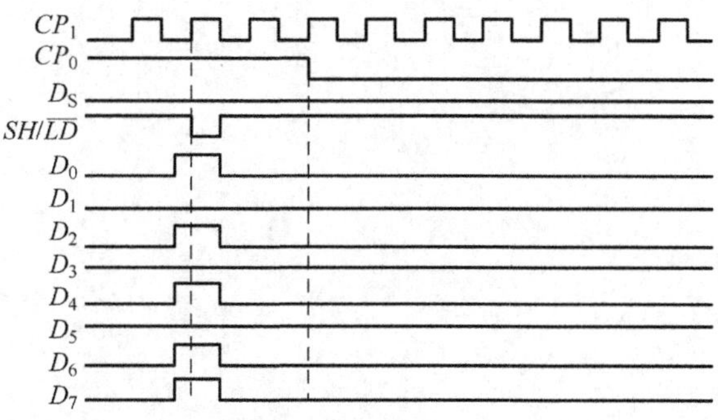　　(c)

图4-77　某移位寄存器功能表及输入波形

4.43 已知集成移位寄存器的逻辑符号及引脚图如图 4-78 所示，试列出其功能表。

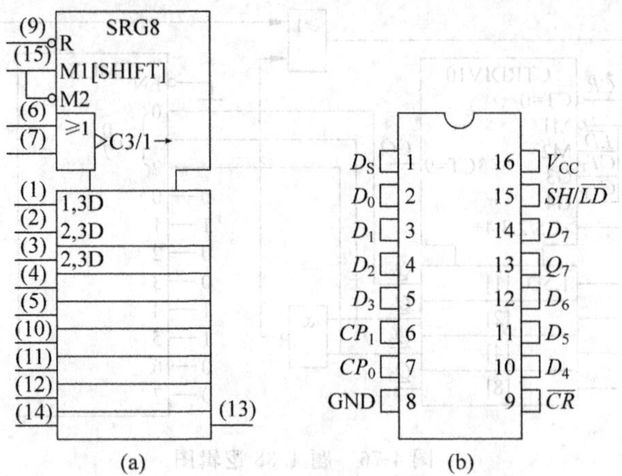

图 4-78 某移位寄存器的逻辑符号

4.44 电路如图 4-79 所示，试画出其状态表。

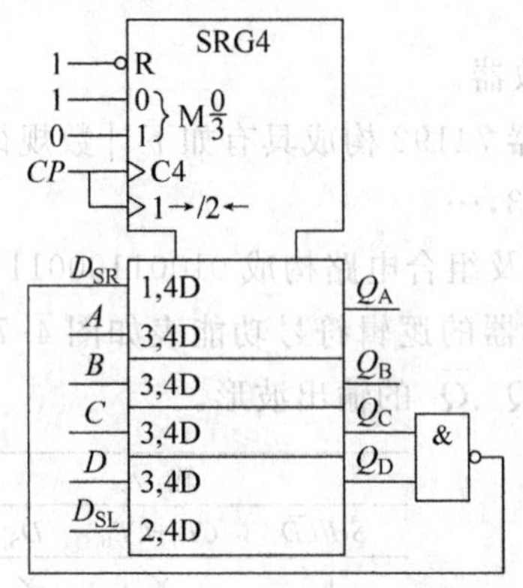

图 4-79 题 4.44 电路图

第 5 章　同步时序电路和数字系统设计

组合逻辑电路的设计大致可以分为两步。第一步是把电路功能的文字描述变成逻辑描述；第二步是对逻辑描述进行逻辑变换，直到变换成逻辑图。

同步时序电路可由触发器、计数器、移位寄存器、存储器等时序器件和组合电路构成，同步时序电路的设计可分为两种情况。

(1) 如果电路的功能比较单一，可以直接将功能的文字描述变换为状态表(图)、逻辑方程、再到逻辑图的变换。

(2) 待设计对象比较复杂，首先要进行算法设计和电路划分等一系列步骤后才能划分为单一功能的单元电路，然后设计各单元的逻辑电路。在这种情况下，除采用状态图(表)描述同步时序电路外，更多的是采用算法状态机图(简称 ASM 图)等其他描述工具，并由此进行后续的设计工作。

本章重点讨论功能单一的时序逻辑电路设计。

5.1　同步时序电路的基本设计方法

如果电路的功能比较单一，可以直接将功能的文字描述变换为按照时间顺序的逻辑状态变化图(简称状态图)，是设计同步时序电路的第一步。

5.1.1　原始状态图和状态表的建立

由逻辑描述直接得到状态图，反映了逻辑状态按照时间变化的规律，是后续逻辑电路设计的依据和目的，也是整个时序电路设计中最重要的一步。本节通过实例来说明如何分析被设计电路的逻辑要求，以导出能满足需求的状态图，然后再列出状态表。

导出状态图、状态表的过程可分为以下 4 步：

(1) 分析电路的逻辑功能，明确各种输入信号的逻辑组合，确定各逻辑功能的时间顺序和特点。注意输入逻辑的变化和时序电路中的时钟脉冲(沿)相关联。

(2) 列出电路不同的输入或输出序列的特征(用 S_1、S_2、S_3 等命名)，以确定该电路应包含的状态，这些状态称为"现态"或"当前态"。

(3) 考察在各种可能的输入组合作用下电路由现态转入的下一个状态，称为"次态"及相应的逻辑输出。注意次态是相对于当前态而言的，脉冲沿到来前为现态，脉冲沿到来后为次态。次态的逻辑特征由现态和现态下的输入逻辑组合决定，如图 5-1 所示。

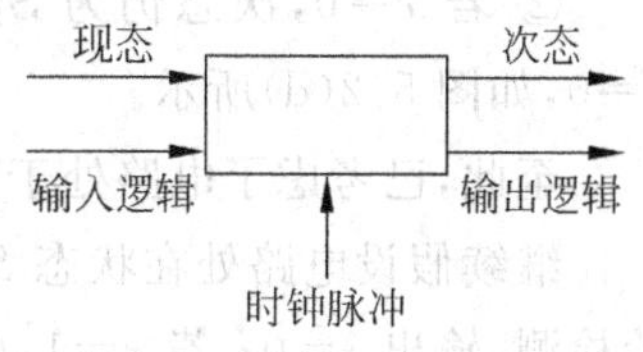

图 5-1　现态、次态的关系

(4) 按照功能描述和时间顺序逐一分析现态和次态的转换关系,直到构成完整的状态图。如果发现有尚未定义的新状态,则把新的状态(命名后)加入到状态图中去。

由于逻辑功能的复杂性,状态图的建立没有固定的模式,只能凭借设计者缜密的思考和成熟的经验实现。上面的4个步骤仅作为生成状态图时的思考方案。

例 5-1 设计一个"111"序列检测器。它的功能是对输入信号进行检测。该检测器有一个输入端 x,当连续输入3个1(以及3个以上1)时,该电路输出1($z=1$),否则输出0($z=0$)。上述逻辑功能可用如图5-2(a)、图5-2(b)所示的框图和输入、输出序列表示。

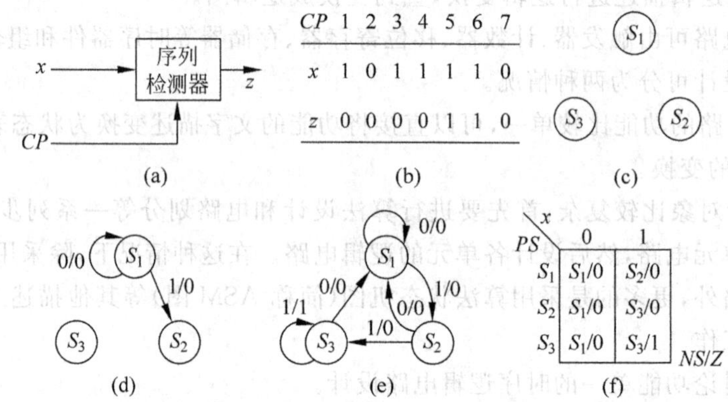

PS \ x	0	1
S_1	$S_1/0$	$S_2/0$
S_2	$S_1/0$	$S_3/0$
S_3	$S_1/0$	$S_3/1$

图 5-2 导出例 5-1 序列检测器状态图、状态表的过程

分析:

(1) 由于电路仅有一个输入端 x,则输入的逻辑组合仅为 $x=0$ 或 $x=1$。

(2) 确定电路应包含的状态。因为该电路在连续收到3个1(以及3个以上1)时,输出1,其他情况输出0。

根据电路的特点,电路工作时的特征为:"输入为0"、"收到一个1"、"连续收到2个1",共3种必需的情况。(注意:下面将看到,电路并不需要关心连续收到3个1、4个1等情况)。

分别用 S_1、S_2、S_3 表示上述3种情况,把每一种情况与电路的一个状态相对应,如图5-2(c)所示。

(3) 确定状态间的转换及输出,构成完整的状态图。

从已列出的 S_1、S_2、S_3 这3个状态中,先任意地假设电路处于当前状态 S_1,在此状态下,电路可能的输入有 $x=0$ 或 $x=1$。

① 若 $x=1$,电路由现态 S_1 变为次态 S_2,表示电路处于"收到一个1"的状态,同时 $z=0$;

② 若 $x=0$,次态仍为 S_1,即电路保持在状态 S_1 不变,表示电路尚未收到过1,同时 $z=0$,如图5-2(d)所示。

至此,已考虑了电路处于 S_1 时各种可能的输入组合情况下电路的次态。

继续假设电路处在状态 S_2,即现态为 S_2。这时若 $x=0$,电路的次态又回到 S_1,重新开始检测,输出 $z=0$;若 $x=1$,电路应进入次态 S_3 表示达到了"连续收到了两个1"的状态,输出 $z=1$。

再继续设电路处于状态 S_3，若 $x=0$，电路也回到次态 S_1，$z=0$；若 $x=1$，则表示已达到“连续收到了 3 个 1”的状态，因此输出 $z=1$，且次态仍为 S_3（因为仍处于前面“连续收到 2 个 1”的状态）。如接着又收到第 4 个 1、则表明连续收到的仍是“3 个 1”，故输出 $z=1$，且电路的次态仍是 S_3。

完整的状态图如图 5-2(e)所示。

根据状态图作出状态表，如图 5-2(f)所示，其中 PS 表示现态，NS 表示次态。状态图和状态表体现了该序列检测器的逻辑。

在用上述方法导出状态表时，可能会因疏忽而未在第一步中列出全部应该包含的状态。下面这个例子将说明被疏忽的状态可在第二步中加入。

例 5-2　设计一个序列检测器。该检测器有一个输入端 x。当收到的输入序列为 010 或 1001 时，且在收到该序列的最后一个 0 或 1 的同时输出 $z=1$，其他任何情况下输出 $z=0$。

分析：首先排列出电路的输入组合，分析电路的时序过程，确定电路的状态。

根据电路要检测的输入序列，按照例 5-1 的经验，电路中必须经历的序列过程是：0、01、010 或 0、01、10、100、1001。依次用 S_0——0、S_1——01、S_2——010 或 10、S_3——100、S_4——1001 来表示，并把它们画在图 5-3(a)中。

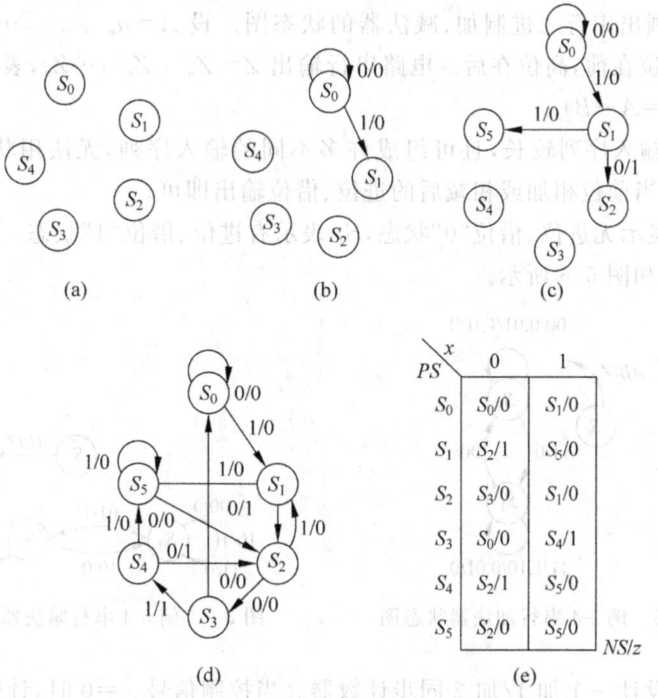

PS \ x	0	1
S_0	S_0/0	S_1/0
S_1	S_2/1	S_5/0
S_2	S_3/0	S_1/0
S_3	S_0/0	S_4/1
S_4	S_2/1	S_5/0
S_5	S_2/0	S_5/0

NS/z

图 5-3　导出例 5-2 状态图(表)的过程

先假设电路处于现态 S_0，并考虑 $x=0$、1 两种输入，得如图 5-3(b)所示的次态。

假设电路处于 S_1，如果 $x=0$，电路进入次态 S_2，输出 $z=1$；如果输入 $x=1$，则电路已收到了输入序列 011，其中最后一个 1 可看成序列 1001 中的第一个 1。在前面的分析中并未规定此状态,可以新加入状态 S_5 来描述,如图 5-3(c)所示。

此后,依次以各个状态为现态,分别考虑 $x=0$、1 两种可能的输入,画出完整的状态图如图 5-3(d)所示。对应的状态表如图 5-3(e)所示。

例 5-3 米里型电路具有两个输入端(X_2、X_1)表示一个 2 位的二进制数和两个输出端(Z_2、Z_1)。若当前输入的数大于前一时刻输入的数,则 $Z_2Z_1=10$;若当前输入的数小于前一时刻输入的数;则 $Z_2Z_1=01$;否则,$Z_2Z_1=00$。试画出其状态图。

分析:

(1) 该电路的两个输入端 X_2、X_1 表示一个 2 位二进制:输入组合为 00、01、10、11。二个输出端为 Z_2Z_1。

(2) 设该时序逻辑中各中间状态为:$S_0=00$,$S_1=01$,$S_2=10$,$S_3=11$。

(3) 依题意,如以每个状态为现态,则各现态下均有 4 种输入,次态变化如图 5-4 所示。

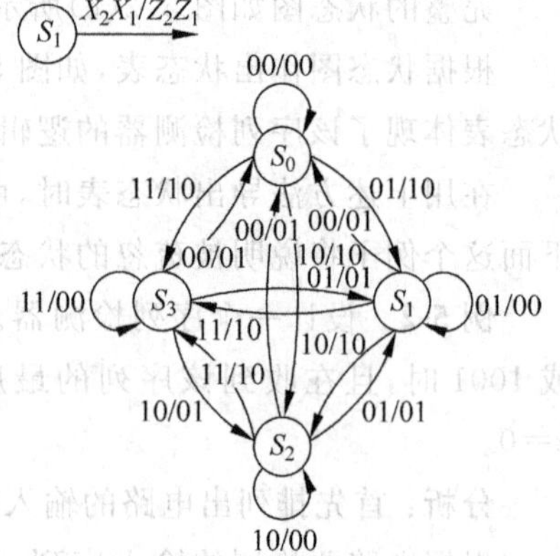

图 5-4 例 5-3 的状态图

在由逻辑要求导出原始状态图的时候,务求正确,而不在于状态数的多少。通常可通过状态表化简来减少原始状态表中的状态数。

例 5-4 试画出串行二进制加、减法器的状态图。设 $A=a_{n-1}\ a_{n-2}\cdots a_0$、$B=\ b_{n-1}\ b_{n-2}\cdots b_0$。输入时低位在前,高位在后。电路串行输出 $Z=Z_{n-1}\ Z_{n-2}\cdots Z_0$,表示当前相加、减结果($Z=A+B$、$Z=A-B$)。

分析:因为输入序列较长,且可组成许多不同的输入序列,无法用状态来记忆这些序列。但只需记下当前位相加或相减后的进位、借位输出即可。

设状态 S_0 表示无进位、借位"0"状态,S_1 表示有进位、借位"1"状态。加、减法状态转移图分别如图 5-5 和图 5-6 所示。

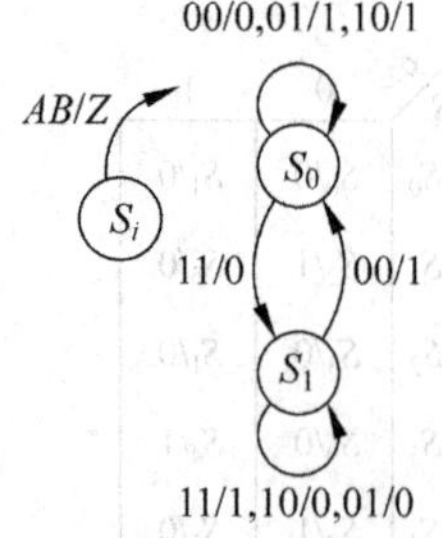

图 5-5 例 5-4 串行加法器状态图

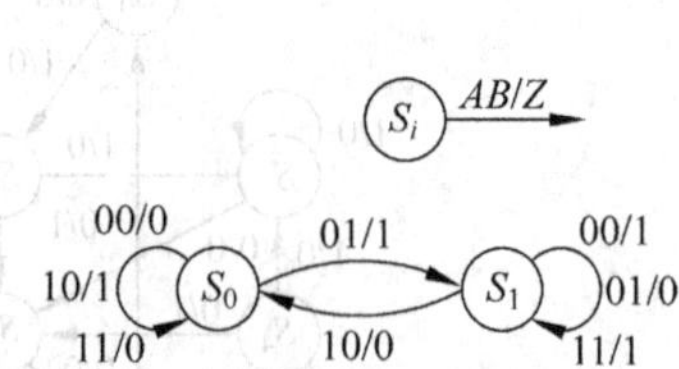

图 5-6 例 5-4 串行减法器状态图

例 5-5 试设计一个加 1/加 2 同步计数器。当控制信号 $x=0$ 时,计数器作十进制加 1 计数;当控制信号 $x=1$ 时,作加 2 计数。但 x 不会在计数器状态为奇数时由 0 变 1。

分析:当 $x=0$ 时,电路是一个十进制计数器,故电路需要 10 个状态 $S_0,S_1,\cdots,S_9$,用来表示所收到的计数脉冲(即 CP 脉冲)的个数。当收到第 10 个计数脉冲时,电路状态回到 S_0。当 $x=1$ 时,电路作加 2 计数。

该电路的状态图和状态表分别如图 5-7 所示。

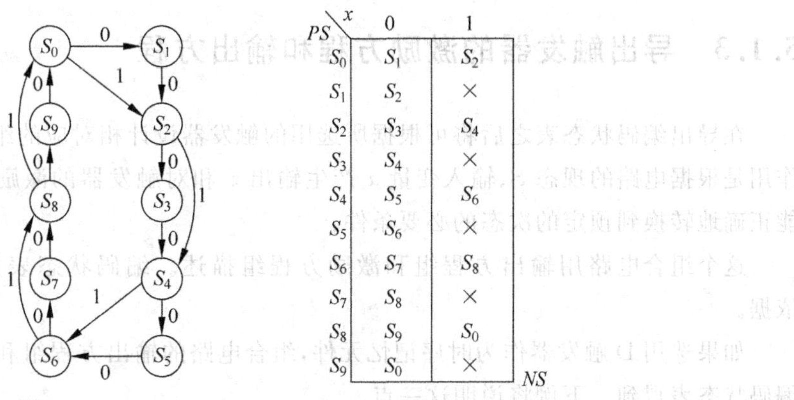

PS \ x	0	1
S_0	S_1	S_2
S_1	S_2	×
S_2	S_3	S_4
S_3	S_4	×
S_4	S_5	S_6
S_5	S_6	×
S_6	S_7	S_8
S_7	S_8	×
S_8	S_9	S_0
S_9	S_0	×

NS

图 5-7　例 5-5 加 1/加 2 计数器的状态图和状态表

因电路处于 S_1、S_3、S_5、S_7、S_9 时，x 不会为 1，因此在状态表中不必为现态 S_1、S_3、S_5、S_7、S_9 在 $x=1$ 时规定次态，而填入任意项×。

5.1.2　用触发器实现状态分配

一般来说，在同步时序电路中电路的状态是由触发器的状态来表征的。触发器的现态用 Q^n 表示，次态用 Q^{n+1} 表示。

在得到状态表以后，就应对状态表中的每个状态赋以适当的二进制代码，这个过程称为"状态分配"。用二进制代码表示状态的状态表称为"编码状态表"。实践表明，状态分配不同，所得到的电路也不同，但目的是相同的。

设某状态表如表 5-1(a)所示，其中有 4 个状态，需要两个触发器。两个触发器有 00、01、10、11 共 4 种代码。按照下列指导方案，应分配为相邻的二进制代码。

(1) 在同一输入下，具有相同次态的现态，如表 5-1(a)中：S_1S_2、S_2S_3；

(2) 同一个现态在相邻输入下的不同的次态，如：S_1S_3、S_1S_4、S_2S_3；

(3) 在所有输入下，具有相同输出的现态，如：S_2S_3 可优先分配相邻代码。

表 5-1　状态编码表

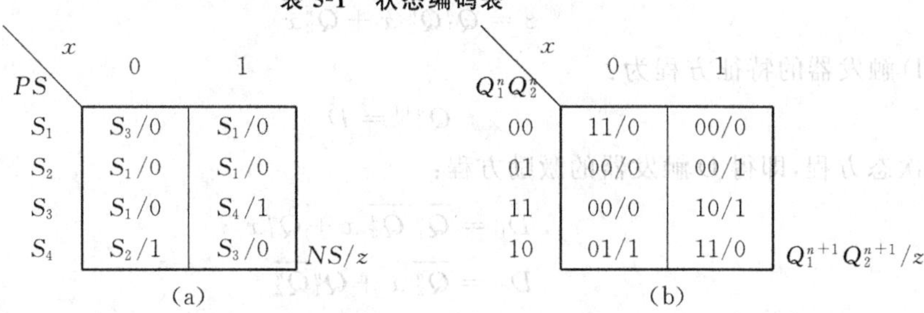

PS \ x	0	1
S_1	$S_3/0$	$S_1/0$
S_2	$S_1/0$	$S_1/0$
S_3	$S_1/0$	$S_4/1$
S_4	$S_2/1$	$S_3/0$

NS/z

(a)

$Q_1^nQ_2^n$ \ x	0	1
00	11/0	00/0
01	00/0	00/1
11	00/0	10/1
10	01/1	11/0

$Q_1^{n+1}Q_2^{n+1}/z$

(b)

按照这样的指导方案在实际分配时，可能会出现矛盾。在这种情况下应以方案 1 为主，兼顾其他。根据以上原则，对表 5-1(a)中各状态在作如下的分配：$S_1=00$、$S_2=01$、$S_3=11$、$S_4=10$。这样就使得 S_1S_2、S_2S_3、S_1S_4 均相邻。由此得到编码状态表如表 5-1(b)所示，现态为 $Q_1^nQ_2^n$，次态为 $Q_1^{n+1}Q_2^{n+1}$。

5.1.3　导出触发器的激励方程和输出方程

在导出编码状态表之后将可根据所选用的触发器设计相对应的组合电路。组合电路的作用是根据电路的现态 S、输入变量 x 产生输出 z 和对触发器的激励。该激励是使触发器能正确地转换到预定的次态的必要条件。

这个组合电路用输出方程组和激励方程组描述。编码状态表是导出这两组方程的依据。

如果选用D触发器作为时序记忆元件,组合电路的输出方程组和激励方程组可直接由编码状态表得到。下例将说明这一点。

例 5-6　设选用D触发器为记忆元件,试导出实现如表5-1(b)所示编码状态表的激励方程和输出方程。

将编码状态表5-1(b)次态变量 Q_1^{n+1}、Q_2^{n+1} 及输出变量 z 分别画成3张卡诺图,如图5-8所示。

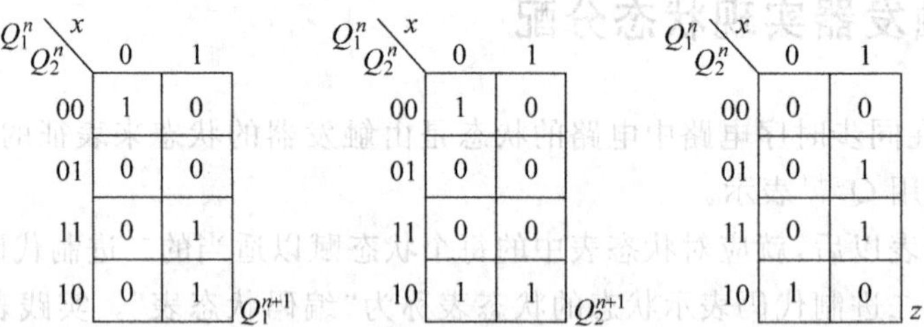

图 5-8　例 5-6 次态方程与输出方程的推导

分析:

由图5-8得如下次态方程和输出方程:

$$Q_1^{n+1} = \overline{Q_1^n}\,\overline{Q_2^n}\,\bar{x} + Q_1^n x$$

$$Q_2^{n+1} = \overline{Q_2^n}\,\bar{x} + Q_1^n\overline{Q_2^n}$$

$$z = Q_1^n\overline{Q_2^n}\,\bar{x} + Q_2^n x$$

D触发器的特征方程为:

$$Q^{n+1} = D$$

故由次态方程,即得D触发器的激励方程:

$$D_1 = \overline{Q_1^n}\,\overline{Q_2^n}\,\bar{x} + Q_1^n x$$

$$D_2 = \overline{Q_2^n}\,\bar{x} + Q_1^n\overline{Q_2^n}$$

例 5-7　如果选用JK触发器为记忆元件,也可实现相应的时序逻辑。

若选用JK触发器作为时序记忆元件,首先要掌握JK触发器的激励表,如表5-2所示。再由该表可以导出JK触发器的激励方程。最后,根据所要实现的时序逻辑编码状态表和触发器的激励表,导出各触发器激励函数卡诺图,化简后得到激励方程。利用组合电路实现该激励方程所要求的逻辑。

表 5-2　JK 触发器的激励表

Q^n	Q^{n+1}	J	K
0	0	0	×
0	1	1	×
1	0	×	1
1	1	×	0

由如表 5-1(b)所示的编码状态表的 00 行 0 列可见，当 $Q_1^nQ_2^n=00$ 及 $x=0$ 时，次态 $Q_1^{n+1}Q_2^{n+1}=11$，由激励表可知，J_1K_1 和 J_2K_2 的卡诺图的 00 行 0 列的值均应为 1×，如图 5-9 所示。由此导出 J_1K_1 和 J_2K_2 的完整的卡诺图，从而得激励方程

$$J_1=\overline{Q_2^n}\,\bar{x}\quad K_1=\bar{x}$$

$$J_2=\bar{x}+Q_1^n\quad K_2=1$$

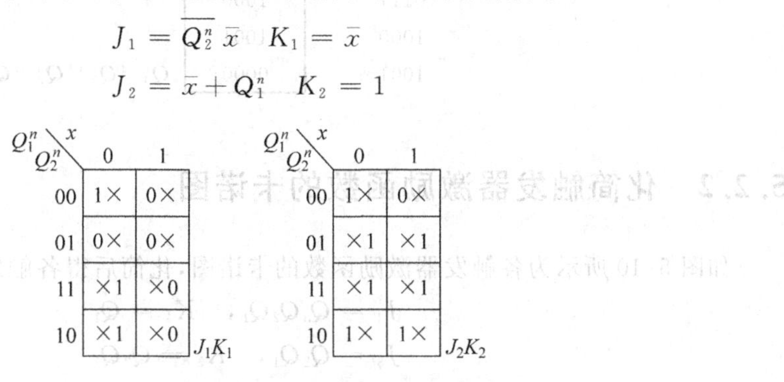

图 5-9　例 5-8 由激励表导出激励方程

5.2　用“触发器组合状态法”设计同步时序逻辑电路

同步计数器是数字逻辑电路的基本单元，其同步脉冲就是计数脉冲，同时加在计数器内部各触发器的时钟输入端。

对于不同计数规律和编码的计数器，仅是状态转换及状态代码不同而已，设计方法基本相同。本节以同步计数器的设计为例说明触发器组合状态法设计同步时序逻辑电路的步骤。

例 5-8　试分析设计 8421 BCD 码十进制同步加法计数器的计数时序，画出它的状态表，并选用 JK 触发器实现逻辑设计。

5.2.1　写出编码状态表

因为十进制计数器的逻辑功能十分明确，可以根据题目的要求，可以直接写出编码状态表，如表 5-3 所示。

根据状态表和 JK 触发器的特点，共需要 4 个 JK 触发器包含 16 个状态其中 10 个状态为题目所需，其余为无关项用×表示。

表 5-3　8421 BCD 码十进制计数器的状态表

$Q_4^nQ_3^nQ_2^nQ_1^n$	$Q_4^{n+1}Q_3^{n+1}Q_2^{n+1}Q_1^{n+1}$
0000	0001
0001	0010
0010	0011
0011	0100
0100	0101
0101	0110
0110	0111
0111	1000
1000	1001
1001	0000

5.2.2　化简触发器激励函数的卡诺图

如图 5-10 所示为各触发器激励函数的卡诺图，化简后得各触发器的激励函数：

$$J_4 = Q_3Q_2Q_1,\quad K_4 = Q_1$$

$$J_3 = Q_2Q_1,\quad K_3 = Q_2Q_1$$

$$J_2 = \overline{Q}_4Q_1,\quad K_2 = Q_1$$

$$J_1 = 1,\quad K_1 = 1$$

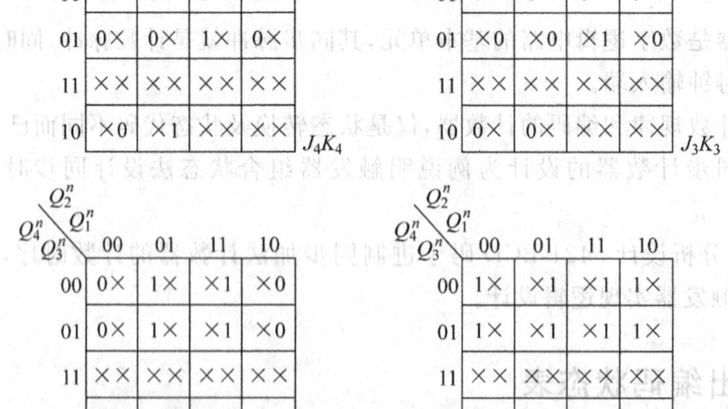

图 5-10　例 5-8 8421 BCD 码计数器的激励卡诺图

5.2.3　画出逻辑图

由上述方程组可画出如图 5-11 所示的逻辑图。

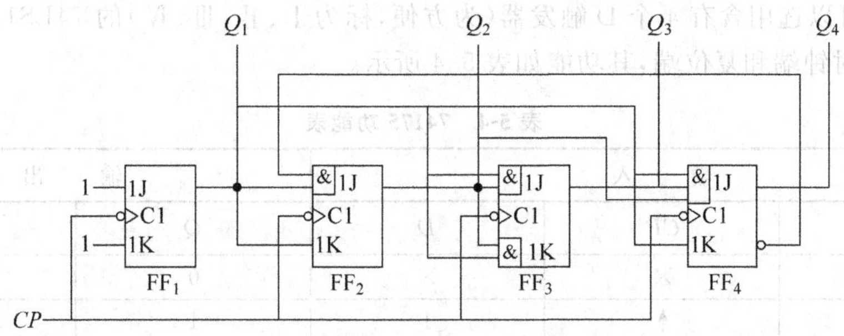

图 5-11　例 5-8 用 JK 触发器实现的 8421 BCD 十进制计数器逻辑原理图

进一步为验证它的自启动性，如图 5-12 所示为其完整状态图，可见该电路具有自启动功能。

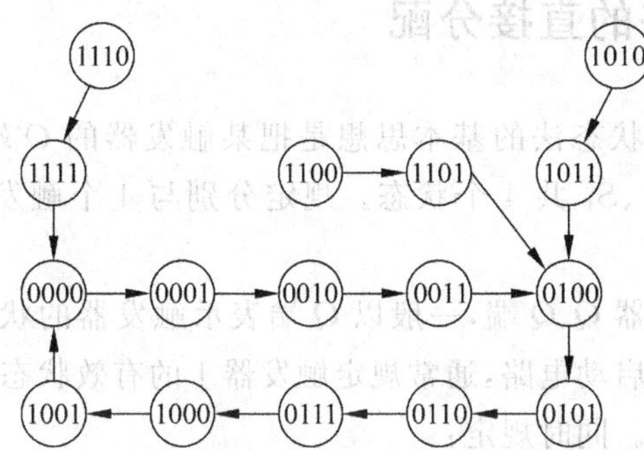

图 5-12　例 5-8 8421 BCD 码同步计数器状态图(可自启动)

5.3　用"触发器直接状态法"设计同步时序逻辑电路

例 5-8 中 10 个计数状态可以用 4 个触发器来实现，由状态表通过状态编码的设计方法可以充分利用触发器的组合来设计时序电路。虽然充分利用了触发器的资源，但是设计过程比较复杂同时给逻辑电路的调试带来了困难。

本节介绍一种直接利用触发器的 Q 端确定逻辑状态的设计方法。这种方法简便、直观、易于调试和维护。又称之为触发器"一对一"、"热态位"法。

例 5-9　设某莫尔型的状态图和状态表如图 5-13 所示，试用 D 触发器及适当的组合器件实现。

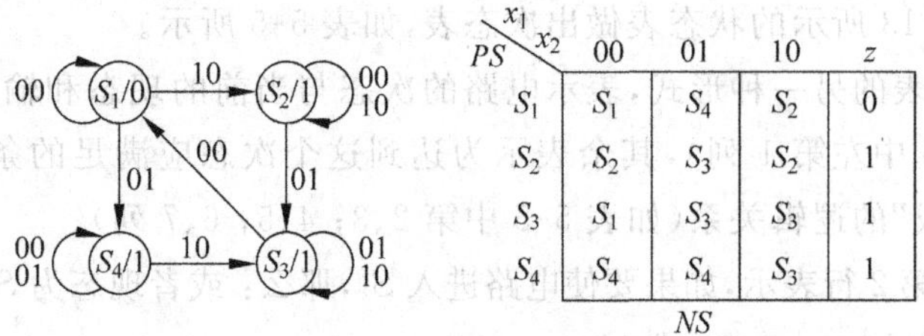

PS \ x_1x_2	00	01	10	z
S_1	S_1	S_4	S_2	0
S_2	S_2	S_3	S_2	1
S_3	S_1	S_3	S_3	1
S_4	S_4	S_4	S_3	1

NS

图 5-13　例 5-9 某莫尔型逻辑电路的状态图和状态表

分析：可以选用含有4个D触发器(为方便，标为Ⅰ、Ⅱ、Ⅲ、Ⅳ)的74LS175，该集成电路具有公共时钟端和复位端，其功能如表5-4所示。

表5-4 74175功能表

输入			输出	
$\overline{CR}$	CP	D	Q	$\bar{Q}$
0	×	×	0	1
1	↑	1	1	0
1	↑	0	0	1
1	0	×	保持	

5.3.1 触发器状态的直接分配

这种直接分配触发器状态法的基本思想是把某触发器的 Q 端直接与逻辑状态对应。在这个电路中有 S_1、S_2、S_3、S_4 共4个状态。规定分别与4个触发器Ⅰ、Ⅱ、Ⅲ和Ⅳ的 Q_1、Q_2、Q_3、Q_4 端直接对应。

在74175中每个触发器 Q、$\bar{Q}$ 端，一般以 Q 端表示触发器的状态，即0和1两个状态。为便于用开机复位的方式启动电路，通常规定触发器Ⅰ的有效状态是0状态：触发器Ⅱ、Ⅲ和Ⅳ的有效状态是1状态。同时规定：

若 $Q_1=0$，则表示电路处于 S_1 状态；

若 $Q_2=1$、$Q_3=1$、$Q_4=1$ 分别表示电路处于 S_2、S_3、S_4 状态。

由于电路任何时刻均只处于一种状态，因此，4个触发器中只有一个处于有效状态。如果在 $\bar{Q}_1$、Q_2、Q_3、Q_4 检查触发器的状态，那么其中只可能有一个1。状态为1的那个 Q 端指出了电路的状态。这样，$\bar{Q}_1$、Q_2、Q_3、Q_4 与 S_1、S_2、S_3、S_4 之间建立了直接的、一一对应的关系。

从状态分配的角度来说，用 $\bar{Q}_1Q_2Q_3Q_4=1000$、0100、0010、0001 分别表示 S_1、S_2、S_3、S_4。

5.3.2 做出逻辑次态表

在分配了状态以后，就要控制触发器的激励端 D_1、D_2、D_3、D_4 端，以实现所要求的状态图。为此按如图5-13所示的状态表做出次态表，如表5-5所示。

次态表是状态表的另一种形式，表示电路的次态与当前的现态和输入的关系。表的左列是次态(如表5-5中左第1列)，其余表示为达到这个次态应满足的条件(现态和当前输入)，各条件间是“或”的逻辑关系(如表5-5中第2、3；4、5；6、7列)。

例如表5-5中第2行表示，如果要使电路进入 S_2，那么：或者现态为 S_1 且输入 $x_1x_2=10$；或者现态为 S_2 且输入 $x_1x_2=00$ 或10。

表 5-5　表 5-4 的次态表

次　　态	现　　态	输　　入	现　　态	输　　入	现　　态	输　　入
S_1	S_1	$\bar{x}_1\ \bar{x}_2$	S_3	$\bar{x}_1\ \bar{x}_2$		
S_2	S_1	$x_1\ \bar{x}_2$	S_2	$\bar{x}_1\ \bar{x}_2, x_1\ \bar{x}_2$		
S_3	S_2	$\bar{x}_1\ x_2$	S_3	$\bar{x}_1\ x_2, x_1\ \bar{x}_2$	S_4	$x_1\ \bar{x}_2$
S_4	S_1	$\bar{x}_1\ x_2$	S_4	$\bar{x}_1\ \bar{x}_2, \bar{x}_1\ x_2$		

5.3.3　导出各触发器的激励方程和电路的输出方程

次态表列出了为达到次态所必须满足的条件，也即是给出了应加到 D 端的激励。所以根据次态表可以直接得到各 D 触发器的激励方程。

由于 S_1 与 $\bar{Q}_1$ 对应，S_2、S_3、S_4 分别与 Q_2、Q_3、Q_4 对应，因此有：

$$D_1 = \overline{\bar{Q}_1\bar{x}_1\bar{x}_2 + Q_3\bar{x}_1\bar{x}_2}$$

$$D_2 = \bar{Q}_1 x_1\bar{x}_2 + Q_2\bar{x}_1\bar{x}_2 + Q_2 x_1\bar{x}_2 = \bar{Q}_1 x_1\bar{x}_2 + Q_2\bar{x}_2$$

$$D_3 = Q_2\bar{x}_1 x_2 + Q_3\bar{x}_1 x_2 + Q_3 x_1\bar{x}_2 + Q_4 x_1\bar{x}_2$$

$$D_4 = \bar{Q}_1\bar{x}_1 x_2 + Q_4\bar{x}_1\bar{x}_2 + Q_4\bar{x}_1 x_2 = \bar{Q}_1\bar{x}_1 x_2 + Q_4\bar{x}_1$$

由状态表(图)，可以直接写出该电路的输出方程：

$$z = Q_2 + Q_3 + Q_4$$

5.3.4　画出逻辑图

逻辑图如图 5-14 所示。

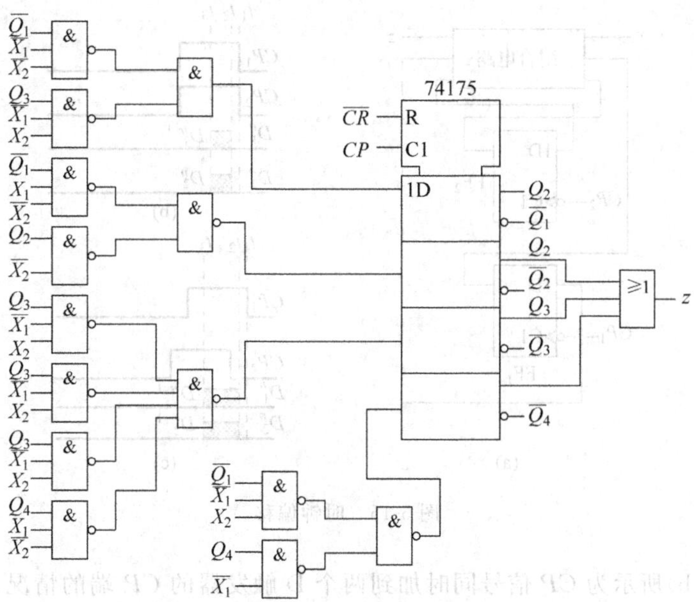

图 5-14　例 5-9 莫尔型电路的逻辑设计

在这个逻辑电路中,当在$\overline{CR}$端加上负脉冲,电路就处于起始状态 S_1,然后便在 CP 作用下按如图 5-13 所示的状态图和状态表工作。

由这个例子可以看出,用触发器直接状态法的设计过程非常简单,可以直接从状态表(图)写出激励方程。这种电路的调试和维护也是比较简单的,只要按照次态表的条件和状态就可以直接测量触发器的 Q 端,明确地判断当前电路所处的状态。

5.4 同步时序电路中的时钟偏移

5.4.1 时钟偏移现象

同步时序电路的时钟脉冲统一地加于各触发器的 CP 端,使各触发器的状态同时改变。实际数字系统中,触发器的数目往往比较大,且它们在印刷电路板上分布的位置也不同。时钟脉冲由振荡器产生后,经过不同的门电路和不同的传输路径加到各触发器的 CP 端时,同步时钟的边沿将不能同时发生,而是存在着时间的偏移或滞后,这种现象叫作“时钟偏移”。时钟偏移的实质是高速脉冲在实际电路中由于寄生电感和寄生电容的作用使时钟相位发生了改变。在同步时序电路中,时钟脉冲作用的同时性是十分重要的,严重的时钟偏移可以造成数字逻辑电路的时序混乱和误动作,这在高速电路中尤其严重,应当着力避免。

5.4.2 时钟偏移的后果

为了说明时钟偏移的后果,现考察如图 5-15(a)所示的同步时序电路。在这个图中假设时序元件是两个上升沿触发的 D 触发器。

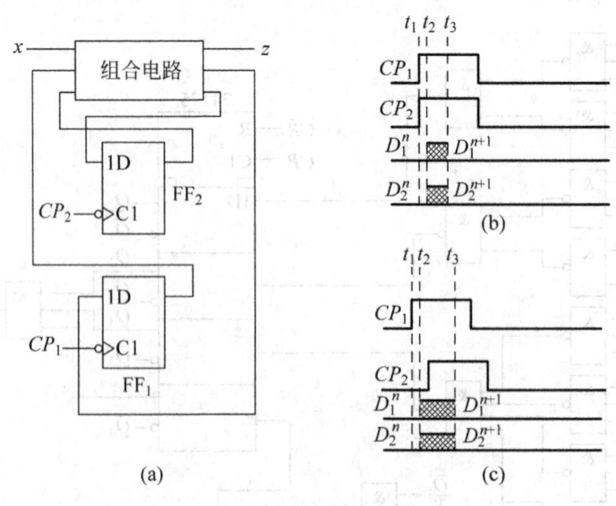

图 5-15　时钟偏移

如图 5-15(b)所示为 CP 信号同时加到两个 D 触发器的 CP 端的情况。在 t_1 以前,两个触发器的激励为 $D_1^n D_2^n$。在 CP 上升沿的作用下,D 触发器的输出 Q 发生变化并经延迟时

间 t_{pd} 后才能稳定。同时 Q 端的变化经组合电路，若干个门电路的传输延时后，才能在激励端得到反映。因此，在 CP 上升沿后 $t_1 \sim t_2$ 这段时间内，D_1、D_2 保持不变，且应满足触发器所规定的保持时间 t_h，即 $t_1 - t_2 \geqslant t_h$。在 $t_2 \sim t_3$ 期间，触发器的激励端将处于不稳定状态，如图 5-15 中阴影所示。从 t_3 时刻开始，激励端才能得到新的稳定值 $D_1^{n+1} D_2^{n+1}$。

图 5-15(c)表示 CP_1 先于 CP_2 到达。当 CP_1 到达后，由于触发器 1 的翻转，触发器 2 的 D 端的状态可能不再维持原来的 D_2^n，而出现不稳定。这时如果 CP_2 到来，就会产生错误的动作，或者延长 D_1、D_2 的不稳定时间。显然时钟偏移情况限制了时钟频率的提高，在高速电路中尤为突出。

5.4.3　防止时钟偏移的方法

为了减少时钟偏移的影响，在电路布局上宜采取的措施有：

(1) 加宽时钟电路的导线宽度，减少导线长度。必要时采用镀银或镀金导线，减少寄生参数对时钟的影响。

(2) 电路中采用分级、分模块设计，力求使同级、同模块电路的时钟同步减少时钟偏移。

(3) 采用锁相环技术，将低速时钟与高速时钟配合使用，减少时钟偏移的累积误差。

(4) 采用时钟传导电路辐射传输的形式，尽量使时钟由源到目的地的距离近似，如图 5-16 所示。以避免由时钟脉冲偏移过大，引起的电路误动作。

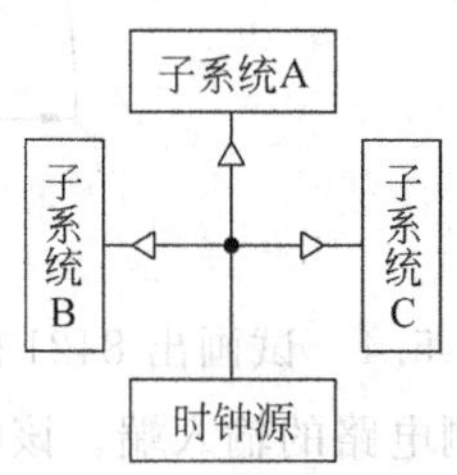

图 5-16　时钟信号的辐射式布局

习题 5

5.1　画出 1001 序列检测器的状态图。该同步时序电路有一根输入线 x，一根输出线 z，对应于序列 1001 的最后一个 1，输出 $z=1$。如果 $z=1$，则仅当收到的输入信号为 0 时，输出信号 z 才变为 0，否则保持为 1。序列可以重叠，例如

x：010011101100100 1

z：000011100000100 1

5.2　试画出串行二进制减法器的状态图，实现两个二进制 $A = a_{n-1} a_{n-2} \cdots a_0$、$B = b_{n-1} b_{n-1} \cdots b_0$ 相减，设 A 为被减数，B 为减数($A-B$)。输入时低位在前，高位在后。电路输出 $Z = Z_{n-1} Z_{n-2} \cdots Z_0$，串行表示当前相减结果。每次相减后状态 0 或 1。

5.3　欲设计一个字长为 5 位(包括奇偶校验位)的串行奇偶校验电路，若接收到的 5 位码偶数个 1，则在最后 1 位时电路输出 1，否则输出 0。电路在收到最后 1 位码后均回到初始状态接收新的代码。试画出其状态图。

提示：该电路实际是序列检测器。

(1) 设初始值 S_0。

(2) 每收到 1 位码就转移(当收到 0 时转一状态，收 1 时转另一状态)。

(3) 连续接收到 4 个码后,接收第 5 个码不管是 0 或 1,均回到原始状态 S_0,但根据接收到 1 的个数是偶数,输出为 1,其余输出为 0。

(4) 图 5-17 画出了一部分状态图,学生根据思路把整个状态图画完整。

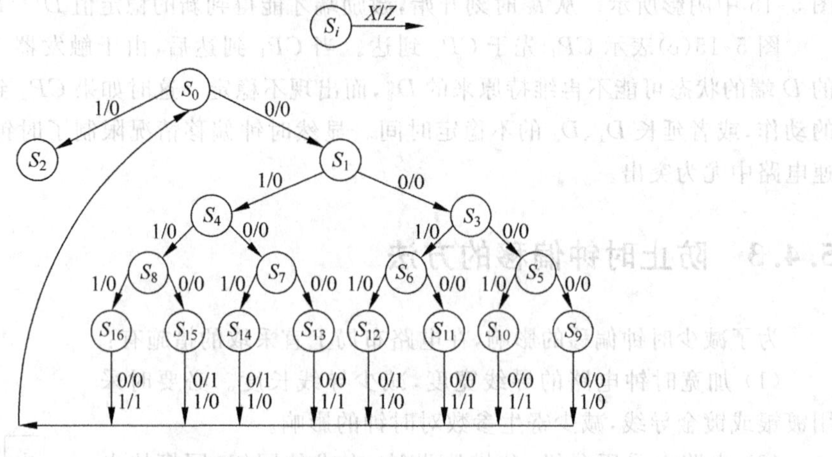

图 5-17 部分状态图

5.4 试画出 8421 码的校验电路的状态图。8421 码高位在前、低位在后串行地加到该检测电路的输入端。该电路如果接收到了无效的代码,则在第 4 位时输出一个 1。

提示:该电路实际上仍是序列检测器。

8421 码的 10 个有效代码 0000~1001,无效代码位 1010~1111。

每收到一个代码(4 位数码)后,均复位。复位状态 S_0。

5.5 按下列两种情况,分别画出串行二进制数值比较器的状态图。若输入 $A>B$,则输出 $z_1z_2=10$;若 $A<B$,则 $z_1z_2=01$;若 $A=B$,则 $z_1z_2=11$。

① 输入二进制数的高位在前;

② 输入二进制数的低位在前。

5.6 米里型电路具有一个输入端 x 和一个输出端 z,当且仅当输入序列 1 的个数为 3 的倍数(如 0,3,6,…)时,输出 $z=1$。试画出它的状态图。

5.7 米里型电路具有两个输入端(x_2x_1)和两个输出端($z_2\ z_1$)。x_2x_1 表示一个 2 位的二进制数。若当前输入的数大于前一时刻输入的数,则 $z_2z_1=10$;若当前输入的数小于前一时刻输入的数;则 $z_2z_1=01$;否则,$z_2z_1=00$。试画出它的状态图。

5.8 按状态分配规则对如图 5-18 所示的状态表进行分配,画出编码状态表。

	PS \ x	0	1
00	A	B/0	D/0
01	B	C/0	A/0
10	C	D/0	B/0
11	D	A/1	C/1

图 5-18 状态表

5.9　按上题的分配结果，用 D 触发器实现之。

5.10　试用 JK 触发器构成一个 3 位移位寄存器，它在两个控制信号 x_1 和 x_2 的作用下实现如表 5-6 所示的功能。

表 5-6　题 5.10 图

x_1	x_2	功　能
0	0	保持
0	1	右移
1	0	左移
1	1	置零

5.11　试用 JK 触发器(负跳变触发)和与非门，构成一个脉冲分配器(画出逻辑图)。此分配器的 4 个输出 P_1、P_2、P_3 和 P_4 的波形如图 5-19(b)所示。

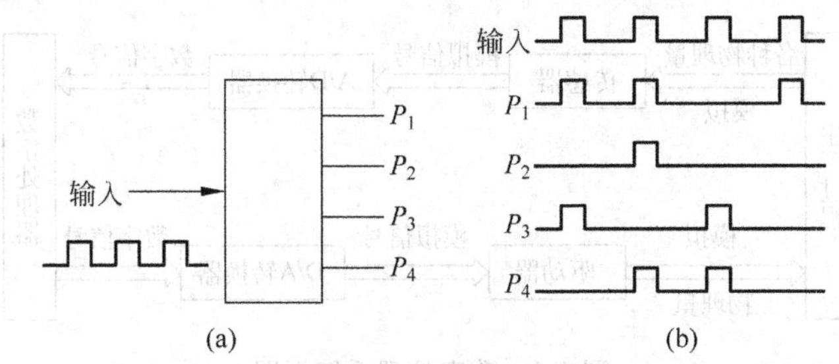

图 5-19　脉冲分配器输出波形

5.12　试用 JK 触发器构成一个模 8 格雷码同步计数器(画出逻辑图)。

提示：所谓模 8 格雷码同步计数器，需要 3 个 JK 触发器(Q_2 Q_1 Q_0)按格雷码同步计数。

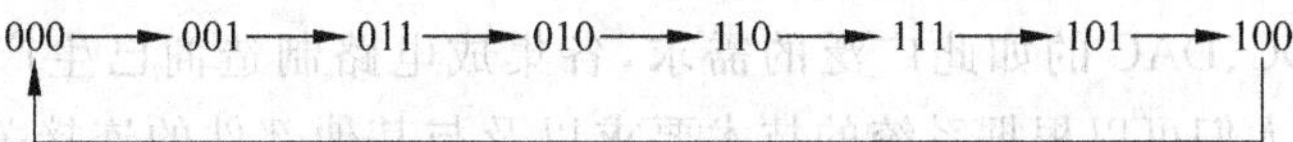

5.13　试设计一个可控模同步计数器，它具有如表 5-7 所示的功能。

表 5-7　可控模同步计数器功能表

M_1	M_2	功　能
0	0	保持
0	1	模 2 计数
1	0	模 4 计数
1	1	模 8 计数

5.14　试设计一个计数器，按如下规律进行计数：

$$1,4,3,5,7,6,2,1,\cdots$$

第6章　集成ADC和DAC的基本原理与结构

ADC(Analog-to-Digital Converter)和DAC(Digital-to-Analog Converter)是模拟量和数字量之间不可缺少的桥梁ADC、DAC转换器在数字控制系统中的重要地位。

如图6-1所示为典型的数字信号处理和数字控制系统的框图，ADC将各种模拟信号转换为抗干扰性更强的数字信号送入数字信号处理器或计算机中进行处理。DAC把处理后的数字信号转换为模拟信号，经驱动器实现对被控对象的控制。

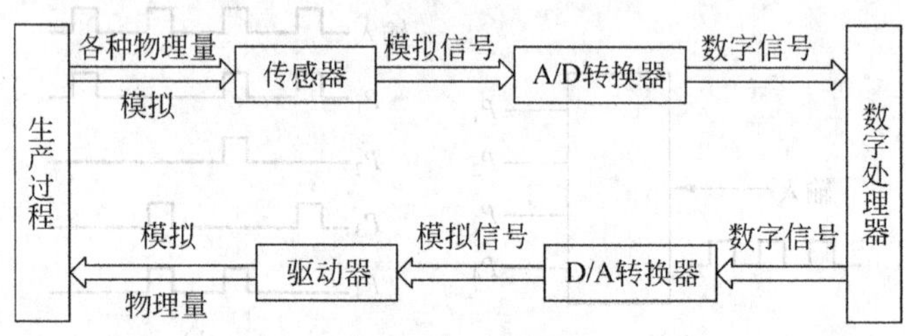

图6-1　数字处理系统框图

随着集成电路工艺和数字技术的发展，DAC、ADC技术也得到了飞速发展。当前这种技术已不仅用于测试控制领域，而且还广泛用于通信、雷达、遥控遥测、医疗设备以及生物工程等各个需要进行信息交叉信息处理的领域。

为适应对ADC、DAC的如此广泛的需求，各集成电路制造商已生产出了几百种集成ADC、DAC芯片，人们可以根据系统的技术要求以及与其他部件的连接关系来选择适当的芯片，以满足系统的总体指标。

为使读者能正确地选择和使用集成ADC、DAC，本章将首先给出常用ADC、DAC原理，进而讨论集成DAC、ADC的组成，并对它们的主要技术参数作简要的说明。

6.1　集成数模转换器

数模转换器(DAC)的任务是把输入数字量变换成为与之成一定比例的模拟量。如图6-2所示为DAC的示意图。

图6-2中D表示n位并行输入的数字量；v_A是输出模拟量；V_{REF}是实现转换所必需的参考电压(或称基准电压)，通常和芯片有关。

如果D用自然二进制码表示，则有：

$$v_A = KDV_{REF} \tag{6-1}$$

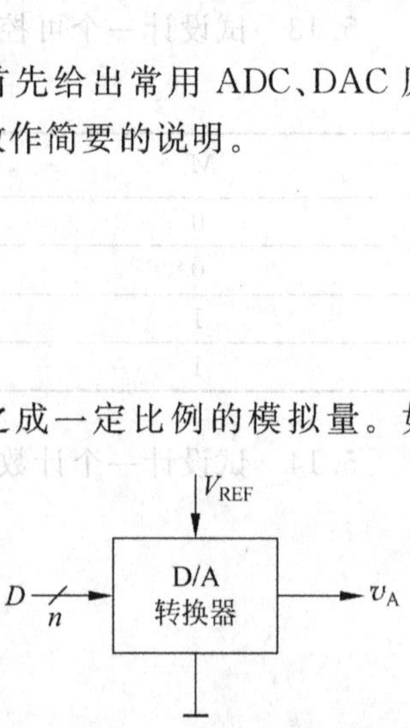

图6-2　DAC中3个量的关系

K 是常数,不同类型的 DAC 对应各自的 K 值。D 可以表示为:

$$D = D_{n-1} \times 2^{n-1} + D_{n-2} \times 2^{n-2} + \cdots + D_0 \times 2^0 = \sum_{i=0}^{n-1} D_i \times 2^i \tag{6-2}$$

由式(6-1)、式(6-2)得:

$$v_A = KDV_{REF} = KV_{REF} \sum_{i=0}^{n-1} D_i \times 2^i \tag{6-3}$$

式(6-3)说明了 DAC 的输入数字量和输出电压(模拟量)之间的关系。

这种对应关系也可以用图 6-3 表示。其中数字量 D 位数 $n=4$,其中 K 是比例系数。

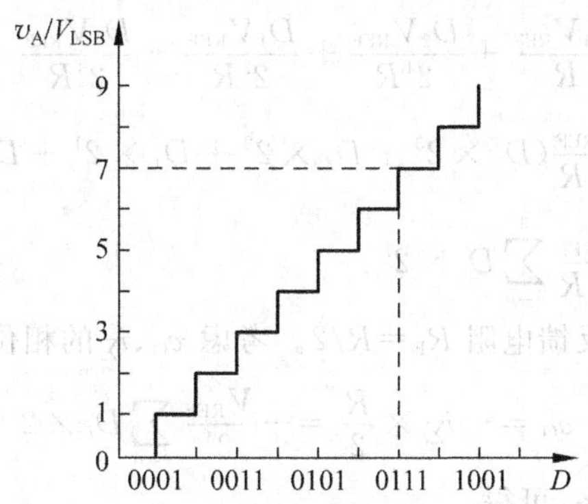

图 6-3　4 位 DAC 中输入数码和输出电压的关系

如把式(6-3)的输出电压改成输出电流,则可得“数字-电流(模拟量)转换”的关系式或曲线。

实现 DAC 的方法有许多种,本节仅介绍其中最常用的几种。

6.1.1　二进制权电阻网络 DAC

如图 6-4 所示为某 4 位二进制权电阻网络 DAC 的原理结构,该转换器由 4 部分组成:

(1) 参考电压 V_{REF},又称基准电压。

(2) 权电阻网络:包含 4 个权电阻。输入二进制数码的每一个码元 D_i 均有一个电阻 R_i 与之对应(为简洁图 6-4 中未标出),阻值与该位的权系数成反比。最高位 D_3 的权系数为 2^3,对应的电阻为 R;对应于 D_i 的电阻值 $R_i = 2^{3-i}R$。

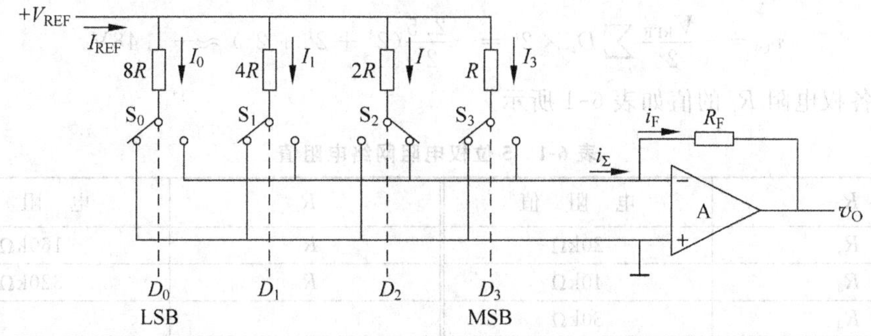

图 6-4　4 位权电阻网络 DAC

(3) 模拟开关：分别与4个权电阻串联。开关 S_i 由 D_i 控制。当 $D_i=0$,所控制的开关 S_i 使 D_i 接地；当 $D_i=1$ 时,S_i 使 R_i 与 V_{REF} 接通。

(4) 权电阻网络输出端的电流-电压变换器通常由运算放大器构成,并连接成反相放大器的形式,反馈电阻 $R_F=R/2$。

在如图6-4所示的电路中,由于虚地点3处的电位 $v_\Sigma=0$,因此,当最高位 $D_3=1$ 时,就有 $i_\Sigma=i_3=V_{REF}/R$。以此类推,在任意一位 $D_i=1$ 时,它对 i_Σ 的贡献为：$i_i=V_{REF}/(2^{3-i}R)$,其中 $i=0,1,2,3$。根据叠加原理,对于任意一个输入二进制数 $D=D_3D_2D_1D_0$ 对应有：

$$\begin{aligned} i_\Sigma &= D_3 i_3 + D_2 i_2 + D_1 i_1 + D_0 i_0 \\ &= \frac{D_3 V_{REF}}{R} + \frac{D_2 V_{REF}}{2^1 R} + \frac{D_1 V_{REF}}{2^2 R} + \frac{D_0 V_{REF}}{2^3 R} \\ &= \frac{V_{REF}}{2^3 R}(D_3 \times 2^3 + D_2 \times 2^2 + D_1 \times 2^1 + D_0 \times 2^0) \\ &= \frac{V_{REF}}{2^3 R}\sum_{i=0}^{3} D_i \times 2^i \end{aligned} \tag{6-4}$$

设求和输出放大器的反馈电阻 $R_F=R/2$。考虑 v_O、i_Σ 的相位关系,则输出电压：

$$v_O = -i_\Sigma \times \frac{R}{2} = -\frac{V_{REF}}{2^4}\sum_{i=0}^{3} D_i \times 2^i \tag{6-5}$$

推广到 n 位权电阻网络,可得：

$$v_O = -\frac{V_{REF}}{2^n}\sum_{i=0}^{3} D_i \times 2^i \tag{6-6}$$

由式(6-5)和式(6-6)可知,由于电阻网络中各位电阻的阻值符合二进制规律。因此输出电压也符合二进制规律,这就是权电阻网络DAC名称的由来。式(6-6)与前述DAC的一般输出表达式(6-3)的概念完全一致,这里的 K 具体为 $\frac{-1}{2^n}$。在如图6-4所示电路中,求和放大器是一个反相放大器,在 Σ 处实现了电流相加,因此把这种转换方式称作电流相加型权电阻网络DAC。

例6-1　某5位权电阻网络DAC,基准电压 $V_{REF}=2.50\text{V}$,最高位权电阻 $R_4=20\text{k}\Omega$。试求：

(1) 输入数字量 $D=1\,0011$ 时的输出模拟电压。

(2) 各权位电阻 R_3、R_2、R_1、R_0 的数值。

解：

(1) 当 $D=1\,0011$ 时,电流相加型权电阻网络DAC输出模拟电压：

$$v_O = -\frac{V_{REF}}{2^5}\sum_{i=0}^{5} D_i \times 2^i = -\frac{2.5}{2^5}(2^4 + 2^1 + 2^0) \approx -1.48\text{V}$$

(2) 各权电阻 R_i 的值如表6-1所示。

表6-1　5位权电阻网络电阻值

R_i	电　阻　值	R_i	电　阻　值
R_4	20kΩ	R_1	160kΩ
R_3	40kΩ	R_0	320kΩ
R_2	80kΩ		

权电阻网络 DAC 在原理上是最简单的，但在实际应用时受到限制，读者不难从例 6-1 中体会到：它的缺点是权电阻阻值种类太多，n 权电阻网络要配置 n 种电阻，而且它们的阻值相差很大，且有严格的精度要求，制造这种集成芯片是十分困难的，甚至是无法实现的。所以采用权电阻网络的集成 DAC 一般不超过 5 位。

6.1.2　二进制 T 形电阻网络 DAC

T 形电阻网络 DAC，又称梯形电阻网络 DAC。图 6-5(a)为一个 4 位“R-$2R$”T 形电阻网络 D/A 转换电路。它与权电阻网络的显著区别在于：无论 DAC 多少位，整个网络只需要 R 和 $2R$ 两种阻值的电阻。

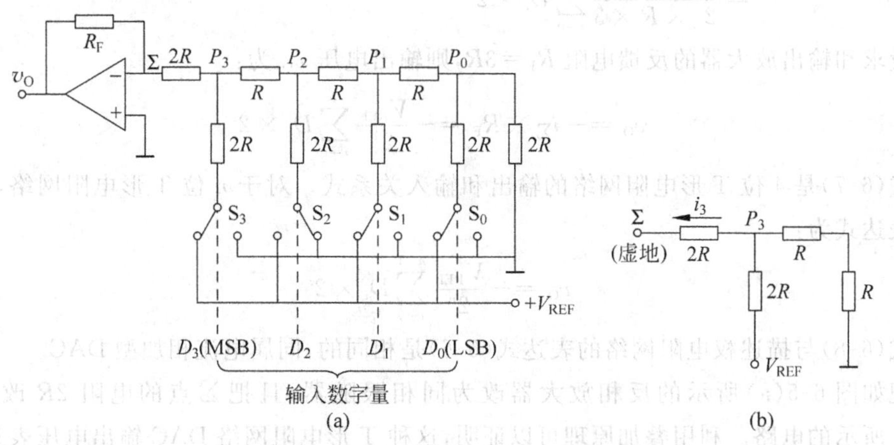

图 6-5　电流相加型 4 位“R-$2R$”T 形电阻网络 DAC

R-$2R$ T 形电阻网络 DAC 亦由 4 部分构成：

(1) 基准电压 V_{REF}。

(2) R-$2R$ 电阻网络。

(3) 各位对应的模拟开关；并行输入的数字量控制各支路中的模拟开关。当 $D_i=1$ 时，开关将 $2R$ 电阻接到 V_{REF}；当 $D_i=0$ 时，开关将阻值为 $2R$ 电阻接至地，电压为 0。

(4) 网络输出端的运算放大器。

若基准电压 V_{REF} 的内阻为零，则不论网络中开关状态如何（接地或接 V_{REF}），网络中各结点（P_0、P_1、P_2、P_3）向左看或向右看（即向高位看或向低位看）的等效电阻均为 $2R$。电阻网络在∑点处的输出电阻总是一个恒定值，其值是：$R_O=3R$。

当 MSB $D_3=1$、其余各位为 0 时，等效电路如图 6-5(b)所示。因为运算放大器求和点∑为虚地，所以在结点 P_3 处的等效电势为：$v_O=\frac{V_{REF}}{3}$，注入∑点的电流为：$i_3=\frac{V_{REF}}{2R\times 3}$。

当次高位 $D_2=1$、其余各位为 0 时，等效电路也如图 6-5(b)所示，在结点 P_2 形成的等效电势也是$\frac{V_{REF}}{3}$，由结点 P_2 流向结点 P_3 的电流也是$\frac{V_{REF}}{2R\times 3}$，但经结点 P_3 处两支路的分流，

使次高位接通 V_{REF} 时流向 Σ 点的电流为：$i_2=\frac{V_{REF}}{2^2\times R\times 3}$。由此可以写出仅有 $D_i=1$ 时，流向 Σ 点的电流：$i_i=\frac{V_{REF}}{2^{4-i}\times R\times 3}$。

显然，各支路注入 Σ 点的电流与其对应二进制数的权系数成正比。根据线性网络的叠加原理，T 形电阻网络输出的总电流是：

$$\begin{aligned} i_{\Sigma} &= \frac{V_{REF}}{3}(D_3 i_3 + D_2 i_2 + D_1 i_1 + D_0 i_0) \\ &= \frac{V_{REF}}{2^4\times R\times 3}(D_3\times 2^3 + D_2\times 2^2 + D_1\times 2^1 + D_0\times 2^0) \\ &= \frac{V_{REF}}{2^4\times R\times 3}\sum_{i=0}^{3} D_i\times 2^i \end{aligned}$$

设求和输出放大器的反馈电阻 $R_F=3R$，则输出电压 v_O 为：

$$v_O = -i_{\Sigma}\times R_F = -\frac{V_{REF}}{2^4}\sum_{i=0}^{3} D_i\times 2^i \tag{6-7}$$

式(6-7)是 4 位 T 形电阻网络的输出和输入关系式。对于 n 位 T 形电阻网络，其输出电压表达式为：

$$v_O = -\frac{V_{REF}}{2^n}\sum_{i=0}^{n-1} D_i\times 2^i \tag{6-8}$$

式(6-8)与描述权电阻网络的表达式(6-6)是相同的，同属电流相加型 DAC。

把如图 6-5(a)所示的反相放大器改为同相跟随器，且把 Σ 点的电阻 $2R$ 改接为如图 6-6 所示的电路。利用叠加原理可以证明，这种 T 形电阻网络 DAC 输出电压表达式为：$v_O=\frac{2}{3}\frac{V_{REF}}{2^n}\sum_{i=0}^{n-1} D_i\times 2^i$。

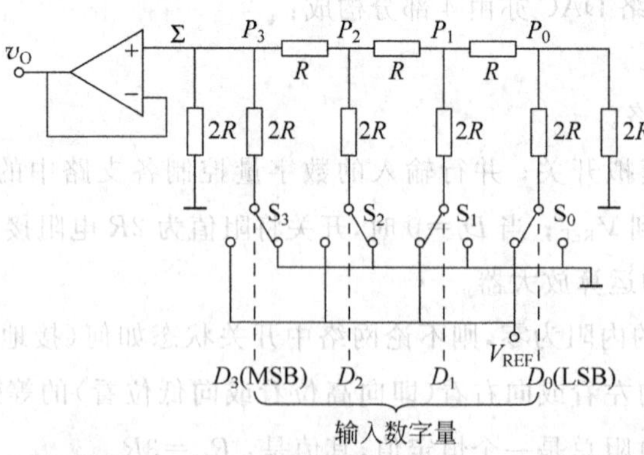

图 6-6　电压相加型 4 位 R-$2R$ T 形电阻网络 DAC

由于在 Σ 处的电压为各开关接 V_{REF} 时产生的电压的叠加，故称这种转换方式为电压相加型 DAC。

6.2　DAC 的主要技术参数

在选择、应用 DAC 时必须对主要参数的含义有充分的理解才能选择适宜的转换器。DAC 的主要技术参数分为静态参数和动态参数。静态参数主要有最小输出电压、满量程输出电压、分辨率、转换误差等。动态参数主要是转换时间也称作建立时间。

6.2.1　最小输出电压和满量程输出电压

V_{LSB}是指输入数字量 $D=D_{n-1}D_{n-2}\cdots D_0$ 中仅当最低位(D_0)的数码为 1 时,对应的输出模拟电压值。或者说是最低位状态变化(0 ⇄ 1)所引起的输出模拟电压的变化量。V_{LSB}有时也简写成 LSB。

满量程输出电压 V_{FSR} 是输入数字量各位为全 1 时,对应的输出模拟电压值,有时也称作最大输出电压 V_{max}。有时也把 V_{FSR} 简写为 FSR。

例如,某 8 位权电阻 DAC,若 $V_{FSR}=5.00\text{V}$,则:

$$V_{LSB}=\frac{V_{REF}}{2^8}=\frac{5}{256}\approx 20\text{mV}$$

$$V_{FSR}=\frac{V_{REF}}{2^8}\sum_{i=1}^{8-1}D_i\times 2^i\approx 4.98\text{V}$$

或者

$$V_{FSR}=V_{REF}-V_{LSB}=5.0\text{V}-20\text{mV}=4.98\text{V}$$

6.2.2　分辨率

分辨率是衡量 DAC 性能的重要静态参数,它表明 DAC 能够分辨"最小"输出电压的能力。定义为 DAC 最小输出电压 V_{LSB} 和满量程输出电压 V_{FSR} 的比值,即:

$$\text{分辨率}=\frac{V_{LSB}}{V_{FSR}}=\frac{1}{2^n-1}\times 100\% \tag{6-9}$$

其中 n 是 DAC 的位数。显然位数越多,分辨率越高。在实际的 DAC 产品性能表中,有时把 2^n。甚至直接把 n 位称为分辨率。

表 6-2 是常用 DAC 的 V_{LSB}、V_{FSR} 和分辨率。

表 6-2　常用 DAC 的 V_{LSB}、V_{FSR} 和分辨率

位　　数	V_{LSB}	V_{FSR}	分辨率
8 位($V_{REF}=5.00\text{V}$)	20mV	4.98V	0.39%
12 位($V_{REF}=5.00\ 00\text{V}$)	1.2mV	4.9988V	0.024%
16 位($V_{REF}=5.00\ 00\ 0\text{V}$)	0.076uV	4.9999V	0.0015%

6.2.3 转换误差和产生原因

转换误差有时也称作转换精度，是指 DAC 在稳态工作时，实际模拟输出值和理想输出值之间的偏差，是一个综合性的静态性能指标，通常以线性误差、失调误差、增益误差、噪声和温漂等项内容来描述。转换误差分为绝对误差和相对误差。

绝对误差是实际值与理想值之间的最大差值，通常以 V_{LSB} 或 V_{FSR} 的倍数来表示。例如：绝对误差为$\frac{1}{2}$LSB，说明实际输出模拟电压与理想值之间最大差值为最小输出电压的一半。

相对误差是绝对误差与满量程的比值，以满量程 FSR(V_{FSR} 或 I_{FSR})的百分数或分数表示。例如，V_{FSR} 为 8V 的 12 位 DAC，如绝对误差为±1LSB，则绝对误差电压为：±1.9mV。相对误差为：±0.0244%或$\pm 244\times 10^{-6}$。

分辨率和转换误差是相关的。转换误差大的 DAC，提高其分辨率是没有意义的，也是不可能的。

理想 DAC 的输入数字量和输出模拟量之间的转换关系应是线性的。也就是说，对应所有可能的输入数字量，各个离散的模拟输出值均应位于一条直线上，然而实际的转换特性很少是线性的。

实际转换特性曲线与理想直线之间的偏差值称为转换器的非线性误差，如图 6-7 所示。

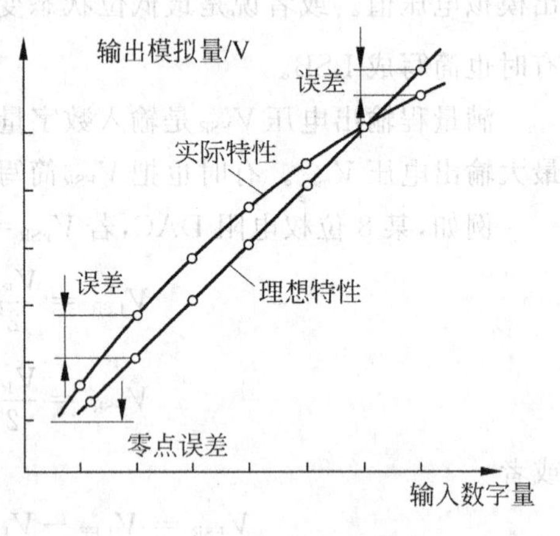

图 6-7　非线性误差

(1) 非线性误差：主要是由于模拟开关、元器件的不理想和不精确所造成的。模拟开关接通时等效电阻不为零，存在残余电压，且各个开关的残余电压也不是一样的，它们在输出端造成的误差是非线性的。集成芯片中的电阻的阻值也有偏差，温度变化将引起更大的失配，从而影响 DAC 的精度。

(2) 零点误差：是指输入数字量为全 0 码时，DAC 的输出模拟量不为零值。产生这一误差的主要原因是输出放大器的零点漂移。环境温度变化时，必须有有效地克服零漂措施。

(3) 增益误差：DAC 实际转换特性的曲线和理想转换特性曲线的差，称为增益误差或斜率误差。参考电压偏离标准值和运算放大器闭环增益偏离设计值是造成增益误差的主要原因。这一误差使得 DAC 的每一个模拟输出值与额定值之间总相差同一比例。

(4) 基准电压源 V_{REF} 也是测量精度的重要保证，其关键指标是温度漂移，一般用 ppm/℃来表示。假设某基准 30ppm/℃，系统在 20～70℃之间工作，温度跨度 50℃，那么，会引起基准电压 30×50=1500ppm 的漂移，从而带来 0.15%的误差，而 0.5ppm/℃的基准电压源带来的误差为 0.0025%。

6.2.4 DAC 的建立时间

DAC 的输入数字量是阶跃地变化的。这就要求转换器能够即时响应信号的变化，反映这种性能的参数就是 DAC 的动态参数：建立时间。

建立时间是从 DAC 输入发生阶跃到输出稳定在规定的误差范围之内所需要的最大时间，如图 6-8 所示，其中误差范围为：$\pm\frac{1}{2}$LSB。

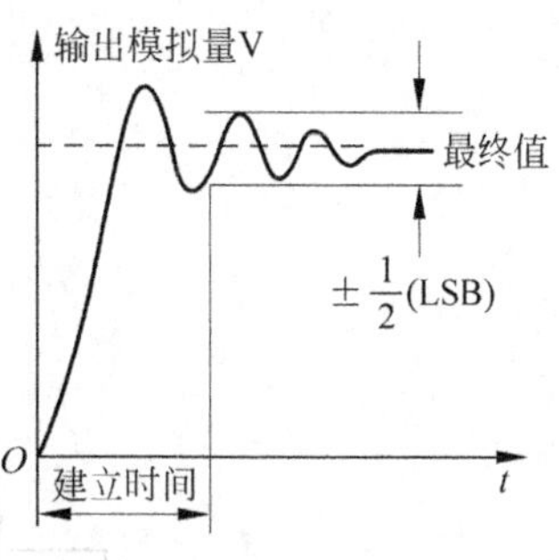

图 6-8 DAC 的建立时间

建立时间包括上升速率、限制过冲所需要的时间。

根据建立时间的长短，可以将 DAC 分成超高速（$<1\mu s$）、高速（$10\sim1\mu s$）、中速（$100\sim10\mu s$）、低速（$\geqslant100\mu s$）几挡。一般电流输出型 DAC 的建立时间较快，电压输出型的 DAC 较慢。

6.3 集成模数转换器

可以将前面讨论的集成模数转换器（DAC）认为是"译码器"，这一节讨论的 ADC 就是"编码器"。ADC 对输入模拟量 v_A（连续变化）进行二进制编码，输出与 v_A 的大小成一定比例关系和格式的数字量 n 位 D（离散）。图 6-9 为 ADC 基本原理图，V_{REF} 是 ADC 转换时所需的基准电压。

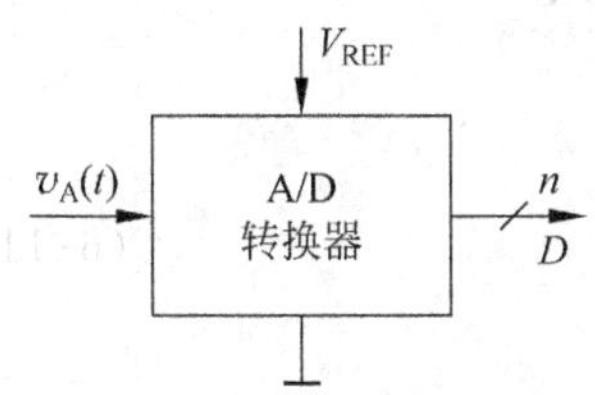

图 6-9 ADC 的基本原理图

ADC 的转换关系可以表示为：

$$D = v_A(t)/V_{LSB} \tag{6-10}$$

ADC 通常包含 4 个处理过程：采样、保持、量化和编码。

6.3.1 ADC 的处理过程

1. 采样和保持

由于被转换的电压是随时间不断地变化的模拟量，也就是说，在各个不同的瞬间它的大小是不同的。而模数转换时以一定的时间间隔周期性地"读取"输入电压的数值，并把读到的电压变换成与它对应的数字量。这个"读取"输入电压的过程称为"采样"。

实现这个过程的电路叫"采样器"如图 6-10 所示。其中：$v_A(t)$为输入模拟信号；$S(t)$为采样脉冲信号，重复周期为 T_s，采样脉冲的宽度为 τ；$v_O(t)$为采样器的输出信号。因为只有在采样期 τ 内才允许输入信号 $v_A(t)$通过采样器，其他时间输出为零，因此采样器的输出 $v_O(t)$是一系列窄脉冲信号，而脉冲的包络线就是输入信号。称 $v_O(t)$为样值脉冲，幅度称为样值。

由如图 6-10 所示的波形图可见，采样过程的实质就是把连续变化的模拟信号变换成一串时间上断续的模拟量。也可以把采样过程看作脉冲调制过程，即把连续的输入信号变换成一系列幅度受输入信号调制的窄脉冲。

采样定理认为：对频谱有限的模拟信号，其采样频率 f_s 必须大于或至少等于模拟信号 $v_A(t)$中最高有效频率分量 f_{Amax} 的两倍，即：

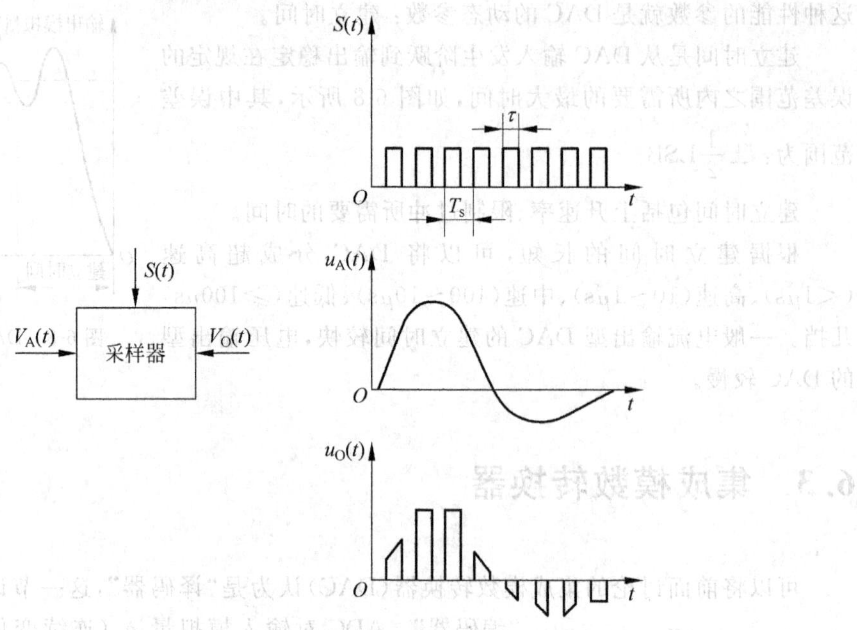

图 6-10　采样过程波形示意图

$$f_s \geqslant 2f_{\text{Amax}} \quad 或 \quad T_s \leqslant \frac{1}{2}f_{\text{Amax}} \tag{6-11}$$

才能不失真地重现 $v_A(t)$。通常选择 $f_s \geqslant 2f_{\text{Amax}}$。

由于采样脉冲的宽度 τ 往往是很小的,因此样值脉冲的宽度也是很窄的,而实现转换是要一定时间的,为使后续的电路能很好地对样值进行处理,通常要把它保存起来,直到下一次采样再更新,实现这个保持功能的电路就叫"保持器"。常常把采样器和保持器合并称为"采样-保持"电路。

图 6-11 给出了基本的采样-保持电路结构原理和主要变换波形。电路包括存储样值的电容 C、场效应管模拟开关 T 和缓冲放大器 A 等几个主要部分。

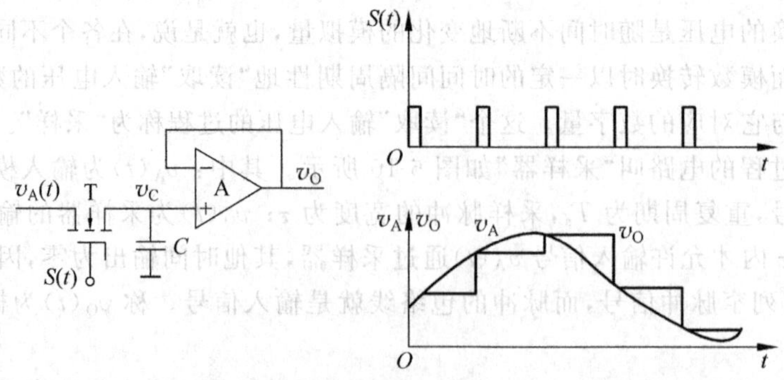

图 6-11　基本采样-保持电路的结构和主要变换波形示意图

模拟开关在采样脉冲 $S(t)$期间,即脉宽 τ 内接通,输入模拟信号 $v_A(t)$经 T 向存储电容 C 充电。如果 C 的充电时间常数远小于 τ,则电容 C 的电压 $v_C(t)$在时间 τ 内能完全能够跟随 $v_A(t)$的变化,因而放大器的输出电压 $v_C(t)$也能跟随 $v_A(t)$的变化。

当采样脉冲 $S(t)$结束时，场效应管迅速截止，则电容 C 端电压 $v_C(t)$将保持前一瞬间 $v_A(t)$的数值。如果电容的漏电很小，且放大器的输入阻抗或场效应管的截止阻抗均足够大的话，电容两端的电压将保持到下一个采样脉冲到来之前。

当下一采样脉冲到来时，T 重新导通，$v_C(t)$又及时跟踪 $v_A(t)$，即更新原采样数据 $v_A(t)$、$S(t)$及 $v_O(t)$。

采样-保持电路的性能极大地影响 ADC 的精度，其性能主要有：

(1) 采样精度是在采样期内输出电压与输入电压的一致程度。为提高采样精度，希望模拟开关的导通电阻及残余电压尽可能小，也希望它的开关时间尽可能短。

(2) 保持精度是在保持时间内，即两次采样的间隙期间所保持信息的变化程度。显然模拟开关的断开电阻、记忆电容的绝缘电阻以及运算放大器的输入阻抗愈大，则保持的精度就愈高。

2. 量化和编码

虽然，采样-保持电路的输出信号不是平滑地连续变化的电压，但仍是模拟量。它是某区间内的任意值。如果某区间是 0～3V，则它可以是 0～3V 内的任意实数。

而数字量仅能取数码区间内的某些特定的数码，是离散的。例如该数字量是 3 位的二进制数，则仅可取 000～111 内的 8 种可能的数码。

在 ADC 中，把采样-保持电路输出的样值电压归化到与特定的数码对应或接近的离散电平上去的过程，成为量化。图 6-12 说明了量化的过程，量化时通常采用“四舍五入”或“去零求整”的方法。

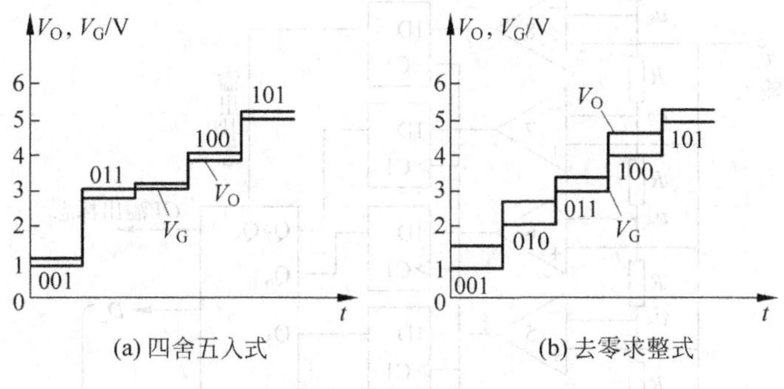

图 6-12　量化及编码

其中：v_O 为采样-保持电路的输出(样值电压)，v_G 是量化以后的电压，称作“量化电平”。由图 6-12 可见，每一次量化后的值 v_G 通常与 v_O 是不相等的，这个差值叫量化误差 ε。影响量化误差的主要因素是离散电平等级的多少，显然各个离散电平之间的差值愈小，即在某一个电平范围内划分的量化等级愈细，则量化误差愈小。

在图 6-12 中 ，把 0～7V 范围内的电压以相差 1V 为一个等级，分成 0、1、2、…、7 共 8 个等分。

量化后的信号变成了离散模拟量，用若干位二进制代码来表示这些离散量化的过程就是“编码”。

表 6-3 是图 6-12 的量化和编码过程和结果。

表 6-3　图 6-12 的量化和编码过程和结果

"四舍五入"式			"去零求整"式		
样值电平 v_O	量化电平 v_G	编　码	样值电平 v_O	量化电平 v_G	编　码
$v_O<0.5V$	0V	000	$v_O<1V$	0V	000
$0.5V\leqslant v_O<1.5V$	1V	001	$1V\leqslant v_O<2V$	1V	001
$1.5V\leqslant v_O<2.5V$	2V	010	$2V\leqslant v_O<3V$	2V	010
$2.5V\leqslant v_O<3.5V$	3V	011	$3V\leqslant v_O<4V$	3V	011
$3.5V\leqslant v_O<4.5V$	4V	100	$4V\leqslant v_O<5V$	4V	100
$4.5V\leqslant v_O<5.5V$	5V	101	$5V\leqslant v_O<6V$	5V	101
$5.5V\leqslant v_O<6.5V$	6V	110	$6V\leqslant v_O<7V$	6V	110
$6.5V\leqslant v_O$	7V	111	$7V\leqslant v_O$	7V	111
最大量化误差 ε_{max} 为 0.5V			最大量化误差 ε_{max} 为 1V		

6.3.2　并行型 ADC

并行型 ADC 是一种高速或超高速的模数转换器。如图 6-13 所示为 3 位"四舍五入"式并行型 ADC 的原理图，由电阻分压器、比较器、触发器和编码器构成。3 位并行 ADC 模拟电压和输出状态关系表如表 6-4 所示。

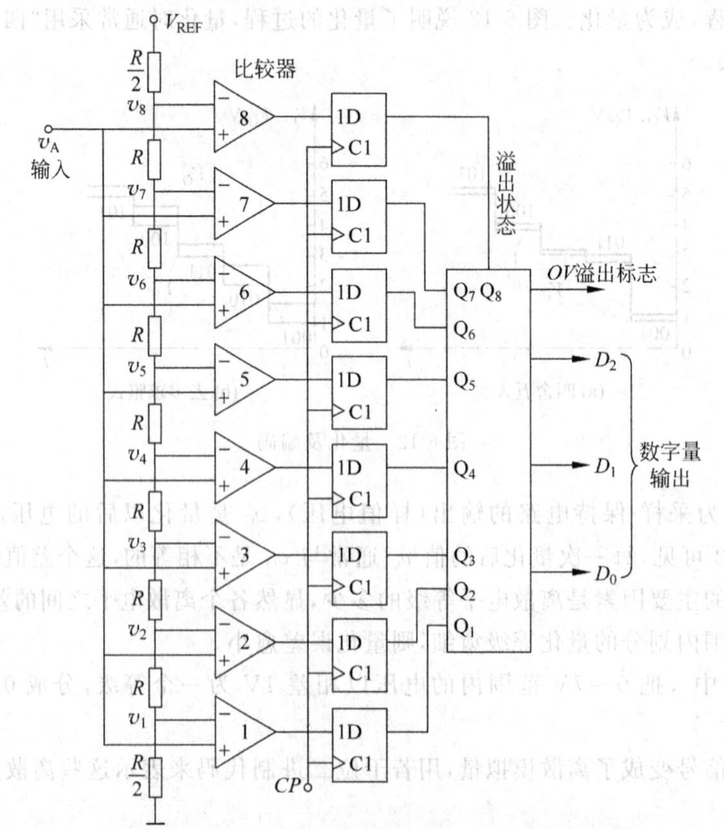

图 6-13　3 位并行型 A/D 转换器

表 6-4　3 位并行 ADC 模拟电压和输出状态关系表

输入模拟电压 v_A	比较器(即触发器)输出状态								溢出标志	输出数字量		
	Q_8	Q_7	Q_6	Q_5	Q_4	Q_3	Q_2	Q_1		D_2	D_1	D_0
$0\leqslant v_A<\frac{1}{16}V_{REF}$	0	0	0	0	0	0	0	0	0	0	0	0
$\frac{1}{16}V_{REF}\leqslant v_A<\frac{3}{16}V_{REF}$	0	0	0	0	0	0	0	1	0	0	0	1
$\frac{3}{16}V_{REF}\leqslant v_A<\frac{5}{16}V_{REF}$	0	0	0	0	0	0	1	1	0	0	0	1
$\frac{5}{16}V_{REF}\leqslant v_A<\frac{7}{16}V_{REF}$	0	0	0	0	0	1	1	1	0	0	0	1
$\frac{7}{16}V_{REF}\leqslant v_A<\frac{9}{16}V_{REF}$	0	0	0	0	1	1	1	1	0	1	0	0
$\frac{9}{16}V_{REF}\leqslant v_A<\frac{11}{16}V_{REF}$	0	0	0	1	1	1	1	1	0	1	0	1
$\frac{11}{16}V_{REF}\leqslant v_A<\frac{13}{16}V_{REF}$	0	0	1	1	1	1	1	1	0	1	1	0
$\frac{13}{16}V_{REF}\leqslant v_A<\frac{15}{16}V_{REF}$	0	1	1	1	1	1	1	1	0	1	1	1
$\frac{15}{16}V_{REF}\leqslant v_A$	1	1	1	1	1	1	1	1	1	无	意	义

参考电压 V_{REF} 经精密电阻分压器产生一组不同的量化电平 v_i：

$$v_1=\frac{1}{16}V_{REF},\quad v_2=\frac{3}{16}V_{REF},\quad v_3=\frac{5}{16}V_{REF},\quad v_4=\frac{7}{16}V_{REF}$$

$$v_5=\frac{9}{16}V_{REF},\quad v_6=\frac{11}{16}V_{REF},\quad v_7=\frac{13}{16}V_{REF},\quad v_8=\frac{15}{16}V_{REF}$$

这些量化电平分别送到相应比较器的反相输入端，而待转换的外部输入模拟电压 v_A 同时作用于所有比较器的同相输入端。

当 v_A 大于 v_i 时，则第 i 个比较器输出状态 1(高电平)；反之，比较器输出状态 0(低电平)。比较器的输出加到 D 触发器的输入端，在时钟脉冲 CP 的作用下，把比较器的输出存入触发器，因此得到稳定的状态输出 Q，再由优先权编码器变为数码输出 D_2、D_1、D_0。

当 $v_A\geqslant\frac{15}{16}V_{REF}$ 时，即 v_A 超过该转换器最大允许的输入电压时产生"溢出"，并用 $Q_8=1$ 作为溢出标志，表明输出 D_2、D_1、D_0 无意义。

这种并行 ADC 的整个转换过程中与所有量化电平同时比较，因此其转换时间在其他各类转换方法是最短的。转换时间只与比较器响应时间及编码器延迟的限制，有很高的转换速度，高达 100MHz 以上。由于速度很高，所以并行型 ADC 不配置采样-保持电路。

并行型 ADC 的缺点是器件量过大，一个 n 位并行型 ADC，要配用 2^n 套分压电阻、比较器和触发器,这种以几何级数增加的器件量,不仅难以实现,而且使各种误差因素也急剧上升。

6.3.3　逐次比较逼近型 ADC

逐次比较逼近型 ADC 是目前使用最多的 ADC 类型之一。它的基本思想是把输入模拟量 v_A 和 DAC 产生的反馈电压 v_F 进行 n 次比较(n 视需要选择),使输送到 DAC 的数字量 D 逼近于 v_A。

如图 6-14 所示为这种 ADC 的原理结构图。首先,在数码设定器中先设定一个二进制数码,经 DAC 转换为反馈电压 v_F。比较 v_A、v_F:若 $v_A \geqslant v_F$,则控制电路使数码设定器的数码增加;反之,若 $v_A < v_F$,则使数码设定器数码减小。数码改变后,再比较 v_A 与 v_F。经过多次比较后 v_F 接近 v_A,其误差小于一个单位量化值。此时数码设定器中的数码就是 ADC 转换结果,经输出数码寄存器输出。

常用的逐次比较型 ADC 有"自然二进制码逐次比较逼近型"和"BCD 码逐次比较逼近型"。

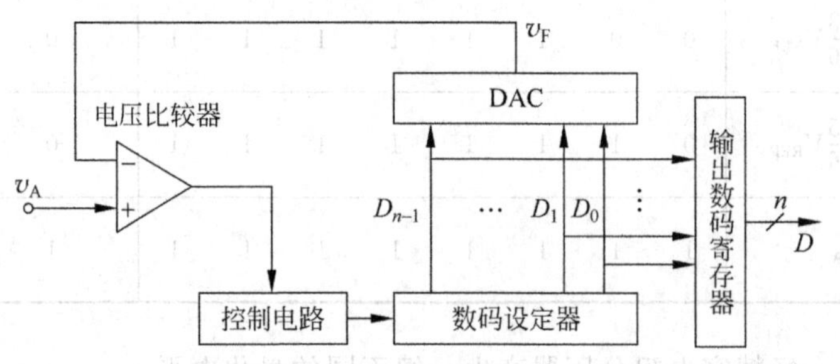

图 6-14　逐次比较逼近型 ADC 原理图

1. 自然二进制码逐次比较逼近型

这种 ADC 输出自然二进制码,比较过程由最高位(MSB)到最低位(LSB)逐位进行。

设某该类型的 ADC 为 12 位,其逐位比较过程如下:

第一步,控制电路置数码设定器第一位(最高位)数码为 1,其余位为 0,即 1000 0000 0000,经 DAC 送出 v_F。若 $v_A > v_F$,则该位 1 保留(加码);若 $v_A < v_F$ 将该位 1 变为 0(去码)。

第二步,控制电路置数码设定器第二位(次最高位)数码为 1,此时,若 $v_A > v_F$,则该位 1 保留(加码);若 $v_A < v_F$,则该位 1 变为 0(去码)。

其余步骤类推,由最高位至最低位共比较 12 次。

表 6-5 给出了 12 位二进制逐次逼近比较型 ADC 转换过程。表格中设转换电压 v_A 为 2865(量化单位)。二进制 DAC 第 i 位产生的模拟电压为 2^i 个量化单位(例如,当第 11 位为 1 时产生的模拟电压为 $2^i = 2048$ 个量化单位,第 0 位为 1 时产生的模拟电压为 $2^0 = 1$ 个量化单位)。

表 6-5　12 位二进制 A/D 转换电压 2865(量化单位)的比较过程

比较步骤	数码设定器内容												DAC 产生的电压 v_F	$v_F \leqslant v_A$	比较器判断
	2048	1024	512	256	128	64	32	16	8	4	2	1			
1	1	0	0	0	0	0	0	0	0	0	0	0	2048	是	加码
2	1	1	0	0	0	0	0	0	0	0	0	0	3072	否	去码
3	1	0	1	0	0	0	0	0	0	0	0	0	2560	是	加码
4	1	0	1	1	0	0	0	0	0	0	0	0	2816	是	加码
5	1	0	1	1	1	0	0	0	0	0	0	0	2944	否	去码
6	1	0	1	1	0	1	0	0	0	0	0	0	2880	否	去码
7	1	0	1	1	0	0	1	0	0	0	0	0	2848	是	加码
8	1	0	1	1	0	0	1	1	0	0	0	0	2864	是	加码
9	1	0	1	1	0	0	1	1	1	0	0	0	2872	否	去码
10	1	0	1	1	0	0	1	1	0	1	0	0	2868	否	去码
11	1	0	1	1	0	0	1	1	0	0	1	0	2866	否	去码
12	1	0	1	1	0	0	1	1	0	0	0	1	2865	是	加码

整个比较过程中 v_F 的变化波形示意图如图 6-15 所示。

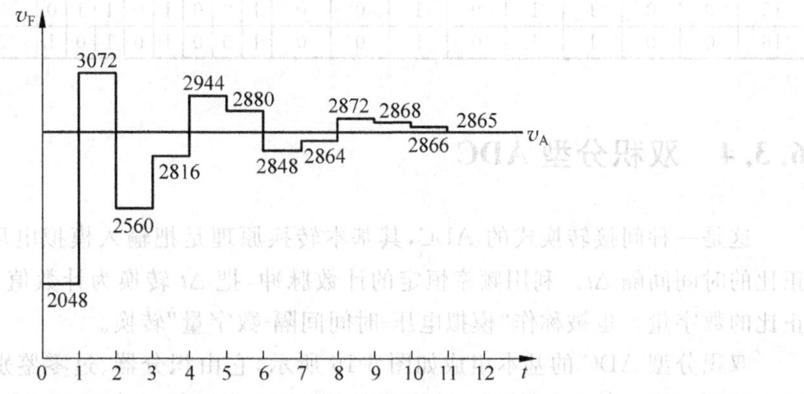

图 6-15　逐次比较型 ADC v_A、v_F 的波形图(v_A=2865 量化单位)

第一次比较：设定数码最高位 $D_{11}=1$，其余各位均为 0，$v_F=v_{11}=2048$，因 $v_F<v_A$ 加码，保留 $D_{11}=1$。

第二次比较：设定 $D_{10}=1$，则 $D_{11}D_{10}=11$，$D_9 \sim D_0$ 为 0，$v_F=v_{11}+v_{10}=2048+1024=3072$。因 $v_F>v_A$：D_{10} 去码(由 1 变 0)。

第三次比较：$D_{11}D_{10}D_9=101$，$D_8 \sim D_0$ 为 0，$v_F=v_{11}+v_9=2048+512=2560$。因 $v_F<v_A$：D_9 加码，保留 $D_9=1$。

其他各位比较过程以此类推，直到最低位 D_0。

最终比较结果为：D=1011 0011 0001，v_F=2865(量化单位)为该 ADC 的转换输出。

2. BCD 码逐次比较逼近型

这种类型的 ADC 转换原理与二进制逐次比较逼近型是相同的，只是 ADC 输出是 8421 BCD 码。表 6-6 给出了当转换电压 v_A 为 3495 个量化单位时 BCD 码的转换过程。从表 6-6

中可以看出共需比较 16 次。

表 6-6　4 位二-十进制 ADC 转换电压 v_A 的比较过程

比较步骤	数码设定器内容																DAC 产生的电压 v_F	$v_F \leqslant v_A$	比较器判别
	8000	4000	2000	1000	800	400	200	100	80	40	20	10	8	4	2	1			
1	1	0	0	0	0	0	0	0	0	0	0	0	0	0	0	0	8000	否	去码
2	0	1	0	0	0	0	0	0	0	0	0	0	0	0	0	0	4000	否	去码
3	0	0	1	0	0	0	0	0	0	0	0	0	0	0	0	0	2000	是	加码
4	0	0	1	1	0	0	0	0	0	0	0	0	0	0	0	0	3000	是	加码
5	0	0	1	1	1	0	0	0	0	0	0	0	0	0	0	0	3800	否	去码
6	0	0	1	1	0	1	0	0	0	0	0	0	0	0	0	0	3400	是	加码
7	0	0	1	1	0	1	1	0	0	0	0	0	0	0	0	0	3600	否	去码
8	0	0	1	1	0	1	0	1	0	0	0	0	0	0	0	0	3500	否	去码
9	0	0	1	1	0	1	0	0	1	0	0	0	0	0	0	0	3480	是	加码
10	0	0	1	1	0	1	0	0	1	0	0	0	0	0	0	0	3480	是	—
11	0	0	1	1	0	1	0	0	1	0	0	0	0	0	0	0	3480	是	—
12	0	0	1	1	0	1	0	0	1	0	0	1	0	0	0	0	3490	是	加码
13	0	0	1	1	0	1	0	0	1	0	0	1	1	0	0	0	3498	否	去码
14	0	0	1	1	0	1	0	0	1	0	0	1	0	1	0	0	3494	是	加码
15	0	0	1	1	0	1	0	0	1	0	0	1	0	1	1	0	3496	否	去码
16	0	0	1	1	0	1	0	0	1	0	0	1	0	1	0	1	3495	是	加码

6.3.4　双积分型 ADC

这是一种间接转换式的 ADC,其基本转换原理是把输入模拟电压 v_A,转换为与 v_A 成正比的时间间隔 Δt。利用频率恒定的计数脉冲,把 Δt 转换为计数值 N,即转换为与 v_A 成正比的数字量。也被称作“模拟电压-时间间隔-数字量”转换。

双积分型 ADC 的基本组成如图 6-16 所示,它由积分器、过零鉴别器、计数器和控制逻辑电路所组成。其中积分器是转换器的核心,它由运算放大器和 RC 积分网络组成;鉴别器用以判别积分器的输出 v_O:当 $v_O>0$ 时,鉴别器的输出 G 为 0;当 $v_O \leqslant 0$ 时,G 为 1。鉴别器的输出控制门电路的开、闭。门电路开启时计数器计数。

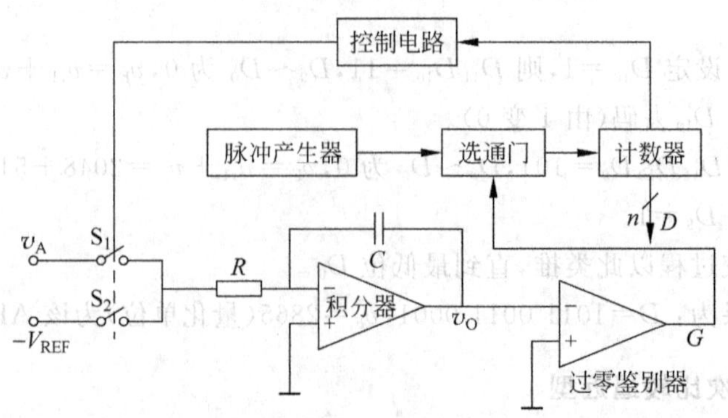

图 6-16　双积分型 ADC 原理结构图

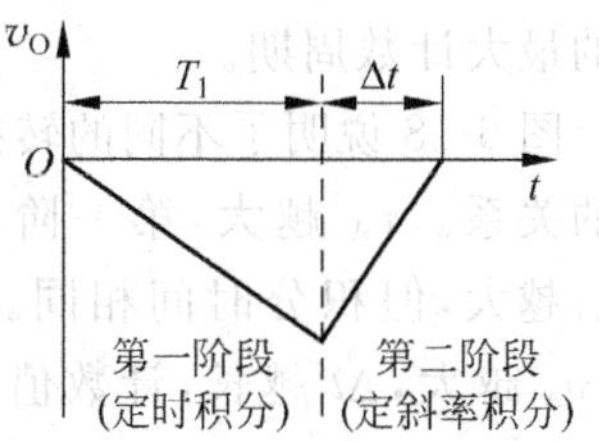

图 6-17　双积分型 ADC 的工作波形

转换器的初始状态是计数器复零和积分电容 C 完全放电，然后将经历两个阶段实现 A/D 转换。转换器的工作波形如图 6-17 所示。

1. 第一阶段(定时积分)

模拟开关 S_1 导通，模拟电压 v_A($v_A>0$)接入积分器，同时 S_2 断开。积分器从初始状态($v_O=0$)开始积分，在 RC 一定的条件下，输出 v_O 按确定的斜率向下变化。此时由于 $G=1$，选通门导通，启动计数器(由 0 开始)对时钟脉冲进行计数。当计数器计到满量程 N_1 时，计数器复 0，控制电路使开关 S_1 断开，S_2 导通。第一阶段结束。这一阶段实质是对 v_A 定时积分，固定的积分时间 T_1 为：

$$T_1 = T_{CP} \cdot N_1 \tag{6-12}$$

其中 T_{CP} 是恒定频率的时钟脉冲的周期，当积分到 T_1 时，积分器输出电压 v_O 为：

$$v_O = -\frac{1}{RC}\int_0^{T_1} v_A \mathrm{d}t \tag{6-13}$$

由于采样保持电路的作用，v_A 在 T_1 期间是恒定值，RC 的值也是稳定不变，则：

$$v_O = -\frac{1}{RC} v_A T_1 \tag{6-14}$$

2. 第二阶段(定斜率积分)

模拟开关 S_2 导通，S_1 断开，基准电压 $-V_{REF}$($|V_{REF}|>|v_A|$，且与 v_A 极性相反)接入积分器。由于 $-V_{REF}$ 与 v_A 极性相反，积分器反方向积分。计数器由 0 开始新一轮的计数过程，当积分器输出到 $v_O=0$ 时，积分过程结束，计数器停止，脉冲数为 N_2。则第二次积分时间为 $\Delta t=T_{CP}N_2$。这阶段实质是将 v_A 转换为与之成正比的时间间隔 Δt，结束积分时的输出为：

$$v_O + \frac{1}{RC}\int_0^{\Delta t} V_{REF} \mathrm{d}t = 0$$

即

$$v_O = -\frac{1}{RC} V_{REF} \Delta t \tag{6-15}$$

将式(6-14)代入式(6-15)，得：

$$-\frac{1}{RC} v_A T_1 = -\frac{1}{RC} V_{REF} \Delta t$$

$$\Delta t = \frac{T_1}{V_{REF}} v_A$$

因为 $T_1=T_{CP}N_1$，$\Delta t=T_{CP}N_2$ 所以

$$N_2 = N_1 \frac{v_A}{V_{REF}} \tag{6-16}$$

由式(6-16)可以看出，计数值 N_2 与 v_A 的大小成正比。

双积分型 ADC 的转换时间是第一阶段积分时间与第二阶段积分时间的和。因为第一阶段的时间是固定的，则 A/D 转换时间主要由第二阶段时间决定，但最大时间不超过计数

器的最大计数周期。

图6-18说明了不同的转换电压 v_A 与 T_1、Δt 之间的关系。v_A 越大,第一阶段(定时积分)结束时 $|v_O|$ 越大,但积分时间相同。第二阶段(定斜率积分)v_A 越大,Δt 越长,计数值 N_2 越大,也就是输出数字量越大。

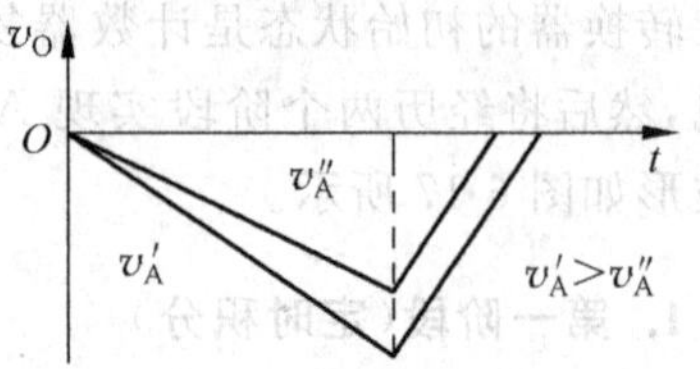

图6-18　不同的 v_A 与积分时间的关系

双积分型ADC集成电路品种很多,按照输出数码的格式一般分为自然二进制码和BCD码两大类。

例6-2　设双积分型ADC中计数器是BCD码的,其计数器的最大计数值 $N_1=(2000)_{10}$,时钟频率 $f_{CP}=10\text{kHz}$,$V_{REF}=-6.00\text{V}$ 试求:

(1) 完成一次转换的最长时间;

(2) 已知计数器计数值 $N_2=(369)_{10}$ 时,对应输入模拟电压 v_A 的数值。

解:ADC的最长转换时间为:

$$T_{max}=T_1+T_1=2\times T_{CP}\times N_1=2\times\frac{1}{10\times10^3}\times2000\text{s}=0.4\text{s}$$

当计数值为 $(369)_{10}$ 时:

$$v_A=\frac{N_2}{N_1}V_{REF}=\frac{369}{2000}6\text{V}\approx1.107\text{V}$$

双积分型ADC每转换一次要进行两次积分,其特点如下。

(1) 抗干扰能力强:只要选择定时积分时间 T_1 为干扰信号周期(如市电50Hz)的整倍数,就可以对干扰及其倍频信号具有较强的抑制能力,通过积分消除对 v_A 的干扰。

(2) 电路结构简单:对积分元件 RC 参数精度要求不高,短时间内稳定性较好即可。

(3) 编码方便:数字量输出既可以是二进制的,也可以是BCD码的,仅决定于计数器的计数规律。

(4) 转换速度低:常用于速度要求不高、精度要求较高的测量仪器仪表、工业测控系统中。

6.4　ADC的主要技术参数

ADC的技术参数与DAC的相似,静态参数是分辨率和转换误差,动态参数是转换时间。

1. 分辨率

ADC的分辨率是指转换器可以分辨的输入模拟量的最小值,也就是使输出数字量最低位(LSB)发生由1→0或0→1变化时的输入模拟量变化的最小值。对n位自然二进制码ADC,其分辨率为 $\frac{1}{2^n}V_{pp-max}$,V_{pp-max} 是该ADC所允许的输入信号的最大峰值电压。

通常用位数来表示ADC的分辨率。在输入电压相同的情况下,不同位数的ADC对应着不同的分辨率,如表6-7所示。

表 6-7　常用 ADC 的分辨率(设输入电压 $V_{pp-max}=1.000V$)

分 辨 率	最小可分辨电压
8 位	3.91mV
12 位	244.1μV
16 位	15.2588μV

在一定范围内位数越多,分辨率就越高。由于模拟电路和开关电路的噪声常常限制了分辨率的提高,因此,无限制的增加 ADC 的位数也不一定能提高它的分辨率。

2. 转换误差

转换误差有时也称转换精度。ADC 的转换误差表示为绝对误差和相对误差。

绝对误差是指与输出数字量对应的理论模拟值与产生该数字量的实际输入模拟值之间的差值。这一差值常用数字量的位数作为度量单位,例如精度为最低值的 $\pm\frac{1}{2}$ 位/字(写作 $\pm\frac{1}{2}$LSB)或 ±1 位/字(写作 ±1LSB)等。

绝对误差与额定最大输入模拟值(FSB)的百分比,是 ADC 的相对误差(相对精度)。例如 ±0.5%FSB 或 ±0.1%FSB 等。

误差和分辨率是两个不同的概念。精度是转换结果相对于理论值的准确度。而分辨率是能对转换结果产生影响的最小输入量。分辨率高的 ADC 也可能因为误差的存在而精度并不一定很高。选用和设计 ADC 时的这两个参数要经过精心设置和协调。

引起 ADC 误差的原因除采样、保持、量化误差外,还有因器件的非理想特性造成的误差,如元器件参数的偏差、温度漂移等多种因素,均可使实际转换结果偏离理论值。这些误差包含失调(零点)误差、增益误差和非线性误差等,其成因与 DAC 类似。

3. 转换时间

ADC 的转换时间反映了模数转换的工作速度,是从输入模拟信号采样开始,直到输出端产生有效的数字量输出的时间,即 ADC 完成一次完整转换所需的时间。

ADC 的转换时间和许多因素有关,不同转换原理的 ADC 有很大差别。比较器的响应时间、运算放大器的频带宽度、时钟频率、输出位数输出方式等因素对转换时间都会产生一定的影响。

习题 6

6.1　一个 $n=10$ 位的二进制电流相加权电阻网络 DAC,最高位权电阻为 R,$V_{REF}=10V$,$R_F=R/2$,试求:

① 输出电压的范围、最大值。

② 输入数字量 $D=10\ 1010\ 011$、$D=11\ 1111\ 1111$ 时的输出电压值。

③ 输入数字量变化 1LSB 时,输出电压的变化量。

④ 该 DAC 的分辨率是多少?

⑤ 如果要求分辨率达到 0.01%,问 n 应该是多少?

6.2　4 位权电阻网络 DAC 如图 6-19 所示,最低位权电阻为 R,$R_F=R/2^4$,$V_{REF}=8V$,试求:

① v_O 的输出范围;

② V_{LSB}、V_{FSR}、分辨率;

③ 输入 $D=1001$ 时的输出电压。

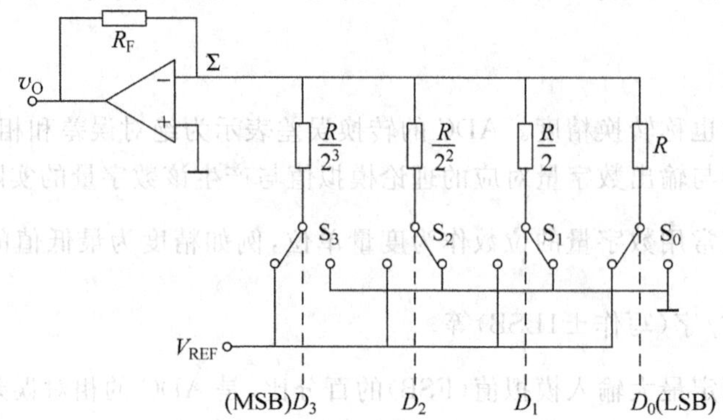

图 6-19　4 位权电阻网络 DAC

6.3　在电流相加权电阻网络 DAC 中,最低位权电阻为 R,$R_F=R/2$,设基准电压 $V_{REF}=-10V$,位数 $n=6$,试求:

① 当 LSB 由 0 变 1 时,输出电压 v_O 的变化量;

② 当 $D=110001$ 时,输出电压 v_O 的值;

③ 当 $D=111111$ 时,输出电压 v_O 的值。

6.4　已知 10 位权电阻网络 DAC 的 $V_{REF}=10V$,若要求权电阻网络输出电流最小值小于 15mA,试计算 MSB 的权电阻 R 的值。

6.5　在 4 位二进制电流相加型 R-$2R$ T 型电阻网络 DAC 中,若 $R=2k\Omega$,$R_F=6k\Omega$,$V_{REF}=5V$,试求:

① 当 $D=1001$ 时,输出电压 v_O 的值和输出电流 i_o 的值;

② 当 $D=1111$ 时,输出电压 v_O 的值和输出电流 i_o 的值;

③ 若输出电压 $v_O=-1.25V$,则输入数字量 D 的值。

6.6　如图 6-20 所示为 R-$2R$ T 型电阻网络 DAC,试求:

① 当模拟开关均接地时,每个结点 P_i 左视、右视、下视的等效电阻为何值?

② S_0 接 V_{REF},其余开关接地时,P_o 结点处的电压 V_P 为何值?输出电压 V_o 为多少?

③ 所有模拟开关均接 V_{REF} 时,输出电压 V_o 为何值?

6.7　如图 6-21 所示权电阻网络 DAC 其结构特点?比之一般电流相加型权电阻网络 DAC 有何差别?若 $R=8k\Omega$, $R_F=1k\Omega$,$V_{REF}=-10V$,试求:

① 模拟开关换接时(接地或接 V_{REF}),其流经开关的电流数值和方向有何变化?

② 输入 $D=1001$ 时,网络输出电流 $i=$?运放输出 $V_o=$?

③ 若 $V_o=1.25V$,则 $D=$?

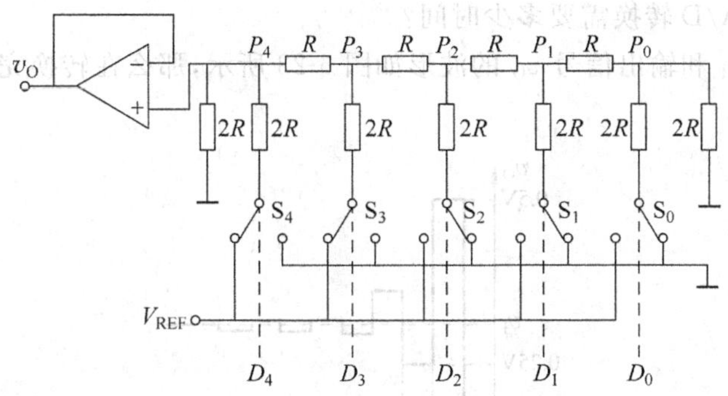

图 6-20　R-$2R$ T 形电阻网络 DAC

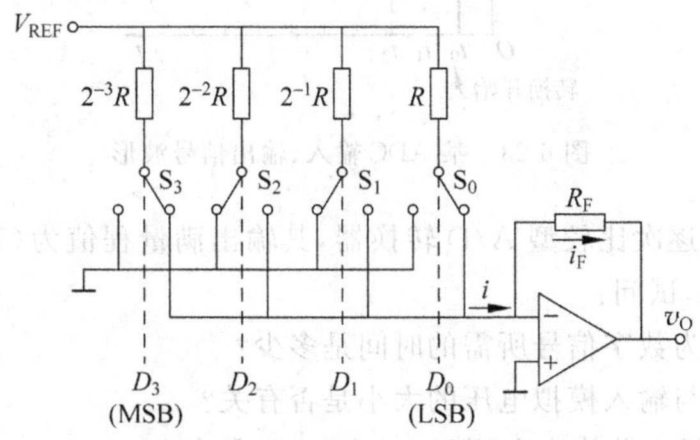

图 6-21　权电阻网络 DAC

6.8　如图 6-22 所示电路可用作阶梯波发生器。如果计数器是加/减计数器，它和 DAC 相适应，均是 10 位(二进制数)，时钟频率为 1MHz，求阶梯波的重复周期，试画出加法计数和减法计数时 DAC 的输出波形(控制信号 $S=0$，加计数；$S=1$，减计数)。

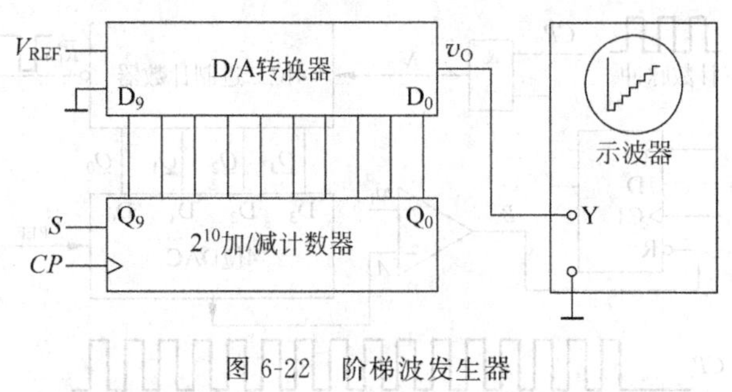

图 6-22　阶梯波发生器

6.9　一个二进制 10 位逐次比较型 ADC，试列出输入模拟电压为 968 个量化单位时的逐次比较表格，并画出反馈电压 V_F 的工作波形图。

6.10　一个二-十进制 8421 逐次比较型 A/D 转换器，试列出输入模拟电压为 5934 个量化单位时的逐次比较表格，并画出反馈电压 V_F 的工作波形图。

6.11　某 12 位二进制输出的逐次比较型 ADC。其最小转换时间为 26μs，求时钟频率的上限值。

6.12　逐次比较型 ADC 的分辨率是 8 位，时钟脉冲频率 $f_{cp}=250\text{kHz}$，试问：

① 完成一次 A/D 转换需要多少时间？

② 输入信号 v_I 和输出信号 v_O 的波形如图 6-23 所示，那么在转换完成后输出寄存器内容是什么？

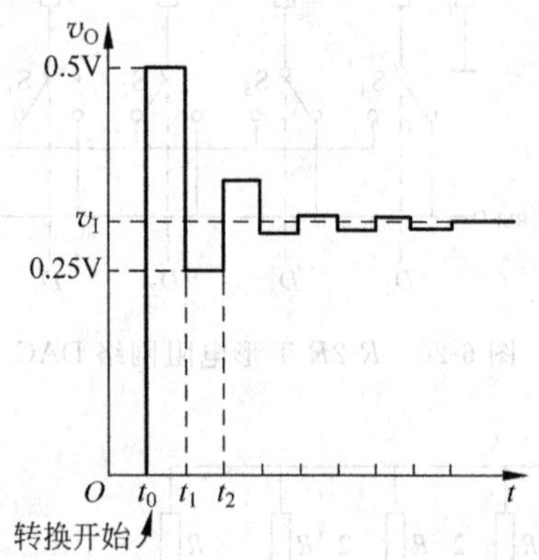

图 6-23　某 ADC 输入、输出信号波形

6.13　某 BCD 码逐次比较型 A/D 转换器，其输出满量程值为 $(19999)_{8421\ \text{BCD码}}$，转换器的时钟频率 $f=1\text{MHz}$，试问：

① 模拟信号转换为数字信号所需的时间是多少？

② 上述所需时间与输入模拟电压的大小是否有关？

③ 若 $V_{REF}=2\text{V}$，最小分辨率电压 V_{LSB}(或 LSB)是多少？

6.14　在如图 6-24 所示的 ADC 中，已知输出满量程电压 $V_{Omax}=15\text{V}$，触发器现态为 0，计数器响应下降沿，输入电压 $v_I=10\text{V}$，试求：

① 画出 N、A、B 各点波形；

② 求出对应 $v_I=10\text{V}$ 时，输出数字量 $D_3D_2D_1D_0=$？

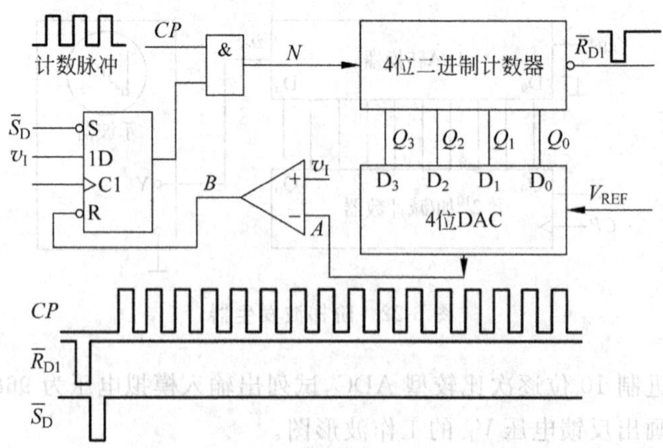

图 6-24　某 ADC 的框图及部分信号的波形

6.15　如图 6-25 所示为某双积分型 ADC 的框图，若时钟频率为 1MHz，分辨率为 10 位，试问：

① 最高取样频率 $f_s=$？

② 当输入模拟电压 $v_I=5V$ 时，参考电压 $V_{REF}=-10V$ 时，输出二进制代码是多少？

③ $v_I=3.75V$ 时，第一次积分时间 T_1 和第二次积分时间 Δt 分别是多少？

④ 转换结束后，计数的状态如何？

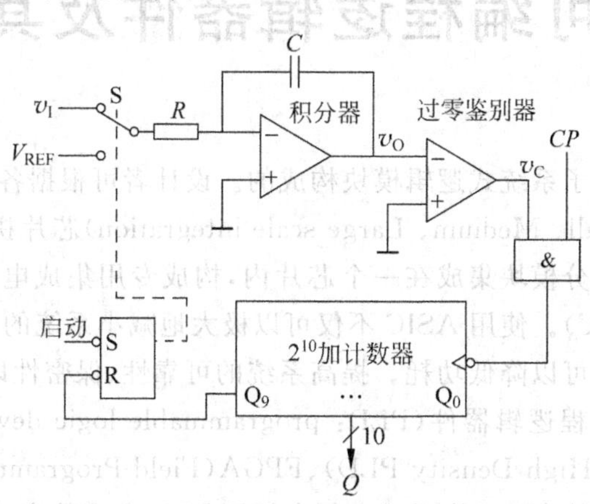

图 6-25　某双积分型 ADC 的框图

6.16　在上题中，若 $f_{cp}=1MHz$，$n=10$，$v_I=5V$，而 $V_{REF}=8V$，试求：

① T 和 Δt；

② 输出数字量的值；

③ 将结果与上题相比较，说明原因。

6.17　一个采用十进制显示的 $4\frac{1}{2}$ 位双积分型 ADC(即 4 位半)，其最大计数容量是 $(20000)_{10}$，时钟频率 $f_{cp}=5kHz$，试求：

① 完成一次转换的最长时间；

② 要求计数器计数值与被测电压值一致，例如：$V_A=2V$ 时，计数值为 19999，则基准电压 V_{REF} 应如何选择？

③ 如果扩充测试量程为：20V、2V、0.2V，则电路应增加什么措施？

6.18　证明双积分型 ADC 的转换精度(误差)不受积分器中积分时间常数 τ 和时钟频率 f_{cp} 的影响。

第 7 章　可编程逻辑器件及其应用基础

数字系统是由许多子系统式逻辑模块构成的。设计者可根据各模块的功能选择适当的 SSI、MSI 以及 LSI(Small、Medium、Large-scale integration)芯片拼接成预定的数字系统，也可把系统的全部或部分模块集成在一个芯片内，构成专用集成电路(Application Specific Integrated Circuit,ASIC)。使用 ASIC 不仅可以极大地减小系统的硬件规模(芯片数、占用的面积及体积等)，而且可以降低功耗。提高系统的可靠性、保密性以及工作速度。

本章首先介绍可编程逻辑器件(PLD: programmable logic device)的基本原理和结构以及由 PLD、HDPLD(High Density PLD)、FPGA(Field-Programmable Gate Array)构成数字系统的方法和技术特点；还将通过实例介绍用 PLD 实现数字系统的详细步骤，使读者对 PLD 的原理与应用有更深入的理性与感性认识。

7.1　PLD 的基本原理

ASIC 是一种由用户定制的集成电路。按制造过程的不同又可分为两大类：全定制和半定制。

全定制电路是指制造厂按用户提出的逻辑要求专门设计和制造的芯片。

早期的半定制电路的生产可分为两步。首先由制造厂制成标准的半成品；然后制造厂根据用户提出的逻辑要求，再对半成品进行加工，实现预定的数字系统芯片。典型的半定制器件是 20 世纪 70 年代出现的门阵列(Gate Array,GA)和标准单元阵列(Standard Cell Array,SCA)。它们分别在芯片上集成了大量逻辑门和具有一定功能的逻辑单元，通过布线把这些硬件资源连接起来实现数字系统。这两种结构的 ASIC 的布线(即编程)工作都是由集成电路制造厂完成的。

随着集成电路制造工艺和编程技术的提高。针对 GA 和 SCA 这两类产品的设计和编程都离不开制造厂的缺点，从 20 世纪 70 年代末开始，发展 PLD 的半定制芯片。PLD 芯片内的硬件资源和连线资源也是由制造厂生产好的，但用户可以借助功能强大的设计自动化软件(也称设计开发软件)和编程器，自行在实验室内、研究室内，甚至生产车间等现场，其过程如图 7-1 所示。进行设计和编程，实现所希望的数字系统。在这种情况下，设计师的主要工作将是：

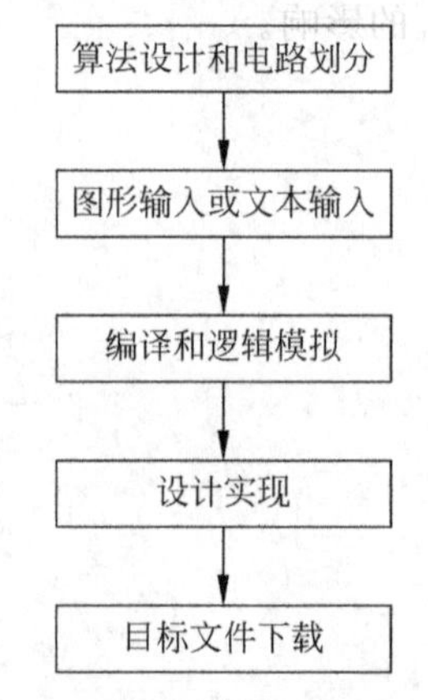

图 7-1　用 PLD 实现数字系统的基本过程

(1) 根据设计对象的逻辑功能进行算法设计和电路划分，进而给出相应的行为描述或结构描述；

(2) 利用制造厂通用的编辑工具以文本方式(例如

VHDL 源文件)或图形方式(例如逻辑图)把上述描述输入计算机;

(3) 给出适当的输入信号;启动设计自动化软件中的仿真器;进行逻辑模拟检查逻辑设计的正确性和进行时序分析;

(4) 选择 PLD 芯片。

图 7-1 中的"设计实现"由设计自动化软件来完成。包括对 PLD 内部硬件资源进行布局和布线,进而形成表示这些设计结果的目标文件。最后将上述目标文件写入给定的器件(即编程或下载),使该器件实现预定的数字系统。

PLD 及其设计工具的出现,一方面极大地改变了传统的手工设计方法。使设计人员可从繁杂的手工劳作中解放出来,而致力于最易有创造性的算法设计和系统优化的工作,也使系统设计师可以在自己的工作场所制成所需的 IC。

另一方面,极大地提高了系统的可靠性,降低了系统的成本,缩短了产品的开发周期,因此受到了系统设计人员和系统设备制造厂的极大欢迎。

任何组合函数都可表示为与或表达式。并用两级与或电路实现。最早的 PLD 就是根据这一原理,在芯片上集成了大量的二级与或结构的单元电路,通过编程,即修改各与门及或门的输入引线从而实现任意组合逻辑函数。这就是通常所说的简单 PLD(Simple PLD, SPLD)的基本结构。随着集成技术的发展,在吸取 SCA 的思想的基础上,构成了称为复杂 PLD(Complex PLD,CPLD)的新一代可编程器件。这类 PLD 的内部结构已不再局限于简单的由两级与—或电路构成的与—或阵列,而是更加灵活、更加通用的逻辑单元的阵列。这些逻辑单元本身就可能是一个与或阵列,也可能是一个功能完美的逻辑模块。另一类 PLD 器件是从 GA 的基础上发展的,称为现场可编程门阵列(FPGA)。如图 7-2 所示为目前技术状态下 PLD 的简单分类。

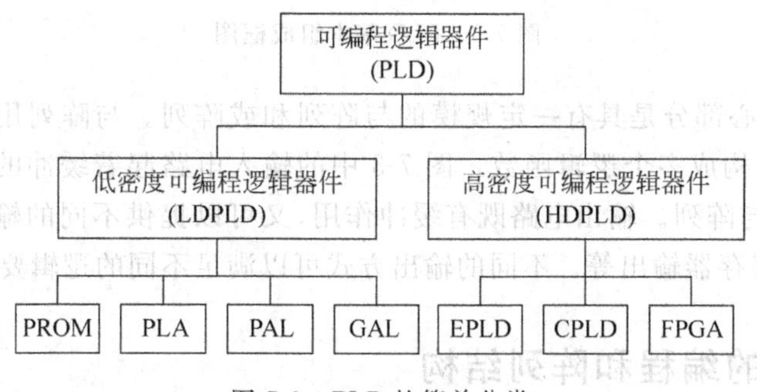

图 7-2　PLD 的简单分类

PLD 电路结构的发展使芯片内硬件资源的利用更加灵活,设计师可在同样容量的芯片上集成更加强大的数字系统。CPLD 和 FPGA 内包含的等效的门电路的数量均相当大,通称为高密度 PLD——HDPLD。多种 HDPLD 的单片密度已达百万门。更高密度的芯片还会不断出现。这为把更大的数字系统集成在一个芯片内提供了可能。现在许多器件由引脚到引脚间的传输延迟时间仅有数纳秒,例如 5ns,这将使由 PLD 芯片构成的系统具有更高的运行速度。

通常,PLD 芯片的编辑是把芯片插在专门的编辑器上进行的。如果编程后的芯片已被装在印刷电路板上,那么除非把它从印刷电路板上拆下,否则就不能对它再编程。这就是说,安装在印刷电路板上的芯片是不能对它再编程的。在系统可编程技术 isp 技术克服这一缺点。具有 isp 功能的芯片,即使已经安装在印刷电路板上,仍可对其编程,以改变它的逻辑功能,改进系统性能,这为系统设计师提供了极大的方便。

设计工具的不断完善现有的设计自动化软件既支持功能完善的硬件描述语言(如 VHDL 等)作为文本输入,又支持逻辑电路图、工作波形图等作为图形输入。设计人员除了进行算法设计和建立描述外。设计软件将可以帮助设计人员完成其他任何工作。

鉴于 PLD 的规模、功能、速度和编程技术的不断提高以及设计手段的不断完善,已经且必将在今后的数字系统设计中,愈来愈多地取代用多片 SSI、MSI 和 LSI 拼接构成系统的方法。

用户在设计开发软件(有的还需编程器)的辅助下就可以对 PLD 器件编程,使之实现所需的组合或时序逻辑功能,这是 PLD 最基本的特征。为此 PLD 在工艺上必须做到允许用户编程,在电路结构上必须具有实现各种组合或时序函数的可能性。

7.1.1 PLD 的基本组成

任何一个组合电路,总可以用一个或多个与或表达式来描述;任何一个时序电路,总可以用输出方程组和激励方程组来描述。输出方程和激励方程也都可以是与-或表达式。如果 PLD 包含了实现与或式所需的两个阵列——“与门阵列”(简称与阵列)和“或门阵列”(简称或阵列),那么就能够实现组合电路,如配置触发器等记忆元件,还可以实现时序电路。如图 7-3 所示为 PLD 的基本组成框图。

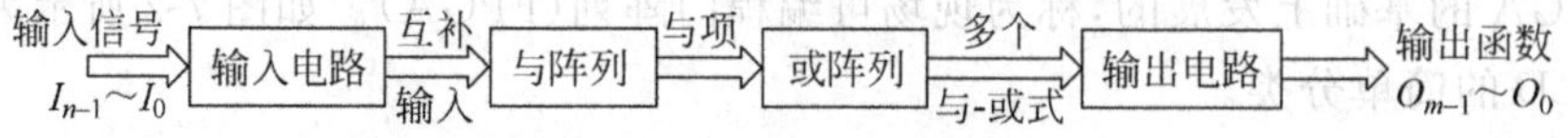

输入信号 $I_{n-1}\sim I_0$ → 输入电路 → 互补输入 → 与阵列 → 与项 → 或阵列 → 多个与-或式 → 输出电路 → 输出函数 $O_{m-1}\sim O_0$

图 7-3 PLD 基本组成框图

图 7-3 中的核心部分是具有一定规模的与阵列和或阵列。与阵列用以产生有关与项;或阵列把上述与项构成多个逻辑函数。图 7-3 中的输入电路起着缓冲的作用,且生成互补的输入信号,送至与阵列。输出电路既有缓冲作用,又可以提供不同的输出结构,如三态输出、OC 输出以及寄存器输出等。不同的输出方式可以满足不同的逻辑要求。

7.1.2 PLD 的编程和阵列结构

如图 7-4(a)所示为一个有 4 输入的 TTL 与门,4 根输入线分别串入了“熔丝”1、2、3、4。不难看出,熔丝的通或断会直接改变输出函数 F 表达式的内容。如果熔丝 1、2、3、4 均接通,$F=ABCD$;若熔丝 1 和 2 烧断,则 $F=CD$。这就是与门的一种可编程结构原理。通常,工厂提供的产品中熔丝是全部接通的,用户可按需要烧断某些熔丝,以满足输出函数的要求,这就是 PLD 的编程。能够产生必要的电信号将熔丝烧断的设备称为编程器。如图 7-4(b)所示的或门是不可编程的。需要说明的是:若利用烧断熔丝的方法来编程,则编程总是一次性的。一旦编程,电路的逻辑功能将不能再改变,这显然是不方便的。为此又开发出紫外线可擦除和电可擦除的 PLD,这两类器件允许用户重复编程和擦除,使用更为灵活方便。为讨论方便起见,无论是何种编程和擦除结构,以下均采用“熔丝”这一名词。

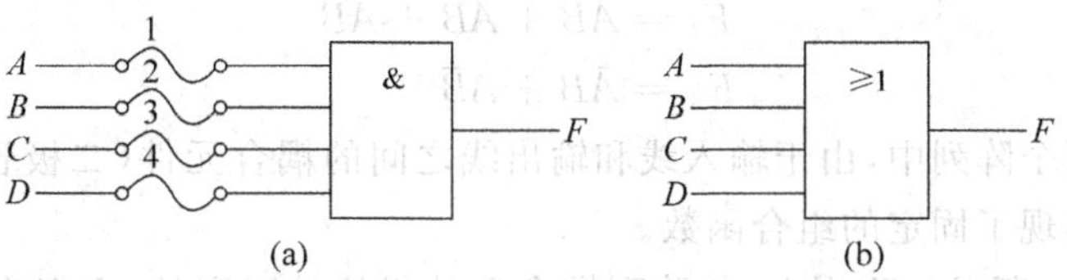

图 7-4　基本门可编程和不可编程示意图

PLD 的与阵列和或阵列可以由晶体三极管组成(双极型),更多的是 MOS 场效应管组成(MOS)型。为明晰起见,以如图 7-5 所示由二极管构成的阵列为例来说明阵列的结构和编程原理。

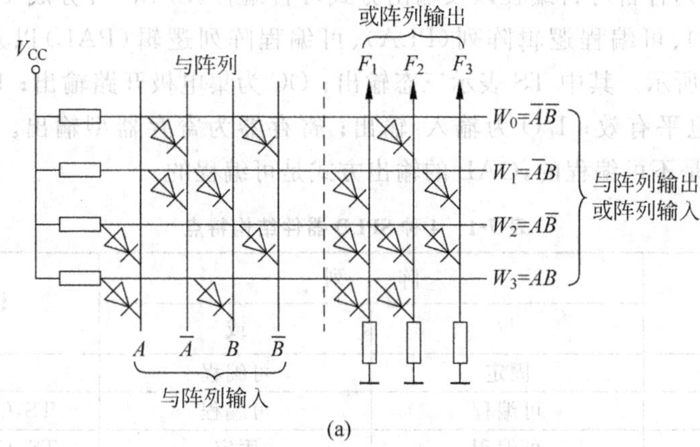

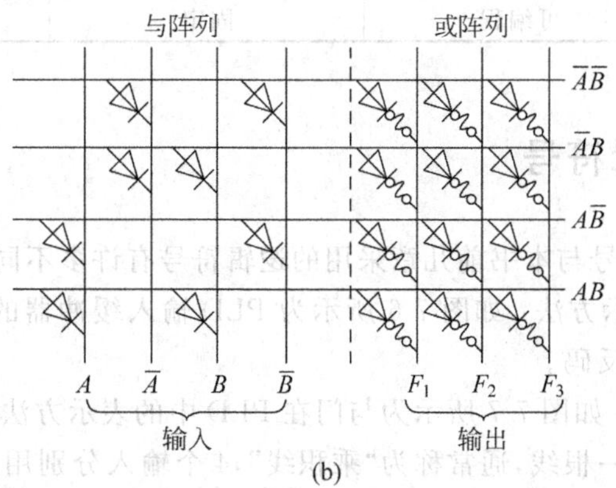

图 7-5　二极管构成的门阵列结构

图 7-5(a)是一个包括 4 个二极管与门、3 个二极管或门的门阵列结构。常称图 7-5 中的二极管为耦合元件,它确定了门阵列各输出与输入之间的逻辑关系。如图 7-5(a)中,与阵列的 4 个输出(即或阵列的输入)分别为

$$W_0 = \overline{A}\overline{B} \quad W_1 = \overline{A}B$$

$$W_2 = A\overline{B} \quad W_3 = AB$$

或阵列的输出为

$$F_1 = \overline{A}B + A\overline{B} + AB$$

$$F_2 = \bar{A}B + A\bar{B} + AB$$
$$F_3 = \bar{A}B + A\bar{B}$$

显然，在这两个阵列中，由于输入线和输出线之间的耦合元件(二极管)是固定的，阵列是不可编程的，实现了固定的组合函数。

在如图7-5(b)所示的阵列中，与阵列耦合元件仍然是固定的，它们生成4个与项$\bar{A}\bar{B}$、$\bar{A}B$、$A\bar{B}$和AB；但或阵列中的耦合元件均串入了熔丝，从而构成可编程结构，因此输出函数F_1、F_2、F_3可由用户在编程时定义。通常所说的“可编程”或“不可编程”就取决于阵列中输入、输出线交叉点处的耦合元件能否根据用户要求“连接(接通熔丝)”或“不连接(断开熔丝)”。

根据与、或阵列各自可否编程以及输出方式可否编程，SPLD可分成4大类：可编程只读存储器(PROM)、可编程逻辑阵列(PLA)、可编程阵列逻辑(PAL)以及通用阵列逻辑(GAL)，如表7-1所示。其中TS表示三态输出；OC为集电极开路输出；H、L分别为输出高电平有效和低电平有效；I/O为输入/输出；寄存器为寄存器型输出。PROM、PLA和PAL的输出方式是不可编程的，GAL的输出方式是可编程的。

表7-1　4种SPLD器件结构特点

类　　型	阵　　列		输出方式
	与	或	
PROM	固定	可编程	TS，OC
PLA	可编程	可编程	TS，OC，H，L寄存器
PLA	可编程	固定	TS，H，L，I/O寄存器
GAL	可编程	固定	可由用户编程定义

7.1.3　PLD的逻辑符号

PLD中采用的逻辑符号与本书前几章采用的逻辑符号有许多不同之处。

(1) 输入缓冲器的表示方法：如图7-6所示为PLD输入缓冲器的表示方法，它的两个输出分别是输入的原码和反码。

(2) 与门的表示方法：如图7-7所示为与门在PLD中的表示方法。在这种描述法中，4输入与门的输入部分只画一根线，通常称为“乘积线”，4个输入分别用4根与乘积线相垂直的竖线送入，这种多输入的与门在PLD中构成“乘积项”。竖线和乘积线的交叉点均有一个耦合元件，交叉点上的“·”表示固定连接；“×”表示可编程连接；交叉点处无任何标记则表示不连接。图7-7中与门输出$F=ABC$。

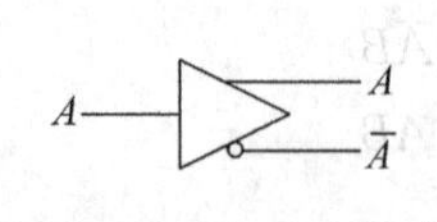

图7-6　PLD的输入缓冲器

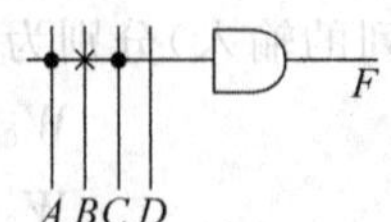

图7-7　与门的PLD表示法

(3) 或门的表示方法：如图 7-8 所示为或门 PLD 的表示方法。或门输出为 $F=A+B+C+D$。

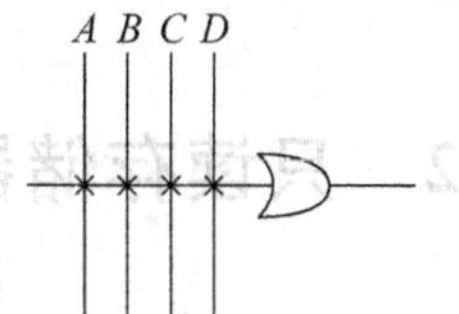

图 7-8　或门的 PLD 表示法

(4) 阵列图：阵列图是用以描述 PLD 内部元件连接关系的一种特殊的逻辑电路图。图 7-9(a)是如图 7-5(b)所示的阵列的阵列图。其中清楚地表明了不可编程的与阵列和可编程的或阵列。有时为简明可以把阵列图简化成图 7-9(b)所示的形式。

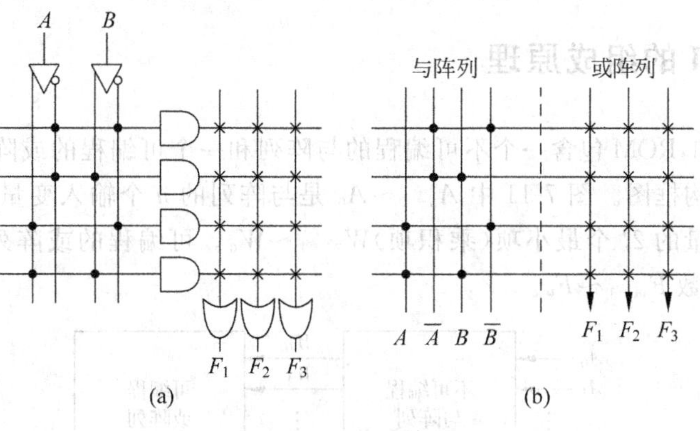

图 7-9　图 7-5(b)所示阵列的阵列图

例 7-1　如图 7-10(a)所示为函数 F 的逻辑图。试画出相应的 PLD 阵列图。

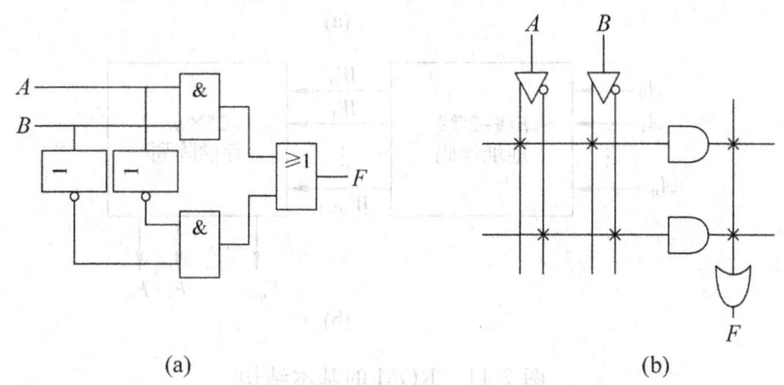

图 7-10　函数 F 的逻辑电路图和阵列图

根据已知电路写出函数 F 的逻辑表达式为

$$F = AB + \overline{A}\overline{B}$$

遵循 PLD 的逻辑约定和描述方法，画出相应的 PLD 阵列图，如图 7-10(b)所示。

PLD 中各种触发器和锁存器的逻辑符号也与前文完全不相同，但读者根据已有的知识均不难理解其含义，此处不再详述。

简单可编程逻辑器件 SPLD 是出现最早的 PLD。无论是 PROM、PLA、PAL 或 GAL，它们共同的特征是把上节所述与或阵列结构作为片内基本逻辑资源。本节简要介绍它们的基本组成和应用。

7.2　只读存储器

只读存储器(ROM)是最先出现的PLD。作为入门,这里就其组成原理、分类和应用做简单介绍。

7.2.1　ROM的组成原理

由表7-1可知,ROM包含一个不可编程的与阵列和一个可编程的或阵列。如图7-11(a)所示为其基本结构框图。图7-11中 $A_{n-1}\sim A_0$ 是与阵列的 n 个输入变量,经不可编程的与阵列产生输入变量的 2^n 个最小项(乘积项) $W_{2^n-1}\sim W_0$。可编程的或阵列可按编程的结果产生 m 个输出函数 $F_{m-1}\sim F_0$。

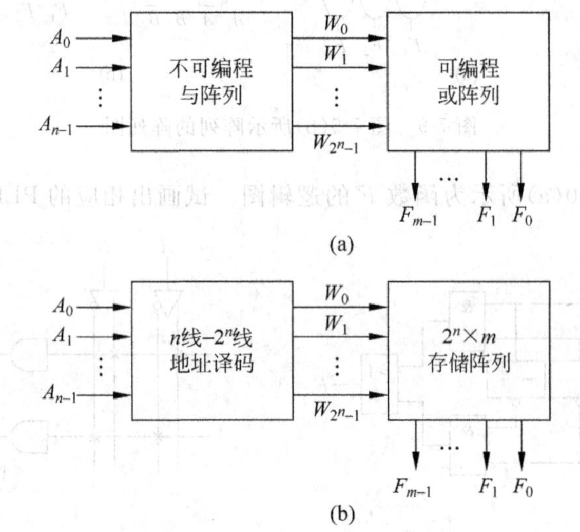

图7-11　ROM的基本结构

如图7-12(a)所示为一个4(乘积项数)×3(输出函数)ROM未编程时的阵列图,如图7-12(b)所示为该4×3 ROM经编程后的阵列图。显然:

$$W_0=\overline{A}_1\overline{A}_0$$

$$W_1=\overline{A}_1A_0$$

$$W_2=A_1\overline{A}_0$$

$$W_3=A_1A_0$$

从而该ROM实现了3个2输入变量的逻辑函数:

$$F_0=\overline{A}_1A_0+A_1\overline{A}_0$$

$$F_1=\overline{A}_1\overline{A}_0+A_1\overline{A}_0+A_1A_0$$

$$F_2=\overline{A}_1A_0+A_1\overline{A}_0+A_1A_0$$

显然,对于如图7-12(a)所示的ROM,只要对或阵列进行适当的编程,就可以实现任意2

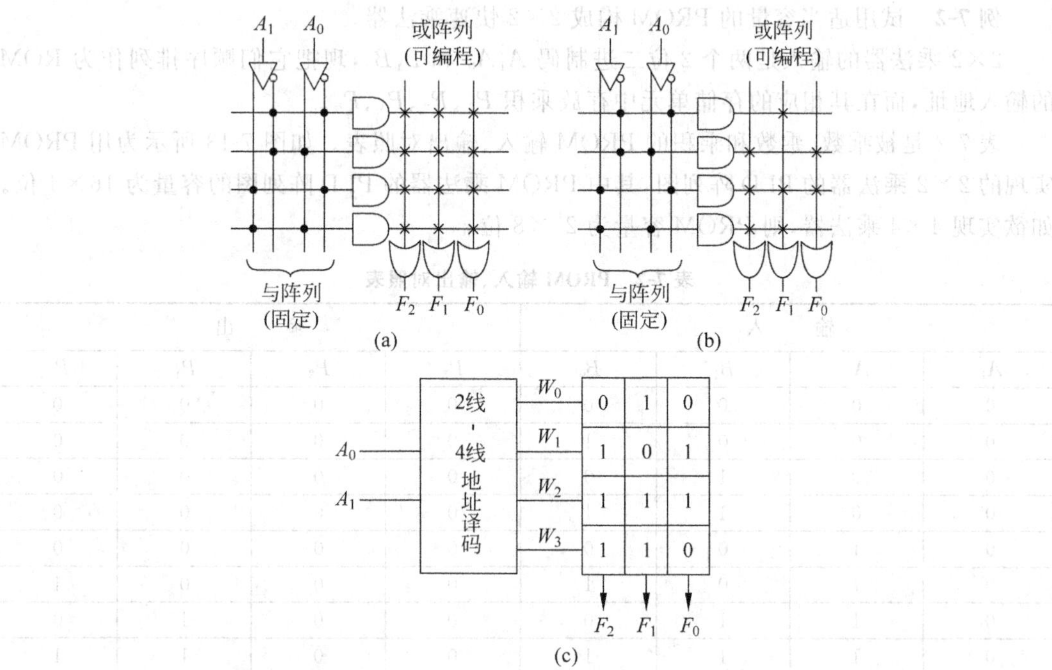

图 7-12　4×3 ROM 编程前后阵列图和作为存储器的示意图

输入 3 输出逻辑函数。所以，ROM 是一个可编程逻辑器件。

现在从另一个角度来考察如图 7-12(b)所示的 ROM。如把 A_1A_0 看成是地址信号，输出 $F_2F_1F_0$ 看成为某一信息。显然，当 $A_1A_0=00$ 时，输出 $F_2F_1F_0=010$，也就是说在地址为 00 时，可以从 ROM 的输出取得信息 010；同理，当地址码分别为 01、10、11 时，可以依次读出相应信息单元中存储的信息 101、111 和 110。如图 7-12(c)所示为该 ROM 各信息单元存储的信息的示意图。因为对存储单元存入信息实质上就是在可编程或阵列中接入或者不接入耦合元件，这是在编程时决定的，所以在 ROM 运行过程中只能"读出"，不能"写入"，称为只读存储器 ROM。

若从存储器的角度分析 ROM 的结构又可以发现：不可编程的与陈列可以看作是全地址译码器，可编程的或阵列可视为信息存储阵列，从而有如图 7-12(b)所示的 ROM 结构图。这里的 $A_{n-1}\sim A_0$ 就是 ROM 的 n 位地址输入，经地译码产主 2^n 根字线 $W_{2^n-1}\sim W_0$，它们分别指向存储阵列中的 2^n 个信息单元(字)，存储阵列中每个存储单元 m 位，共有 $2^n\times m$ 个记忆单元，每个记忆单元中存放着 0 或 1 信息。当某个字线 W_i 有效时，对应信息单元被选。该单元的 m 位二进制信息经 m 根位线 $F_{m-1}\sim F_0$ 输出。用存储阵列中的记忆单元的个数 $2^n\times m$ 来表示 ROM 的存储容量。它表征了 ROM 能够存储信息的数量。

根据或阵列编程或擦除方法的不同，ROM 可分成固定只读存储器 ROM、可编程只读存储器 PROM、EPROM、E^2PROM、Flash ROM 等。

7.2.2　ROM 在组合逻辑设计中的应用

由于各种 ROM、PROM 除编程和擦除方法不同外，在应用时并无根本区别。

例 7-2　试用适当容量的 PROM 构成 2×2 快速乘法器。

2×2 乘法器的输入是两个 2 位二进制码 A_1A_0 和 B_1B_0，现把它们顺序排列作为 ROM 的输入地址，而在其相应的存储单元中存放乘积 P_3、P_2、P_1、P_0。

表 7-2 是被乘数、乘数和乘积的 PROM 输入、输出对照表。如图 7-13 所示为用 PROM 实现的 2×2 乘法器的 PLD 阵列图，其中 PROM 乘法器的 PLD 阵列图的容量为 16×4 位。如欲实现 4×4 乘法器，则 PROM 容量为 2^8×8 位。

表 7-2　PROM 输入、输出对照表

输　入				输　出			
A_1	A_0	B_1	B_0	P_3	P_2	P_1	P_0
0	0	0	0	0	0	0	0
0	0	0	1	0	0	0	0
0	0	1	0	0	0	0	0
0	0	1	1	0	0	0	0
0	1	0	0	0	0	0	0
0	1	0	1	0	0	0	1
0	1	1	0	0	0	1	0
0	1	1	1	0	0	1	1
1	0	0	0	0	0	0	0
1	0	0	1	0	0	1	0
1	0	1	0	0	1	0	0
1	0	1	1	0	1	1	0
1	1	0	0	0	0	0	0
1	1	0	1	0	0	1	1
1	1	1	0	0	1	1	0
1	1	1	1	1	0	0	1

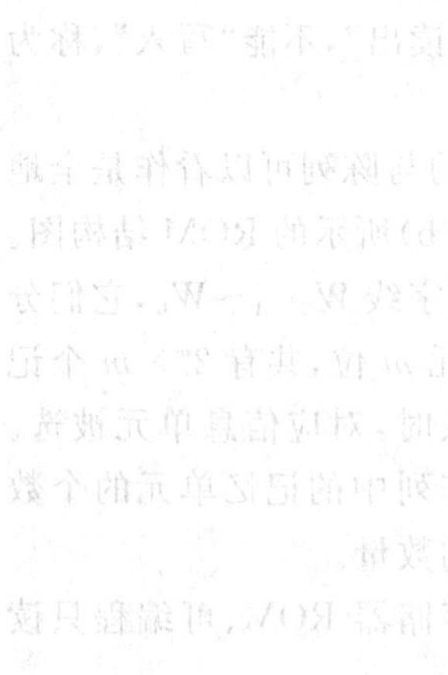

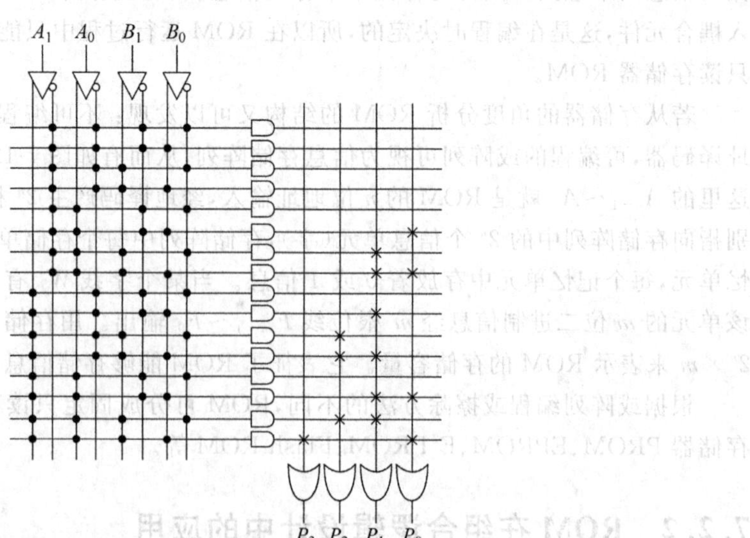

图 7-13　用 PROM 实现 2×2 快速乘法器

7.3　可编程逻辑阵列

7.3.1　组合逻辑 PLA 电路

可编程逻辑阵列(PLA)是一种与阵列也可编程的 PLD,其基本结构是与阵列和或阵列均可编程。图 7-14 是典型的 PLA 阵列图。该 PLA 有 3 个输入 I_2、I_1 和 I_0,但其乘积线是 6 根而不是 2^3 根。由于与阵列不再采用全译码的形式,从而减小了阵列规模。为此,在采用 PLA 实现逻辑函数时,不运用标准与或表达式,而运用简化后的与或式,由与阵列构成与项,然后用或阵列实现相应的或运算。用 PLA 实现多输出函数时,仍应尽量用公共的与项,以便提高阵列的利用率。

PLA 的容量用阵列与门数×或门数表示。如图 7-14 所示的 PLA 的容量为 6×3。

PLA 有组合型和时序型两种类型,分别适用于实现组合函数和时序函数。

任何组合函数均可采用组合型 PLA 实现。为减小 PLA 的容量,需对表达式进行逻辑化简。

例 7-3　试用 PLA 实现例 7-2 要求的 2×2 快速乘法器。

(1) 尽可能地减少 PLA 的容量,应先化简多输出函数,并获得最简表达式

$$P_3 = A_1A_0B_1B_0$$

$$P_2 = A_1A_0B_1\overline{B}_0 + A_1\overline{A}_0B_1$$

$$P_1 = A_1A_0B_1\overline{B}_0 + \overline{A}_1A_0B_1 + A_1\overline{B}_1B_0 + A_1\overline{A_0}B_0$$

$$P_0 = A_0B_0$$

(2) 选择 PLA 芯片实现乘法器,上式化简后多输出函数共有 7 不同的与项和 4 个输出,可选用容量为 4 输入 8×4 PLA 实现。

图 7-15 是实现 2×2 快速乘法器的 PLA 阵列图。

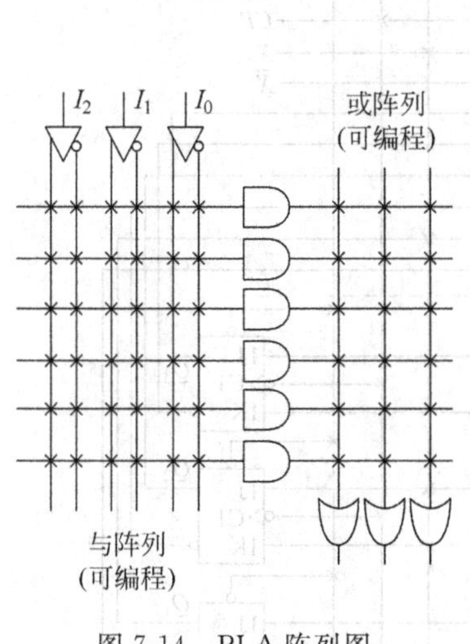

图 7-14　PLA 阵列图

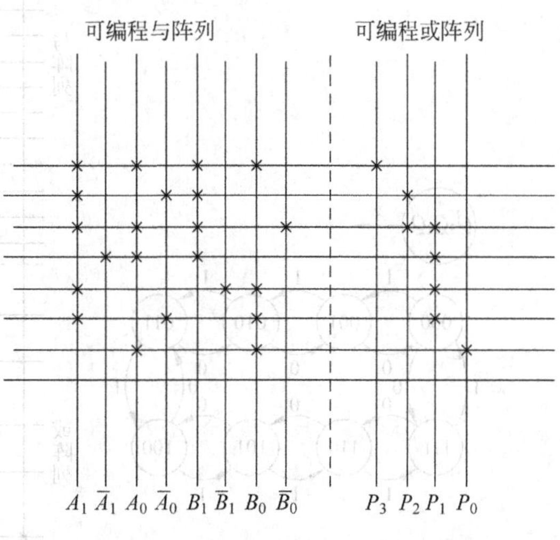

图 7-15　8×4 PLD 实现 2×2 快速乘法器

本例说明了两个问题。第一,如图 7-13 和图 7-15 所示的电路,两者逻辑功能完全相同,但前者 ROM 容量是 16×4,后者 PLA 容量是 8×4 (实际只需 7×4),充分表明了 PLA

和 PROM 的不同之处,证实了 PLA 阵列利用率较高的特点。第二,为简化逻辑函数,PLD 的设计自动化软件必须具有组合电路最小化的功能。

7.3.2　时序逻辑 PLA 电路

时序 PLA 包含 3 个组成部分：与阵列、或阵列和时钟触发器网络,如图 7-16 所示。

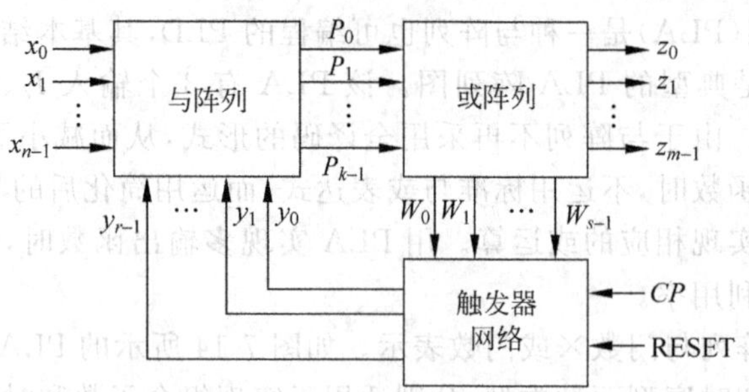

图 7-16　时序 PLA 基本结构图

由或阵列所确定的当前状态被保存在触发器内,在时钟脉冲 CP 的作用下,触发器当前状态和外部输入共同确定的电路新状态。

采用时序 PLD 设计时序电路方法与第 5 章讨论的方法相似；根据逻辑功能导出触发器的激励函数和电路输出函数,由此选择 PLA 与阵列和或阵列的规模。

例 7-4　试用适当的时序 PLA 器件实现模 8 加/减计数器。当输入变量 $X=0$ 时,计数器为减计数；当 $X=1$ 时,计数器位加计数,$\overline{\text{RESTE}}$为清 0 信号(低电平有效)。

解:

(1) 根据功能导出模 8 加/减计数器的状态转换图,如图 7-17(a)所示。

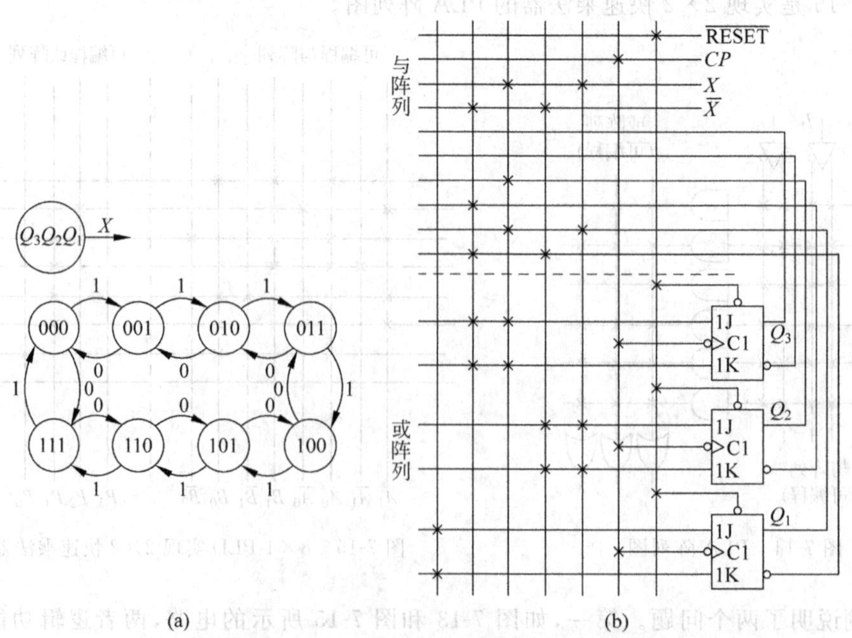

图 7-17　模 8 加/减计数器状态图和 PLA 阵列图

(2) 因 PLA 的触发器为 JK 型，则根据电路的状态图 PLD 的设计自动化软件将产生 3 个化简后的 JK 触发器激励方程为

$$J_3 = K_3 = \bar{Q}_2\bar{Q}_1\bar{X} + Q_2Q_1X$$
$$J_2 = K_2 = \bar{Q}_1X + Q_1\bar{X}$$
$$J_1 = K_1 = 1$$

(3) 根据表达式可画出 PLA 阵列图，如图 7-17(b)所示。其中已考虑了时钟 CP 和复位信号 $\overline{\text{RESET}}$。

PLA 的与阵列和或阵列都是可编程的，因此 PLA 的阵列利用率较高，在 ASIC 设计中用得较多。

习题 7

7.1　用 PROM 设计一个全减器，输入为 X_i(被减数)、Y_i(减数)和 b_{i-1}(低位借位)，输出为 D_i(差)和 b_i(向高位借位)。

7.2　分析如图 7-18 所示的由 PLA 和 D 触发器构成的逻辑电路图，画出该电路状态表、状态图，说明电路功能(电路初态 $Q_0Q_1Q_2=000$)。

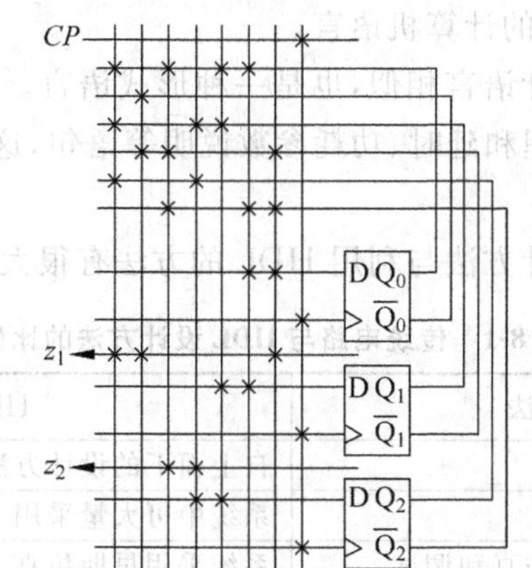

图 7-18　组合 PLA 和 D 触发器构成的某电路图

第 8 章 硬件描述语言基础

超大规模集成电路的发展推动了数字技术和计算机技术的发展，使人们有可能开发出功能强大的电子设计自动化(简称 EDA)软件，从而改变了人们的设计思想和设计方法，实现设计自动化。

一般来说数字系统设计有两种方法：系统硬件设计和系统软件设计。但随着计算机硬件描述语言 VHDL 的发展，出现了第三种数字系统的设计方法，数字系统的硬件结构及其行为完全可以用硬件描述语言来描述、生成、设计和仿真出符合要求的硬件系统。

8.1 硬件描述语言概述

硬件描述语言(Hardware Description Language，HDL)是可以描述数字逻辑电路的功能、信号连接关系及定时关系的计算机语言。

硬件描述语言与程序设计语言相似，也是一种形式语言。为能描述硬件电路的结构和功能，HDL 中增加了并行处理和延时、功耗参数说明等语句，这是与传统程序设计语言的不同之处。

传统的数字电路系统设计方法与利用 HDL 的方法有很大的不同，如表 8-1 所示。

表 8-1 传统电路与 HDL 设计方法的比较

传统的电路设计方法	HDL 的描述方法
自下而上的设计方法	自上而下的设计方法(核心是算法思想的设计)
采用通用的逻辑元器件	系统中可大量采用 ASIC 芯片
在系统硬件设计的后期进行仿真和调试	系统采用早期仿真，降低了硬件电路设计难度
主要设计文件是原理图	主要设计文件是 HDL 编写的源程序

目前主要使用的硬件描述语言有 VHDL(Very-High-Speed Integrated Circuit Hardware Description Language)和 Verilog HDL 两种。

VHDL 是 20 世纪 80 年代初由美国国防部在实施超高速集成电路项目时开发的硬件描述语言。1987 年由 IEEE 协会批准为 IEEE 工业标准，称为 IEEE 1076—1987。Verilog HDL 由美国 Gateway Design Automation 公司开发，目前也为 IEEE 标准。各 EDA 公司都有支持 VHDL 和 Verilog HDL 的设计环境。

HDL 由语言描述到生成硬件系统的过程是在计算机的辅助下自动完成的，其过程如图 8-1 所示。

这个过程和计算机中高级程序设计语言的编译系统颇为相似。第一步，硬件描述编译器对 HDL 所描述电路行为的语法和语义进行检查和解释，并变换成适当的中间数据格式。

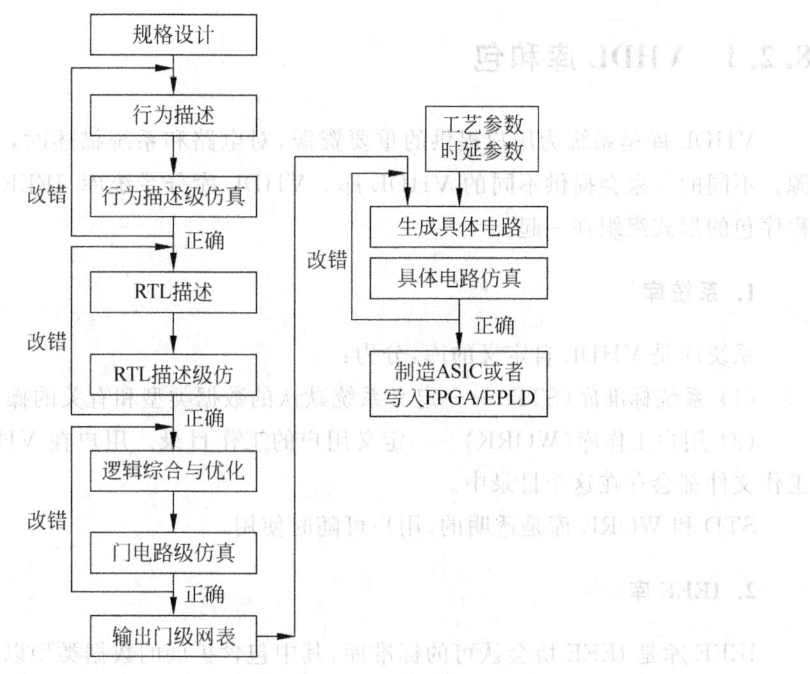

图 8-1 自动设计系统的典型结构

第二步是逻辑综合，将行为描述转换为寄存器传输结构的描述(Register Transfer Level, RTL)，并以 RTL 网表的形式给出逻辑综合的结果。第三步，在 RTL 网表的基础上结合具体载体电路的工艺、时延等参数对电路进行仿真。最终，将正确的仿真结果烧写入对应的芯片。

由图 8-1 可以看出，设计中的每个过程都可以进行模拟仿真。在最后写入芯片后，还能够实现实时在线测试，并能够根据测试结构重新描述电路的结构和行为。

HDL 是一个功能强大的、复杂的描述工具，即使作粗略的说明也将超出本书的范围，这里仅通过一些简单的例子说明 VHDL 的语法特征，使读者对 HDL 有一个大致的了解。

8.2 VHDL 语言描述数字系统的基本方法

在 VHDL 语言中，将任何复杂的电路系统都视为“模块”。模块由 VHDL 源程序描述，一般包括 3 部分：对被调用库或程序包的说明(头文件)、电路实体定义及实体说明、电路结构和行为的描述。

VHDL 语句按照执行顺序分为结构描述语句、并行描述语句和顺序描述语句。

结构描述语句是对组成电路各模块的引用、定义和说明。

与其他高级语言类似，顺序描述语句是电路和系统性能描述的方法之一，顺序语句块一旦被激活，其中的所有语句按书写顺序逐一被执行。

但是，并行描述语句的书写次序并不代表其执行的顺序，主要描述电路或系统中不同路径上信号的传递关系。当并行语句块被激活时，将只执行被激活的语句。

8.2.1 VHDL 库和包

VHDL 库是系统为用户提供的重要资源,对电路和系统描述时,一般都使用库中的资源。不同的厂家会提供不同的 VHDL 库。VHDL 库分系统库、IEEE 库和用户库 3 种,以程序包的形式组织在一起。

1. 系统库

系统库是 VHDL 自定义的库,分为:

(1) 系统标准库(STD)——定义系统默认的数据类型和有关的操作。

(2) 用户工作库(WORK)——定义用户的工作目录。用户在 VHDL 环境中所创建的工作文件都会存在这个目录中。

STD 和 WORK 库是透明的,用户可随时使用。

2. IEEE 库

IEEE 库是 IEEE 协会认可的标准库,其中包含扩展的数据类型以及有关函数的定义。

IEEE 库被封装在 STD_LOGIC_1164 的程序包中。如果程序中使用了扩展的数据类型和函数,必须对 STD_LOGIC_1164 引用的头文件说明。

STANDARD 和 STD_ LOGIC_1164 是两个常用的 IEEE 标准程序包。

STANDARD 程序包预定义了一些基本的数据和信号类型、子类型和函数。例如定义了 BIT 子类型的取值为'0'和'1'两种。STANDARD 程序包能自动与所有模块连接。

STD _LOGIC_1164 程序包定义了多值逻辑系统。其中 STD_LOGIC 子类型的取值有 9 种:

'U' (未初始化)

'X' (强制未知)

'0' (强制 0)

'1' (强制 1)

'Z' (高阻)

'W' (弱未知)

'L' (弱 0)

'H' (弱 1)

'—' (无关)

使用这些定义需要在源程序的起始部分库、程序包引用语句(头语句)。先用关键字 LIBRARY 说明库的引用;再用关键字 USE 说明使用该库中某具体的程序包。最后如果使用程序包中所有的内容,则使用 ALL 说明,否则,须具体指出其内容。

例如,某头文件为:

```
LIBRARY  IEEE;
USE IEEE.STD_LOGIC_1164.ALL;
```

这段头语句说明本模块中使用 IEEE 标准库、STD_LOGIC_1164 程序包中的全部定义(VHDL 中不区分大小写,为区别关键词用大写。还请注意标点符号的使用。后不赘述)。

3. 用户库

用户库是软件提供商开发的库或程序员自己建立的库。使用时也必须“先引用后使用”。

8.2.2　实体描述语句

在 VHDL 中,所有的电路(小至一个门,大至一个 CPU 芯片或整个系统)是用“设计实体(Design Entity)”描述。

设计实体分“实体描述”和“结构体描述”部分。

实体描述:说明电路的输入、输出;结构体描述:具体指明电路的行为、元件及内部的连接关系,即定义具体的功能。

实体的定义语句:

```
ENTITY  实体名  IS
        [类属参数说明;]
        [端口说明;]
END  实体名;
```

1. 类属参数说明

放在端口说明之前,用于指定延时等工艺参数。如:

```
GENERIC (m : TIME : = 1ns);
```

该语句指定了结构体内 m 的值为 1ns。这样语句 signal_out <= signal_in AFTER m;表示 signal_in 经 1ns 才送到 signal_out。即 GENERIC 利用类属参数为 m 建立一个延迟值。

2. 端口说明

```
PORT ( 端口名 a1 [,端口名 a2]…: 方向 数据类型名;
端口名 b1 [,端口名 b2]…: 方向 数据类型名);
```

其中:

端口名:模块中每个外部引脚信号的名称,通常用英文字母加数字来命名。

方向说明:指出该外部引脚信号的方向,方向类型如表 8-2 所示。其中 OUT 和 BUFFER 的区别如图 8-2 所示。

表 8-2　端口引脚方向类型

方向定义	说　明	方向定义	说　明
IN	输入	BUFFER	输出(内部可再使用)
OUT	输出(内部不可使用)	LINKAGE	不指定方向,无论哪一方向都可连接
INOUT	双向		

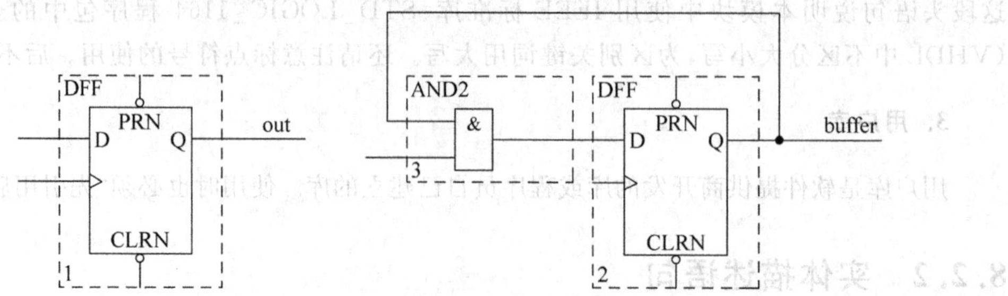

图 8-2　OUT 和 BUFFER 的区别

3. 数据类型

在 VHDL 中定义了 10 种标准数据类型。例：

```
PORT(d0,d1,sel  : IN BIT;
              q: OUT BIT;
           bus: OUT BIT_VECTOR(7 DOWNTO 0));
```

d0、d1、sel、q 是 BIT 类型的信号(即“0”或“1”)。bus 是 BIT_VECTOR 类型的信号，由 B[7]～B[0] 8 位 BIT 型数据构成，形成“位矢量”。BIT 和 BIT_VECTOR 型信号在 VHDL 标准库中定义，不需要用头文件说明。但如果使用 IEEE 库中 STD_LOGIC_1164 集合中相关定义，必须在实体说明前用头文件说明。如：

```
LIBRARY  IEEE;
USE IEEE.STD_LOGIC_1164.ALL;
ENTITY  mu  IS
     POPT ( d0,d1,sel : IN  STD_LOGIC;
                    q : OUT STD_LOGIC;
                  bus : OUT STD_LOGIC_VECTOR(7 DOWNTO 0));
END  mu;
```

8.2.3　结构体描述

结构体描述语句：

```
ARCHITECTURE 结构体名 OF 实体名 IS
          [定义语句; ]        ——内部信号、常数、数据类型、函数等的定义和说明
     BEGIN
          [并行处理语句; ]       ——对结构体行为的描述
END  结构体名;
```

1. 结构体的名称

由程序员命名，但大多数以行为(behavior)、数据流(dataflow)、寄存器传输(rtl)或者结构(structural)、方程(funct)等来辅助命名，使能直接了解程序员所采用的电路行为描述方式，增加源程序的可读性。例如：ARCHITECTURE　rtl_connect OF MUX IS 定义了实

体 MUX 的结构体,其名为 rtl_connect。并表示该结构体采用了 rtl 的描述方式。

2. 定义语句

位于 ARCHITECTURE 和 BEGIN 之间的定义语句,是对结构体内部所使用对象(信号、数据)的定义和说明。对象分为如下 3 类:

(1) 信号 SIGNAL:表示电路设计中的某物理连接线。在实体中端口说明所定义的引脚,也属于信号类型,可不作说明,但需指明流向。在结构体中必须明确说明信号,但信号的流向不需指明,由语义上下文决定。

(2) 变量 VARIABLE:表示某些值的内部暂留,常用于算法描述时中间变量的表达。

(3) 常量 CONSTANT:表示数字电路中的电源、地等恒定的逻辑值或常数。

对象的说明格式为:

```
对象类别　标示符表: 数据类型 [: = 初值]
```

例如:

```
SIGNAL  clock1,clock2 : BIT;
VARIABLE  i : INTEGER : = 13;
CONSTANT  delay : TIME : = 5ns;
```

VHDL 有很强的数据类型,但一个对象只能有一种类型,施加于该对象的操作必须与该类型和相应的位长相匹配。

1) 常用的数据类型

(1) 布尔量(BOOTLEAN)。

布尔量具有两种状态:false 和 true。常用于逻辑函数,如相等(=)、比较(<)等中作逻辑比较。

(2) 位(BIT)。

BIT 表示一位的信号值,放在单引号中,如'0'或'1'。

可将 BIT 值转化成 BOOLEAN 值:

```
boolean_var : = (bit_var = '1');
```

(3) 位矢量 (BIT_VECTOR)。

BIT_VECTOR 是用双引号括起来的一组位数据,如"001100"等。

(4) 字符(CHARACTER)。

用单引号将字符括起来。如:

```
VERIABLE character_var CHEARACTER;
 ⋮
character_var : = 'A';
```

(5) 字符串(STRING)。

STRING 是 CHARACTER 类型的一个非限定数组。用双引号将一串字符括起来。如:

```
VARIABLE string_var : STRING(1 TO 7);
```

```
⋮
string_var := "Rosebud";
```

(6) 整数(INTERGER)。

表示所有正的和负的整数。VHDL综合器要求对具体的整数作出范围限定,否则无法综合成硬件电路。

如:

```
SIGNAL s : INTEGER RANG 0 TO 15;
```

信号 s 的取值范围是 0～15,用 4 位二进制数表示,因此 s 将被综合成由 4 条信号线构成的信号。

除此以外,还有时间、错误等级、自然数等共 10 种类型。

2) 用户定义的数据类型

语句格式为:

```
TYPE 数据类型名[,数据类型名] 数据类型定义;
```

例如:

```
TYPE  week  IS (sun, mon, tue, wed, thu, fri, sat);
```

定义了一个 week 的数据类型,比使用代码 0、1 直观方便多了。

例 8-1　如图 8-3 所示为 2 选 1 数据选择器的逻辑图,可以有 4 种 VHDL 的描述方法(为叙述方便计,源程序中添加了行号)。

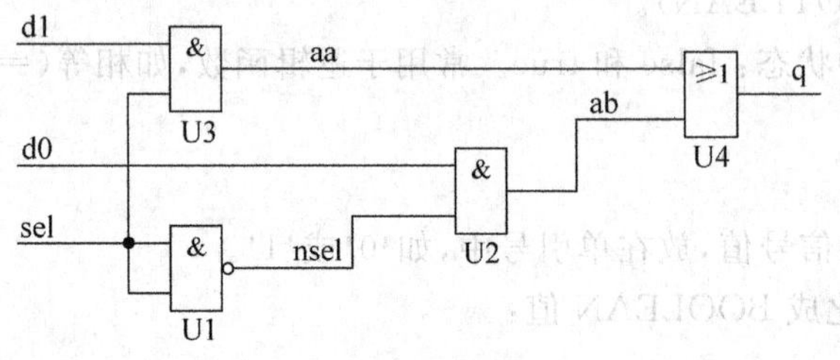

图 8-3　2 选 1 数据选择器的逻辑图

方法一:dataflow 的描述方法。

```
1  ENTITY mux2 IS
2  PORT (d1, d0, sel : IN BIT;
3                  q : OUT BIT);
4  END mux2;

5  ARCHITECTURE dataflow OF mux2  IS
6  BEGIN
7    q <= ( d0 AND NOT sel) OR ( d1 AND sel);
8  END dataflow;
```

方法二:RTL 的描述方法。

```
1  ENTITY  mux2  IS
```

```
PORT  (d0, d1, sel : IN BIT;
                  q : OUT  BIT);
END  mux2;

ARCHITECTURE  rtl  OF  mux2  IS
BEGIN
   q<= d0  WHEN  sel='0'  ELSE  q<= d1;
END  rtl;
```

方法三：连接的描述方法。

```
ENTITY  mux2  IS
PORT(d0, d1, sel : IN  BIT;
                q : OUT  BIT);
END  mux2;

ARCHITECTURE  connect  OF  mux2  IS
  SIGNAL  tmp : BIT;
BEGIN
PROCESS  (d0,d1,sel)
  VARIABLE  tmp1, tmp2 ,tmp3 : BIT;
BEGIN
 tmp1 := d1 AND sel;
 tmp2 := d0 AND (NOT sel);
 tmp3 := tmp1 OR tmp2;
 tmp <=  tmp3
 q<=tmp3  AFTER  10ns;
END  PROCESS;
END  connect;
```

方法四：structural 的描述方法。

```
ENTITY  mux2  IS
PORT(d0, d1, sel : IN BIT;
                q : OUT BIT);
END mux2;

ARCHITECTURE  struct  OF mux2  IS
  COMPONENT  gate_ and2
    PORT  ( a, b : IN BIT;
                  c : OUT BIT);
  END  COMPONENT;
  COMPONENT  gate_ or 2
    PORT  ( a, b : IN BIT;
                  c : OUT  BIT);
  END  COMPONENT;
  COMPONENT  gate_not
   PORT (a,  : IN BIT;
              c : OUT BIT);
   END  COMPONENT;
SIGNAL aa,ab,nsel:BIT;
BEGIN
```

```
  U1: gate_not  PORT MAP (sel, nsel);
  U2: gate_ and2 PORT MAP(nsel, d0, ab);
  U3: gate_ and2 PORT MAP(d1, sel, aa);
  U4: gate_ or2 PORT MAP(aa, ab, q);
END  struct;
```

其中,结构描述的基础是部件 COMPONENT 的使用。在 VHDL 中对于每一个要使用的部件都要进行声明。

COMPONENT 为实体内部元件的说明,指明了在该电路中所使用的模块。用 PORT MAP 语句实现元件模块端口与该实体模块端口的映射。

由上面同一个模块的不同描述方法看,对同一个实体可以有不同的实现方法。实际电路中只选择其中之一即可。

8.3 VHDL 中的赋值、判断和循环语句

8.3.1 信号和变量的赋值语句

1. 信号赋值语句

```
信号名 <= 表达式;
```

2. 变量赋值语句

```
变量名 := 表达式;
```

表达式中的运算操作符如表 8-3 所示。

表 8-3 VHDL 的运算操作符

类 别	运 算 符 号
算术运算符	+、-、*、/、**、MOD、REM、ABS
关系运算符	NOT、AND、OR、NOR、NAND、XOR
逻辑运算符	=(相等)、/=(不等)、<(小于)、<=(小于等于)、>(大于)、>=(大于等于)
连接运算符	&

8.3.2 IF-ELSE 语句

IF-ELSE 语句为两路分支判断语句,而用 IF-ELSIF 语句可以实现多路分支判断结构。IF-ELSE 语句的一般格式如下:

```
IF 布尔表达式 1 THEN
    [顺序语句区 1];
[ELSIF 布尔表达式 2 THEN
    [顺序语句区 2; ]]
```

```
ELSE
   [顺序语句区 3; ]
END  IF;
```

例如：

```
IF  x = '1'  AND  y = '0'  THEN
   a := a + 1;
ELSIF  x = '1'  AND  y = '1' THEN
   b := b + 1;
ELSIF  x = '0'  AND  y = '1'  THEN
   c := c + 1;
END  IF;
```

8.3.3　CASE 语句

CASE 语句适用于两路或多路分支判断语句，一般格式如下：

```
CASE 表达式 IS
  WHEN 表达式值 1  => 顺序语句 1;
  [WHEN 表达式值 2  =>顺序语句 2; ]
  [WHEN   OTHERS =>顺序语句 3; ]
END CASE;
```

例如：

```
CASE cut IS
  WHEN 3 => cut := 0;
  WHEN 9  => cut := 1;
  WHEN OTHERS  => cut :=  cut + 1;
END CASE;
```

8.3.4　LOOP 语句

LOOP 语句实现重复进行的循环，一般格式如下：

```
[LOOP 标号: ]  [重复模式]  LOOP
              顺序语句;
              END LOOP [LOOP 标号];
```

重复模式有两种：WHILE 和 FOR，分别类似于程序设计语言的 WHILE 和 FOR 循环。若无指定模式，则为无限循环。

例如：

```
loop1: WHILE star /= '1' LOOP
         done  <=  '1';
       END  LOOP  loop1;
```

8.3.5 NEXT、EXIT 语句

在 LOOP 语句中 NEXT 语句用来跳出本次循环,用于内部循环。而 EXIT 是从当前 LOOP 语句中跳出,结束 LOOP 循环。

8.4 进程语句

进程是电路中某分支的信号处理、操作过程,用于描述这种行为的 VHDL 语句叫作进程语句。

因为电路中包含多个分支电路,所以进程语句间是并行执行的。

因为分支电路中信号的传递有先后顺序,所以进程内部的语句是顺序执行的。其语句格式如下:

```
[进程标号: ]  PROCESS  [(敏感信号序列)]  [ IS ]
                [说明语句区; ]
               BEGIN
                [顺序语句区; ]
               END PROCESS [进程标号];
```

说明语句是对本进程中变量、信号、元件等对象的说明。

敏感信号序列中可以包含许多信号(用“,”隔开),只要其中某一信号发生变化,进程立即被激活并开始执行顺序语句区中的源程序。敏感信号的作用是对相互间独立执行的进程语句进行协调,实现进程间的定时、同步和异步操作。

如果没有指定敏感信号,则该进程始终处于激活状态。

也可用 WAIT 语句定义敏感信号序列,其格式为:

```
WAIT ON 敏感信号序列;
```

例 8-2 对 D 触发器进程的两种描述方法,其主要区别在于进程激活方式、敏感信号序列的表达。

描述一:

```
ENTITY  dff  IS
  PORT(d,clk : IN BIT; q,nq : OUT BIT);
END  dff;

ARCHITECTURE  dff_funct1  OF  dff  IS
BEGIN
PROCESS(clk)
BEGIN
 IF  clk = '1'  THEN
    q <= d  AFTER  10ns;
    nq <= NOT  d  AFTER  10 ns;
 END  IF;
```

```
END   PROCESS:
END   dff_funct1;
```

注意：本模块中仅当 clk 信号发生变化时(无论是上升沿还是下降沿)，进程被激活。

描述二：

```
ENTITY  dff  IS
 PORT(d,clk : IN  BIT; q,nq : OUT  BIT);
END  dff;
ARCHITECTURE  dff_funct2  OF  dff  IS
BEGIN
PROCESS
BEGIN
 WAIT  ON  clk;
 IF  clk='1'  THEN
   q<= d  AFTER  10ns;
   nq<= NOT d  AFTER  10ns:
 END  IF;
END PROCESS;
END  dff_funct2;
```

注意：本模块中进程始终处于激活状态。WAIT 语句的作用是使被激活的进程处于等待状态，一旦 clk 信号有变化，才继续后面顺序语句的执行。

例 8-3　图 8-4 是由 2 个 JK 触发器和若干门电路组成的米里型同步时序电路，可以看作 3 个并发的子系统，用 3 个 VHDL 的进程分别与其对应描述。请注意用进程语句描述并发系统的方法和敏感信号的作用。

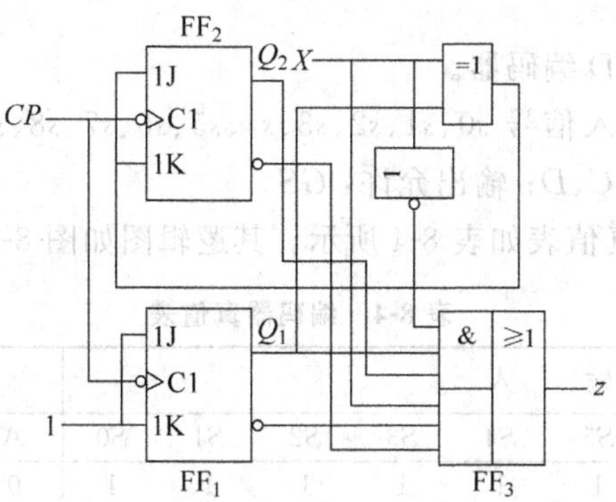

图 8-4　米里型同步时序电路

```
ENTITY  sys  IS
 PORT(cp,x: IN BIT; z: OUT BIT);
END  sys;
ARCHITECTURE  sys_funct  OF  sys  IS
SIGNAL  jk2, q1, q2, nq1, nq2 : BIT;          ——jk2 为异或门的输出信号
BEGIN
p1: PROCESS  (cp)                             ——FF1 的功能描述
   BEGIN
     IF  cp='0'  THEN
```

```
        q1 <=  NOT q1;
        nq1 < = q1;
      END  IF;
    END  PROCESS  p1;
p2: PROCESS  (cp)                                    ——FF₂ 的功能描述
    BEGIN
      IF  cp = '0'   THEN
        q2 < = jk2 XOR  q2;
        nq2 < = jk2 XNOR  q2;
      END  IF;
     END  PROCESS p2;
p3: PROCESS  (x, q1, q2, nq1, nq2)                   ——组合电路的功能描述
    BEGIN
    jk2 < =  x   XOR  q1;
  z <=  (x  AND  nq1  AND  nq2) OR (NOT  x  AND  q1  AND  q2);
  END  PROCESS  p3;
END  sys_funct;
```

当输入信号 x 发生变化时，进程 p3 被激活，得到 jk2 和 z 新的信号值，但是 jk2 的变化并不能激活 p1 和 p2。只有当信号 cp 发生变化时，p1 和 p2 同时被激活。并且仅当 cp 出现下降沿时，才执行其中的赋值语句，求出 q1、nq1、q2 和 nq2 新的信号值。即在时钟脉冲有效沿作用下，各触发器同时转换到规定的状态，符合同步时序电路的特性。

8.5　VHDL 设计组合逻辑电路举例

例 8-4　4 位 8421 BCD 编码器。

原理设计：编码器输入信号 *s*0、*s*1、*s*2、*s*3、*s*4、*s*5、*s*6、*s*7、*s*8、*s*9，低电平输入有效；输出 8421 BCD 原码信号 *A*、*B*、*C*、*D*；输出允许：*GS*。

8421 BCD 码编码器真值表如表 8-4 所示。其逻辑图如图 8-5 所示。

表 8-4　编码器真值表

输入										输出				
*S*9	*S*8	*S*7	*S*6	*S*5	*S*4	*S*3	*S*2	*S*1	*S*0	*A*	*B*	*C*	*D*	*GS*
1	1	1	1	1	1	1	1	1	1	0	0	0	0	0
1	1	1	1	1	1	1	1	1	0	0	0	0	0	1
1	1	1	1	1	1	1	1	0	1	0	0	0	1	1
1	1	1	1	1	1	1	0	1	1	0	0	1	0	1
1	1	1	1	1	1	0	1	1	1	0	0	1	1	1
1	1	1	1	1	0	1	1	1	1	0	1	0	0	1
1	1	1	1	0	1	1	1	1	1	0	1	0	1	1
1	1	1	0	1	1	1	1	1	1	0	1	1	0	1
1	1	0	1	1	1	1	1	1	1	0	1	1	1	1
1	0	1	1	1	1	1	1	1	1	1	0	0	0	1
0	1	1	1	1	1	1	1	1	1	1	0	0	1	1

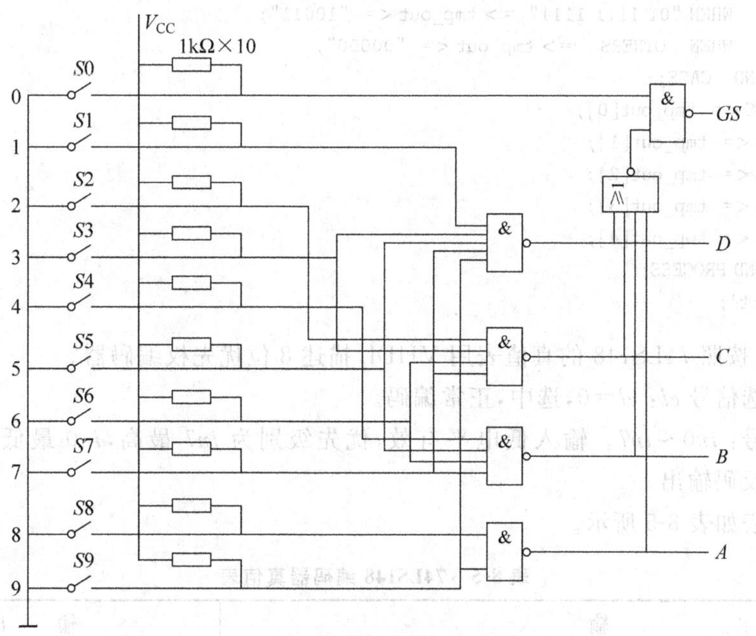

图 8-5　8421 BCD 码编码器逻辑图

其实现代码为：

```
LIBRARY IEEE;
USE IEEE.STD_LOGIC_1164.ALL;

ENTITY debcd IS
   PORT(s0,s1,s2,s3,s4,s5,s6,s7,s8,s9 : IN  STD_LOGIC;
            A,B,C,D,GS : OUT  STD_LOGIC);
END debcd;

ARCHITECTURE rtl OF debcd IS
   SIGNAL tmp_in : STD_LOGIC_VECTOR (9 DOWNTO 0);
   SIGNAL tmp_out : STD_LOGIC_VECTOR (4 DOWNTO 0);
   BEGIN
   tmp_in <=  s9&s8&s7&s6&s5&s4&s3&s2&s1&s0;
   PROCESS(tmp_in)
   BEGIN
   CASE tmp_in IS
      WHEN "11 1111 1111"  => tmp_out <=  "00000";
      WHEN "11 1111 1110"  => tmp_out <=  "00001";
      WHEN "11 1111 1101"  => tmp_out <=  "00011";
      WHEN "11 1111 1011"  => tmp_out <=  "00101";
      WHEN "11 1111 0111"  => tmp_out <=  "00111";
      WHEN "11 1110 1111"  => tmp_out <=  "01001";
      WHEN "11 1101 1111"  => tmp_out <=  "01011";
      WHEN "11 1011 1111"  => tmp_out <=  "01101";
      WHEN "11 0111 1111"  => tmp_out <=  "01111";
      WHEN "10 1111 1111"  => tmp_out <=  "10001";
```

```
        WHEN "01 1111 1111"  => tmp_out <=  "10011";
        WHEN  OTHERS    => tmp_out <=  "00000";
    END  CASE;
    GS <=  tmp_out[0];
    D <=  tmp_out[1];
    C <=  tmp_out[2];
    B <=  tmp_out[3];
    A <=  tmp_out[4];
    END PROCESS;
END rtl;
```

例 8-5 按照 74LS148 的真值表用 VHDL 描述 8 位优先权编码器。

输入片选信号 *el*：*el*=0,选中,正常编码。

输入信号：*in*0～*in*7。输入低电平有效,优先级别为 *in*7 最高,*in*0 最低。输出信号：*a*2、*a*1、*a*0。反码输出。

其真值表如表 8-5 所示。

表 8-5 74LS148 编码器真值表

输入									输出				
el	*in* 0	*in* 1	*in* 2	*in* 3	*in* 4	*in* 5	*in* 6	*in* 7	*a*2	*a*1	*a*0	*cs*	*e*0
1	×	×	×	×	×	×	×	×	1	1	1	1	1
0	1	1	1	1	1	1	1	1	1	1	1	1	0
0	×	×	×	×	×	×	×	0	0	0	0	0	1
0	×	×	×	×	×	×	0	1	0	0	1	0	1
0	×	×	×	×	×	0	1	1	0	1	0	0	1
0	×	×	×	×	0	1	1	1	0	1	1	0	1
0	×	×	×	0	1	1	1	1	1	0	0	0	1
0	×	×	0	1	1	1	1	1	1	0	1	0	1
0	×	0	1	1	1	1	1	1	1	1	0	0	1
0	0	1	1	1	1	1	1	1	1	1	1	0	1

其代码实现如下：

```
LIBRARY IEEE;
USE IEEE.STD_LOGIC_1164.ALL;
ENTITY p_encoder IS
PORT(e1,in0,in1,in2,in3,in4,in5,in6,in7 : IN  STD_LOGIC;
              a0,a1,a2,e0,cs : OUT  STD_LOGIC);
END p_encoder;

ARCHITECTURE rtl OF p_encoder IS
    SIGNAL tmp_in:STD_LOGIC_VECTOR(7 DOWNTO 0);
    SIGNAL tmp_out:STD_LOGIC_VECTOR(4 DOWNTO 0)
    BEGIN
    tmp_in <= in7&in6&in5&in4&in3&in2&in1&in0;
    tmp_out <= a2&a1&a0&cs&e0;
    PROCESS(e1,tmp_in)
    BEGIN
```

```
    IF(e1 = '0') THEN
       IF ( tmp_in  =  "11111111" ) THEN
          tmp_out <= "11110";
       ELSIF(tmp_in[7] = '0') THEN
          tmp_out <= "00001";
       ELSIF(tmp_in[6] = '0') THEN
          tmp_out <= "00101";
       ELSIF(tmp_in[5] = '0') THEN
          tmp_out <= "01001";
       ELSIF(tmp_in[4] = '0') THEN
          tmp_out <= "01101";
       ELSIF(tmp_in[3] = '0') THEN
          tmp_out <= "10001";
       ELSIF(tmp_in[2] = '0') THEN
          tmp_out <= "10101";
       ELSIF(tmp_in[1] = '0') THEN
          tmp_out <= "11001";
       ELSIF(tmp_in[0] = '0')THEN
          tmp_out <= "11101";
       END IF;
    ELSE
       tmp_out <= "11111";
    END IF;
    e0 <= tmp_out[0];
    cs <= tmp_out[1];
    a0 <= tmp_out[2];
    a1 <= tmp_out[3];
    a2 <= tmp_out[4];
    END PROCESS;
END rtl;
```

例 8-6　2-4 译码器。

```
LIBRARY IEEE;
USE IEEE.STD_LOGIC_1164.ALL;
ENTITY enco_2_4 IS
    PORT    (E1,A,B : IN  STD_LOGIC;
             Y0,Y1,Y2,Y3 : OUT STD_LOGIC );
END enco_2_4;

ARCHITECTURE rtl OF enco_2_4 IS
SIGNAL tmp_in:STD_LOGIC_VECTOR(1 DOWNTO 0);
SIGNAL tmp_out:STD_LOGIC_VECTOR(3 DOWNTO 0);
BEGIN
tmp_in   <=    A&B;          --tmp_in[1]<= A; tmp_out[0]<= B;
PROCESS   (tmp_in , E1)
BEGIN
    IF(E1 = '0') THEN
       CASE tmp_in IS
          WHEN   "00" =>  tmp_out   <="1110";
          WHEN   "01" =>  tmp_out   <="1101";
```

```
            WHEN  "10" = >  tmp_out  < = "1011";
            WHEN  "11" = >  tmp_out  < = "0111";
            WHEN  OUTHERS   = >  tmp_out  < =   "1111";
         END CASE;
      ELSE
         tmp_out < = "1111";
      END IF;
      Y0 < =  tmp_out[0];
      Y1 < = tmp_out[1];
      Y2 < = tmp_out[2];
      Y3 < = tmp_out[3];
   END PROCESS;
   END rtl;
```

例 8-7 七段显示译码器。

```
LIBRARY IEEE;
USE IEEE.STD_LOGIC_1164.ALL;
ENTITY deseg7 IS
PORT(lt,rbi,ain,bin,cin,din : IN STD_LOGIC;
                     bi_rbo : INOUT STD_LOGIC;
                     a,b,c,d,e,f,g:OUT STD_LOGIC);
END deseg7;

ARCHITECTURE rtl OF deseg7 IS
SIGNAL tmp_in:STD_LOGIC_VECTOR(3 DOWNTO 0);
SIGNAL tmp_out:STD_LOGIC_VECTOR(6 DOWNTO 0);
SIGNAL bi_in,rbi_in,rbo,bi:STD_LOGIC;
BEGIN
tmp_in< = din&cin&bin&ain;
bi< = bi_rbo;
rbi_in< = rbi;
PROCESS(bi)
BEGIN
   IF(rbi = 0) THEN
      bi_in< = '1';
   ELSE
      bi_in< = bi;
   END IF;
END PROCESS;
PROCESS(lt,rbi_in,bi_in,tmp_in)
BEGIN
   IF(bi_in = '0') THEN
      tmp_out< = "1111111";
   ELSIF(lt = '1' AND rbi_in = '1' AND tmp_in = "0000")THEN
      tmp_out< = "10000000";
   ELSIF(lt = '1' AND rbi_in = '1' AND tmp_in/ = "0000")THEN
      CASE tmp_in IS
         WHEN "0001" = > tmp_out < = "1111001";
         WHEN "0010" = > tmp_out < = "0100100";
         WHEN "0011" = > tmp_out < = "0110000";
```

```
            WHEN "0100" => tmp_out <= "0011001";
            WHEN "0101" => tmp_out <= "0010010";
            WHEN "0110" => tmp_out <= "0000011";
            WHEN "0111" => tmp_out <= "1111000";
            WHEN "1000" => tmp_out <= "0000000";
            WHEN "1001" => tmp_out <= "0011000";
            WHEN "1010" => tmp_out <= "0100111";
            WHEN "1110" => tmp_out <= "0000111";
            WHEN "1111" => tmp_out <= "1111111";
        END CASE;
    ELSIF(lt = '0') THEN
        rbo <= '1';
        tmp_out <= "1111111";
    END IF;
    a <= tmp_out[0];
    b <= tmp_out[1]
    c <= tmp_out[2];
    d <= tmp_out[3];
    e <= tmp_out[4];
    f <= tmp_out[5];
    g <= tmp_out[6];
END PROCESS;
PROCESS(rbi)
VARIABLE rbi_v:STD_LOGIC;
BEGIN
    rbi_v: = rbi;
    IF(rbi_v = '0') THEN
        bi_rbo <= '0';
        ELSE
        bi_rbo <= 'Z';
    END IF;
END PROCESS;
END rtl;
```

例 8-8 4 选 1 数据选择器。

```
LIBRARY IEEE;
USE IEEE.STD_LOGIC_1164.ALL;

ENTITY mux4 IS
PORT(a0,a1,d0,d1,d2,d3,e:IN STD_LOGIC;
                        f:OUT STD_LOGIC);
END mux4;

ARCHITECTURE rtl OF mux4 IS
SIGNAL a:STD_LOGIC_VECTOR(1 DOWNTO 0);
BEGIN
  a <= a1&a0;
 PROCESS(e,a)
BEGIN
    IF(e = '0') THEN
```

```
        CASE a IS
          WHEN "00" => f <= d0;
           WHEN "01" => f <= d1;
           WHEN "10" => f <= d2;
           WHEN "11" => f <= d3;
           WHEN OTHERS => f <= '0';
        END CASE;
      ELSE
            f <= '0';
      END IF;
  END PROCESS;
  END rtl;
```

例 8-9 1 位全加器。

```
LIBRARY IEEE;
USE IEEE.STD_LOGIC_1164.ALL;

ENTITY adder IS
PORT(a,b,cin:IN STD_LOGIC;
              co,s:OUT STD_LOGIC);
END adder;

ARCHITECTURE rtl OF adder IS
 BEGIN
 PROCESS(a,b,cin)
   VARIABLE cin_v,ab1,ab2,abc:STD_LOGIC;
 BEGIN
    cin_v := cin;   ——注意:信号不能直接赋值为变量
    ab1 := a XOR b;
    ab2 := a AND b;
    abc := cin_v AND ab1;
    s <= cin_v XOR ab1;
    co <= abc OR ab2;
 END PROCESS;
END rtl;
```

例 8-10 4 位全加器(方法 1)。

```
LIBRARY IEEE;
USE IEEE.STD_LOGIC_1164.ALL;

ENTITY adder_4 IS
PORT(ci,a0,b0,a1,b1,a2,b2,a3,b3:IN STD_LOGIC;
                      s0,s1,s2,s3,c3_o:OUT STD_LOGIC);
END adder_4;

ARCHITECTURE rtl OF adder_4 IS
  COMPONENT adder
    PORT(a,b,cin:IN STD_LOGIC;
        co,s:OUT STD_LOGIC);
     END COMPONENT;
```

```
  SIGNAL c0_s,c1_s,c2_s:STD_LOGIC;
  BEGIN
   u0: adder PORT MAP(a0,b0,cin,co_s,s0);
   u1: adder PORT MAP(a1,b1,c0_s,c1_s,s1);
   u2: adder PORT MAP(a2,b2,c1_s,c2_s,s2);
   u3: adder PORT MAP(a3,b3,c2_s,c3_o,s3);
END rtl;
```

例 8-11　4 位全加器(方法 2)。

```
LIBRARY IEEE;
USE IEEE.STD_LOGIC_1164.ALL;
USE IEEE.STD_LOGIC_ARITH.ALL;
USE IEEE.STD_LOGIC_UNSIGNED.ALL;
ENTITY adder_4_1 IS
 PORT(a: IN STD_LOGIC_VECTOR(3 DOWNTO 0);
      b: IN STD_LOGIC_VECTOR(3 DOWNTO 0);
      s: OUT STD_LOGIC_VECTOR(3 DOWNTO 0);
      c3_o: OUT STD_LOGIC;
      ci: IN STD_LOGIC);
END adder_4_1;
ARCHITECTURE rtl OF adder_4_1 IS
 BEGIN
   PROCESS(a,b,ci)
     VARIABLE a_v,b_v: INTEGER RANGE 0 TO 15;
     VARIABLE s_v,: INTEGER RANGE 0 TO 31;
     VARIABLE ci_v,: INTEGER RANGE 0 TO 1;
BEGIN
  IF(ci='1') THEN
    ci_v:=1;
  ELSE
    ci_v:=0;
  END IF;
  a_v := CONV_INTEGER(a); ——信号必须通过相应函数的转换才能变为变量
   b_v := CONV_INTEGER(b);
   s_v:=a_v+b_v+ci_v;
  IF(s_v>=16) THEN
   s_v:=s_v-16;
   c3_o<='1';
ELSE
   c3_o<='0';
  END IF;
  s<=CONV_STD_LOGIC_VECTOR(s_v,4);
                        ——变量必须通过相应函数的转换才能变为信号
 END PROCESS;
END rtl;
```

例 8-12　9 位输入奇偶校验电路(方法 1)。

```
LIBRARY IEEE;
USE IEEE.STD_LOGIC_1164.ALL;
ENTITY parity IS
```

```
PORT(a: IN STD_LOGIC_VECTOR(8 DOWNTO 0);
     q_odd,q_even:OUT STD_LOGIC);
END parity;
ARCHITECTURE rtl1 OF parity IS
BEGIN
PROCESS(a)
VARIABLE tmp: STD_LOGIC;
BEGIN
   tmp := '0';
   FOR i IN 0 TO 8 LOOP
      tmp:= tmp XOR a(i);
   END LOOP;
   q_odd<= tmp;
   q_even<= NOT tmp;
   END PROCESS;
END rtl1;
```

例 8-13 9 位输入奇偶校验电路(方法 2)。

```
ARCHITECTURE rtl2 OF parity IS
BEGIN
PROCESS(a)
   VARIABLE tmp1: STD_LOGIC_VECTOR(3 DOWNTO 0);
   VARIABLE tmp2: STD_LOGIC_VECTOR(1 DOWNTO 0);
   VARIABLE tmp3,tmp4: STD_LOGIC;
   BEGIN
   tmp1(0):= a(0) XOR a(1);
   tmp1(1):= a(2) XOR a(3);
   tmp1(2):= a(4) XOR a(5);
   tmp1(3):= a(6) XOR a(7);
   tmp4:= a(8);
   tmp2(0):= tmp1(0) XOR tmp1(1);
   tmp2(1):= tmp1(2) XOR tmp1(3);
   tmp3:= tmp2(0) XOR tmp2(1);
   q_odd<= tmp3 XOR tmp4;
   q_even<= NOT q_odd;
END PROCESS;
END rtl2;
```

例 8-14 三态门电路。

```
LIBRARY IEEE;
USE IEEE.STD_LOGIC_1164.ALL;

ENTITY tri_gate IS
PORT(din,en:IN STD_LOGIC;
      dout:OUT STD_LOGIC);
END tri_gate;

ARCHITECTURE rtl OF tri_gate IS
 BEGIN
  PROCESS(din,en)
```

```
    BEGIN
     IF(en = '1') THEN
      dout < = din;
     ELSE
      dout < = 'Z';
     END IF;
  END PROCESS;
END rtl;
```

例 8-15 单向总线缓冲器。

```
LIBRARY IEEE;
USE IEEE.STD_LOGIC_1164.ALL;

ENTITY tri_buf8 IS
PORT(din:IN STD_LOGIC_VECTOR (7 DOWNTO 0);
    dout:OUT STD_LOGIC_VECTOR (7 DOWNTO 0);
    en: IN STD_LOGIC);
END tri_buf8;

ARCHITECTURE rtl OF tri_buf8 IS
 BEGIN
  PROCESS(din,en)
   BEGIN
    IF(en = '1') THEN
    dout < = din;
     ELSE
  dout < =  'ZZZZZZZZ';         ——按照 IEEE.STD_LOGIC_1164 的定义 "Z"表示高阻
   END IF;
 END PROCESS;
END rtl;
```

例 8-16 双向总线缓冲器。

```
LIBRARY IEEE;
USE IEEE.STD_LOGIC_1164.ALL;

ENTITY tri_bigate IS
PORT(a,b:INTOUT STD_LOGIC_VECTOR(7 DOWNTO 0);
       dr,en:IN STD_LOGIC dr,en:(N STD_LOGIC);
END tri_bigate;

ARCHITECTURE rtl OF tri_bigate IS
 SIGNAL aout,bout: STD_LOGIC_VECTOR(7 DOWNTO 0);
   BEGIN
    PROCESS(a,dr,en)
     BEGIN
      IF(en = '0') AND (dr = '1') THEN
       bout < = a;
      ELSE
       bout < = 'ZZZZZZZZ';
     END IF;
```

```
        b <= bout;
      END PROCESS;
PROCESS (b,dr,en)
   BEGIN
        IF(en = '0')AND(dr = '0')  THEN
        aout <= b;
        ELSE
        aout <= "ZZZZZZZZ";
        END IF;
        a <= aout;
 END PROCESS;
END rtl;
```

8.6 VHDL 设计时序逻辑电路举例

8.6.1 时钟信号的描述

时钟信号的描述如图 8-6 所示。

(1) 时钟脉冲上升沿描述。

```
IF (clk'EVENT  AND  clk = '1')
```

(2) 时钟脉冲下降沿描述。

```
IF (clk'EVENT  AND  clk = '0')
```

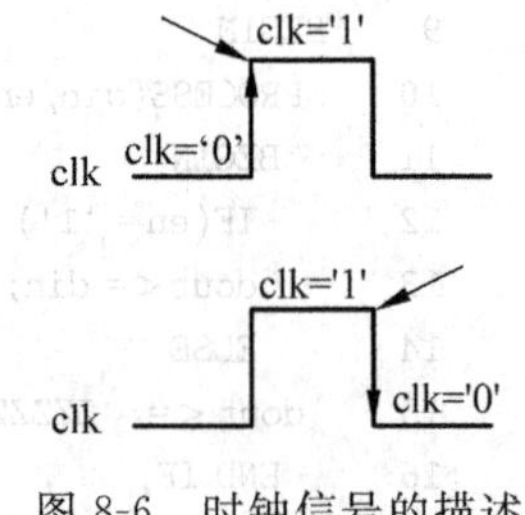

图 8-6 时钟信号的描述

8.6.2 触发器的同步和非同步复位的描述

例 8-17 同步复位描述。

```
PROCESS(clock_signal)
BEGIN
IF(clock_edge_condition) THEN
 IF(reset_condition) THEN
  signal_out <= reset_value;
 ELSE
  signal_out <= signal_in;
 END IF;
END IF;
END PROCESS;
```

例 8-18 非同步复位描述。

```
PROCESS(clock_signal,reset_signal)
BEGIN
IF (reset_condition) THEN
    signal_out <= reset_value;
```

```
ELSIF (clock_edge_condition) THEN
   signal_out <= signal_in;
END IF;
END PROCESS
```

例 8-19 D 锁存器(方法 1)。

```
LIBRARY IEEE;
USE IEEE.STD_LOGIC_1164.ALL;

ENTITY dff1 IS
PORT(clk,d:IN STD_LOGIC;
         q:OUT STD_LOGIC);
END dff1;

ARCHITECTURE rtl OF dff1 IS
BEGIN
  PROCESS(clk)
  BEGIN
     IF(clk'EVENT AND clk = '1') THEN
          q<=d;
     END IF;
  END PROCESS;
END rtl;
```

例 8-20 D 锁存器(方法 2)。

```
LIBRARY IEEE;
USE IEEE.STD_LOGIC_1164.ALL;

ENTITY dff1 IS
 PORT(clk,d:IN STD_LOGIC;
          q:OUT STD_LOGIC);
END dff1;

ARCHITECTURE rtl OF dff1 IS
BEGIN
 PROCESS
  BEGIN
     WAIT UNTIL clk'EVENT AND clk = '1';
     q<=d;
  END PROCESS;
END rtl;
```

例 8-21 非同步复位的 D 锁存器。

```
LIBRARY IEEE;
USE IEEE.STD_LOGIC_1164.ALL;

ENTITY dff2 IS
PORT(clk,d,clr:IN STD_LOGIC;
         q:OUT STD_LOGIC);
```

```
END dff2;

ARCHITECTURE rtl OF dff2 IS
 BEGIN
 PROCESS(clk,clr)
 BEGIN
    IF(clr = '0') THEN
       q<= '0';
    ELSIF(clk'EVENT AND clk = '1') THEN
      q<= d;
    END IF;
 END PROCESS;
END rtl;
```

例 8-22 非同步复位/置位 D 锁存器。

```
LIBRARY IEEE;
USE IEEE.STD_LOGIC_1164.ALL;

ENTITY dff3 IS
PORT(clk,d,clr,pset:IN STD_LOGIC;
           q:OUT STD_LOGIC);
END dff3;

ARCHITECTURE rtl OF dff3 IS
 BEGIN
    PROCESS(clk,pset,clr)
    BEGIN
    IF(pset = '0') THEN
         q<= '1';
    ELSIF(clr = '0') THEN
         q<= '0';
    ELSIF(clk'EVENT AND clk = '1') THEN
             q<= d;
    END IF;
    END PROCESS;
END  rtl;
```

例 8-23 同步复位的 D 锁存器。

```
LIBRARY IEEE;
USE IEEE.STD_LOGIC_1164.ALL;

ENTITY dff4 IS
PORT(clk,d,clr:IN STD_LOGIC;
        q:OUT STD_LOGIC);
END dff4;

ARCHITECTURE rtl OF dff4 IS
BEGIN
 PROCESS(clk)
 BEGIN
```

```
   IF(clk'EVENT AND clk = '0') THEN
     IF(clr = '0') THEN
        q<= '0';
     ELSE
        q<= d;
     END IF;
   END IF;
 END PROCESS;
END rtl;
```

例 8-24 JK 触发器。

```
LIBRARY IEEE;
USE IEEE.STD_LOGIC_1164.ALL;

ENTITY jkdff IS
PORT(clk,j,k,clr,pset:IN STD_LOGIC;
              q,qb:OUT STD_LOGIC);
END jkdff;

ARCHITECTURE rtl OF jkdff IS
SIGNAL q_s,qb_s:STD_LOGIC;
BEGIN
   PROCESS(clk,pset,clr,j,k)
    BEGIN
    IF (pset = '0') THEN
         q_s<= '1';
         qb_s<= '0';
    ELSIF (clr = '0') THEN
         q_s<= '0';
         qb_s<= '1';
    ELSIF(clk'EVENT AND clk = '1') THEN
         IF(j = '0') AND (k = '1') THEN
              q_s<= '0';
              qb_s<= '1';
         ELSIF(j = '1') AND (k = '0') THEN
              q_s<= '1';
              qb_s<= '0';
         ELSIF(j = '1') AND (k = '1') THEN
             q_s<= NOT q_s;
             qb_s<= NOT qb_s;
         END IF;
   END IF;
   q<= q_s;
   qb<= qb_s;
 END PROCESS;
END rtl;
```

例 8-25 非同步复位/置位 JK 触发器。

```
ARCHITECTURE rtl OF jkdff IS
SIGNAL q_s,qb_s:STD_LOGIC;
```

```
BEGIN
 PROCESS(clk,pset,clr,j,k)
 BEGIN
   IF(pset = '0') AND (clr = '1') THEN
      q_s<= '1';
      qb_s<= '0';
   ELSIF(pset = '1') AND (clr = '0') THEN
       q_s<= '0';
      qb_s<= '1';
   ELSIF(clk'EVENT AND clk = '1') THEN
      IF(j = '0') AND (k = '1') THEN
      q_s<= '0';
      qb_s<= '1';
      ELSIF(j = '1') AND (k = '0') THEN
      q_s<= '1';
      qb_s<= '0';
      ELSIF(j = '1') AND (k = '1') THEN
         q_s<= NOT q_s;
         qb_s<= NOT qb_s;
      END IF;
   END IF;
   q<= q_s;
   qb<= qb_s;
 END PROCESS;
END rtl;
```

例 8-26 寄存器。

```
LIBRARY IEEE;
USE IEEE.STD_LOGIC_1164.ALL;

ENTITY shift8 IS
PORT(a,clk:IN STD_LOGIC;
          b:OUT STD_LOGIC);
END shift8;

ARCHITECTURE sample OF shift8 IS
COMPONENT dff
PORT(d,clk:IN STD_LOGIC;
          q:OUT STD_LOGIC);
END COMPONENT;
SIGNAL z:STD_LOGIC_VECTOR (0 TO 8);
BEGIN
  Z[0]<= a;
  g1:   FOR i IN 0 TO 7 GENERATE
          dffx:dff  PORT  MAP (z(i),clk,z(i+1));
      END GENERATE;
  b<= z(8);
END sample;
```

例 8-27　六进制计数器。

```
LIBRARY IEEE;
USE IEEE.STD_LOGIC_1164.ALL;
USE IEEE.STD_LOGIC_ARITH.ALL;

ENTITY cnt6 IS
PORT(clk,clr,en:IN STD_LOGIC;
         qa,qb,qc:OUT STD_LOGIC);
END cnt6;

ARCHITECTURE rtl OF cnt6 IS
SIGNAL q:STD_LOGIC_VECTOR(2 DOWNTO 0);
BEGIN
  PROCESS(clk)
  VARIABLE q6:INTEGER;
  BEGIN
    IF(clk'EVENT AND clk = '1') THEN
       IF(clr = '0') THEN
       q6: = '0';
       ELSIF(en = '1') THEN
       IF(q6 = 5) THEN
          q6: = 0;
          ELSE
          q6: = q6 + 1;
       END IF;
       END IF;
     END IF;
    q< = CONV_STD_LOGIC_VECTOR(q6,3);
    qa< = q(0);
    qb< = q(1);
    qc< = q(2);
 END PROCESS;
END rtl;
```

例 8-28　可逆计数器。

```
LIBRARY IEEE;
USE IEEE.STD_LOGIC_1164.ALL;
USE IEEE.STD_LOGIC_ARITH.ALL;

ENTITY up_down_cnt10 IS
PORT(enab,up_down,reset,cntclk: IN   STD_LOGIC;
   cnt_out:OUT   STD_LOGIC_VECTOR(9 DOWNTO 0));
END up_down_cnt10;

ARCHITECTURE rtl OF up_down_cnt10   IS
BEGIN
  PROCESS(cntclk)
  VARIABLE cnt:INTEGER RANGE - 512 TO 511;
  VARIABLE dir:INTEGER RANGE - 1 TO 1;
```

```
   BEGIN
     IF(up_down = '1') THEN
        dir: = 1;
     ELSE
        dir: = -1;
     END IF;
     IF(cntclk'EVENT AND cntclk = '1') THEN
         IF(reset = '0') THEN
           cnt: = 0;
         ELSIF(enab = '1') THEN
           cnt: = cnt + dir;
         END IF;
     END IF;
     cnt_out <= CONV_STD_LOGIC_VECTOR(cnt,10);
  END PROCESS;
END rtl;
```

例 8-29　异步计数器(行波计数器)。

```
LIBRARY IEEE;
USE IEEE.STD_LOGIC_1164.ALL;
ENTITY cont12f IS
PORT(reset,clk:IN STD_LOGIC;
    count_out:OUT STD_LOGIC_VECTOR(3 DOWNTO 0));
END cont12f;

ARCHITECTURE rtl OF cont12f IS
COMPONENT dff
PORT(clk,reset,d:IN STD_LOGIC;
          q,qb:OUT STD_LOGIC);
END COMPONENT;
SIGNAL count:STD_LOGIC_VECTOR(3 DOWNTO 0);
SIGNAL count_clk:STD_LOGIC_VECTOR(4 DOWNTO 0);
SIGNAL reset1,reset2,reset_out:STD_LOGIC;
BEGIN
  reset1 <= reset;
  count_clk(0) <= clk;
   gen1:FOR i IN 0 TO 3 GENERATE
          u0:dff PORT MAP(clk => count_clk(i),
          reset => reset_out,d => count_clk(i + 1),
          q => count(i),qb => count_clk(i + 1));
   END GENERATE;
   reset2 <= NOT (count(2) AND count(3));
   reset_out <= reset1 AND reset2;
END rtl;
```

例 8-30　序列信号发生器。

```
LIBRARY IEEE;
USE IEEE.STD_LOGIC_1164.ALL;
ENTITY q8 IS
PORT(reset,clk:IN STD_LOGIC;
```

```
     q8_out:OUT STD_LOGIC);
END q8;

ARCHITECTURE rtl OF q8 IS
 SIGNAL q_s:STD_LOGIC_VECTOR(2 DOWNTO 0);
BEGIN
q8_out <= q_s(2);
PROCESS(clk)
BEGIN
IF(clk'EVENT AND clk = '1') THEN
   IF(reset = '1') THEN
       q_s <= "000";
   ELSE
      CASE q_s IS
         WHEN "000" => q_s <= "001";
         WHEN "001" => q_s <= "011";
         WHEN "011" => q_s <= "111";
         WHEN "111" => q_s <= "110";
         WHEN "110" => q_s <= "101";
         WHEN "101" => q_s <= "010";
         WHEN "010" => q_s <= "100";
         WHEN "100" => q_s <= "000";
         WHEN OTHERS => q_s <= "XXX";
      END CASE;
   END IF;
END IF;
END PROCESS;
END rtl;
```

习题 8

8.1　用 VHDL 描述下列器件的功能：

① 4 选 1 数据选择器；

② 2 线-4 线译码器；

③ 时钟 RS 触发器；

④ 带复位端 clear 和置位端 preset、延迟 t_{pd} 为 20ns 的响应 CP 下降沿的 JK 触发器；

⑤ 主从 JK 触发器；

⑥ 集成计数器 74163；

⑦ 集成移位寄存器 74194。

8.2　分析下列用 VHDL 语言编写的逻辑电路，指明各引脚作用，简要说明电路的功能。画出真值表或状态图。

```
LIBRARY IEEE;
USE IEEE.STD_LOGIC_1164.ALL;
ENTITY enco_2_4 IS
```

```
  PORT(e,a0,a1:IN STD_LOGIC;
       q0,q1,q2,q3:OUT STD_LOGIC);
END enco_2_4 IS
ARCHITECTURE rtl OF enco_2_4 IS
  SIGNAL tmp_in:STD_LOGIC_VECTOR(1 DOWNTO 0);
  SIGNAL tmp_out:STD_LOGIC_VECTOR(3 DOWNTO 0);
BEGIN
tmp_in<=a1&a0;
PROCESS (tmp_in,e)
  BEGIN
    IF(e='0')THEN
    CASE tmp_in IS
      WHEN"00"=>tmp_out<="1110";
      WHEN"01"=>tmp_out<="1101";
      WHEN"10"=>tmp_out<="1011";
      WHEN"11"=>tmp_out<="0111";
      WHEN OTHERS=>tmp_out<="1111";
    END CASE;
    ELSE
      tmp_out<="1111";
    END IF;
      q0<=tmp_out(0);
      q1<=tmp_out(1);
      q2<=tmp_out(2);
      q3<=tmp_out(3);
END PROCESS;
END rtl;
```

8.3 分析下列用 VHDL 语言编写的逻辑电路，指明各引脚作用，简要说明电路的功能。画出真值表或状态图。

```
LIBRARY IEEE;
USE IEEE.STD_LOGIC_1164.ALL;
ENTITY mux4 IS
  PORT(a0,a1,d0,d1,d2,d3,e:IN STD_LOGIC;
                                f:OUT STD_LOGIC);
END mux4;
ARCHITECTURE rtl OF mux4 IS
  SIGNAL a:STD_LOGIC_VECTOR(1 DOWNTO 0);
BEGIN
  a<=a1&a0;
  PROCESS(e,a)
    BEGIN
      IF(e='0')THEN
        CASE a IS
          WHEN"00"=>f<=d0;
          WHEN"01"=>f<=d1;
          WHEN"10"=>f<=d2;
          WHEN"11"=>f<=d3;
          WHEN OTHERS=>f<='0';
        END CASE;
```

```
        ELSE
            f<='0';
        END IF;
      END PROCESS;
END rtl;
```

8.4 分析下面用 VHDL 语言编写的时序电路，指明各引脚作用和电路的功能，画出状态图。

```
LIBRARY IEEE;
USE IEEE.STD_LOGIC_1164.ALL;
ENTITY dffl IS
  PORT (clk,d:IN STD_LOGIC;
             q:OUT STD_LOGIC);
END dffl;
ARCHITECTURE rtl OF dffl IS
BEGIN
  PROCESSS(clk)
    BEGIN
      IF (clk'EVENT AND clk='1')THEN
          q<=d;
      END IF;
    END PROCESSS;
END rtl;
```

8.5 分析下面用 VHDL 语言编写的时序电路，指明各引脚作用和电路的功能，画出状态图。

```
ARCHITECTURE rtl OF jkdff IS
  SIGNAL q_s,qb_s:STD_LOGIC;
BEGIN
  PROCESS(pset,clr,clk,j,k)
    BEGIN
      IF(pset='0') AND (clr='1')THEN
         q_s<='1';
         qb_s<='0';
      ELSIF(pset='1')AND(clr='0')THEN
         q_s<='0';
         qb_s<='1';
      ELSIF(clk'EVENT AND clk='1')THEN
         IF(j='0')AND(k='1')THEN
           q_s<='0';
           qb_s<='1';
         ELSIF(j='1')AND(k='0')THEN
           q_s<='1';
           qb_s<='0';
         ELSIF(j='1')AND(k='1')THEN
           q_s<=NOT q_s;
           qb_s<=NOT qb_s;
         END IF;
      END IF;
```

```
    q <= q_s;
    qb <= qb_s;
  END PROCESS;
END rtl;
```

8.6 分析下面用VHDL语言编写的时序电路，指明各引脚作用和电路的功能，画出状态图。

```
LIBRARY IEEE;
USE IEEE.STD_LOGIC_1164.ALL;
USE IEEE.STD_LOGIC_ARITH.ALL;
ENTITY cnt6 IS
  PORT(clr,en,clk:IN STD_LOGIC;
       qa,qb,qc:OUT STD_LOGIC);
END cnt6;
ARCHITECTURE rtl OF cnt6 IS
  SIGNAL q:STD_LOGIC_VECTOR(2 DOWNTO 0);
BEGIN
  PROCESS(clk)
    VARIABLE q6:INTEGER;
  BEGIN
    IF(clk'EVENT AND clk = '1')THEN
      IF(clr = '0')THEN
         q6: = '0';
      ELSIF(en = '1')THEN
        IF(q6 = 5)THEN
          q6: = 0;
        ELSE
          q6: = q6 + 1;
        END IF;
      END IF;
    END IF;
    q <= CONV_STD_LOGIC_VECTOR(q6,3);
    qa <= q(0);
    qb <= q(1);
    qc <= q(2);
  END PROCESS;
END rtl;
```

8.7 用VHDL设计“1001”序列检测器。该同步时序电路输入信号为 x，输出信号为 z。

当检测到序列1001的最后一个1时，输出 $z=1$。如果 $z=1$，则仅当收到的输入信号为0时，输出信号 z 才变为0，否则保持为1。序列可以重叠，例如：

x：0100111011001001

z：0000111000001001

主要参考文献

[1] 沈嗣昌. 数字设计引论. 北京：高等教育出版社，2000.

[2] 王毓银. 脉冲数字电路. 北京：高等教育出版社，2005.

[3] 康光华. 电子技术基础——数字部分. 第五版. 北京：高等教育出版社，2006.

[4] 阎石. 数字电子技术. 第五版. 北京：高等教育出版社，2006.

[5] 侯伯亨等. VHDL 硬件描述语言与数字逻辑电路设计. 西安：西安电子科技大学出版社，2004.

[6] 侯建军. 数字电子技术基础. 北京：高等教育出版社，2007.

[7] 鲍可进等. 数字逻辑电路设计. 北京：清华大学出版社，2010.

[8] 曹汉房. 数字电路与逻辑设计. 北京：电子工业出版社，2007.

[9] 黄瑞祥. 数字电子技术. 杭州：浙江大学出版社，2008.

[10] 徐惠民，安德宁. 数字逻辑设计与 VHDL 描述. 第二版. 北京：机械工业出版社，2004.

图书资源支持

感谢您一直以来对清华版图书的支持和爱护。为了配合本书的使用，本书提供配套的素材，有需求的用户请到清华大学出版社主页（http://www.tup.com.cn）上查询和下载，也可以拨打电话或发送电子邮件咨询。

如果您在使用本书的过程中遇到了什么问题，或者有相关图书出版计划，也请您发邮件告诉我们，以便我们更好地为您服务。

我们的联系方式：

地　　址：北京海淀区双清路学研大厦 A 座 707

邮　　编：100084

电　　话：010－62770175－4604

资源下载：http://www.tup.com.cn

电子邮件：weijj@tup.tsinghua.edu.cn

QQ：883604（请写明您的单位和姓名）

扫一扫

资源下载、样书申请

新书推荐、技术交流

用微信扫一扫右边的二维码，即可关注清华大学出版社公众号“书圈”。